AF860232

L'étalement urbain
en Afrique

Emil Tchawe Hatcheu

L'étalement urbain en Afrique

Défis et paradoxes

L'Harmattan

Du même auteur

Marchés et marchands de vivres à Douala, préface de Georges Courade, Collection « Mouvements économiques et sociaux », L'Harmattan, 2006.
Comprendre la gouvernance, L'Harmattan, 2013.

5-7, rue de l'Ecole-Polytechnique, 75005 Paris

http://www.librairieharmattan.com
diffusion.harmattan@wanadoo.fr
harmattan1@wanadoo.fr

ISBN : 978-2-343-00003-9
EAN : 9782343000039

« ***Le développement d'un pays est indissociable à la constitution d'une communauté scientifique pérenne, capable de produire les connaissances nécessaires à sa croissance économique et socio-culturelle*** »

LES AUTEURS

Yolande BERTON-OFOUEME
Université Marien Ngouabi (République du Congo)
Maître de Conférences au département de géographie,
Coordonnateur du JCAD- Congo
yolandeberton@yahoo.fr

DZALLA NGANGUE Charly
Département de géographie Université de Douala
Chargé de cours
Email charlyngangue@yahoo.fr

FONGEU Jéremiah Foletia
Université de Dschang
Doctorant en géographie
Membre du JCAD et du LARCOD
fongeuj@yahoo.com

HATCHEU Emil TCHAWE
Université de Dschang, Cameroun
Faculté des Lettres et Sciences Humaines
Chargé de cours au département de géographie
Coordonnateur du JCAD
Directeur du LARCOD
emiltchawe@gmail.com

LEMOUOGUE, Joséphine
Université de Dschang (Cameroun
Doctorante au département de géographie, ATER),
Membre du JCAD
Chercheur au LARCOD
josechrist5@yahoo.fr

MEVA'A ABOMO Dominique,
Université de Douala
Département de géographie, FLSH,
Laboratoire de Recherche en Géographie (LAREG),
dominiquemevaa@yahoo.fr

MOUGOUE Benoît
Université de Yaounde 1
Faculté des Arts, Lettres et Sciences Humaines
Chargé de cours au département de géographie
ERA Cameroun

NDOKI Désiré
Université de Dschang
Doctorant au département de géographie

NEMB Pierre Samuel
Docteur d'Etat ès Sciences Economiques
Vice-recteur/Université de Maroua
pnemb@yahoo.fr

NOUPADJA kouebou Hugues Wenceslas
Doctorant au département de géographie
Membre du JCAD
Chercheur au LARCOD

YEMMAFOUO Aristide
Université de Dschang
Chargé de Cours au département de géographie
Membre du JCAD
Chercheur au LARCOD
ayemmafouo@yahoo.fr

AVANT-PROPOS

Produire le savoir pour le savoir est une démarche scientifique qui s'inscrit dans la recherche pure, caractéristique des chercheurs chevronnés notamment en sciences dures (mathématique, physique, astronomie, etc.) soucieux de faire repousser toujours plus loin les limites de l'intelligence. La recherche fondamentale est davantage le fait des sociétés dites avancées qui, dans la double logique du travail bien fait et d' obligation de résultat, ont pu garantir à leurs populations des cadres et des conditions de vie sinon viables, du moins acceptables, mais enviés par la horde de migrants issus des ghettos sud-américains, des bidonvilles ou des townships d'Afrique au sud du Sahara et préparés au sacrifice suprême pour vivre dans ces villes du nord qui ont été cassées et recassées au cours des siècles.

De là à prétendre que la recherche pour la recherche est un luxe dans les sociétés qui se battent contre la vie chère et pour se faire une place dans le concert des nations, il y a un pas qu'il serait irresponsable de franchir. Si le développement est un processus dont les différentes étapes ont été identifiées à une époque pas si lointaine, les progrès réalisés par les pays d'Asie du Sud-Est en un demi-siècle montrent que le devenir des individus comme des nations dépend davantage de leurs génies propres que d'une quelconque boule de cristal ou des formules magiques des individus qui, dans certaines institutions internationales, s'obstinent à vouloir contrôler et dominer l'humanité.

Mettre le savoir au service du développement n'est pas une invention du JCAD (Les Jeunes chercheurs associés pour le développement) qui s'est fixé pour objectif de traduire les résultats de ses recherches en projet de développement. Nous partageons l'ambition déjà ancienne de ceux qui, dès la fin du XIVè siècle en Asie, en Amérique latine et de plus en plus en Afrique, ont pensé que les progrès de la connaissance aideraient à mettre en valeur les richesses négligées, à combattre les fléaux responsables du retard économique et politique pris sur les pays industriels.

Si dans ses missions de recherche et d'appui au développement l'université est appelée à produire les connaissances devant permettre à l'Afrique de relever les nombreux défis qui interpellent ce continent encore à la traine, les pratiques en cours dans certaines universités de nos pays suscitent plus d'inquiétudes qu'elles ne rassurent. Combien de colloques, même internationaux organisés dans nos universités se sont limités aux cérémonies protocolaires marquées par des orgies collectives. Peut-on caresser l'espoir que la volonté aujourd'hui affichée des universités camerounaises de renforcer leurs rapports avec le monde socioprofessionnel, au premier rang desquels les collectivités locales, constituera une avancée dans ce sens. Il faut en douter. Combien d'étudiants se sont résignés à abandonner leurs mémoires et thèses dans les circuits administratifs après avoir, pendant de longues années, bravé les affres du terrain, des laboratoires et les contraintes de l'écriture scientifique faute de calendrier de soutenance. Il en résulte que les connaissances ainsi produites sont à jamais perdues pour le développement ou au mieux, deviennent obsolètes avant d'être mises à la disposition des utilisateurs et des décideurs.

Comme les actes du colloque de Dschang (novembre 2010) sur *les enjeux et les défis de la gouvernance urbaine en Afrique* ou *Comprendre les chantiers de la gouvernance*, cet ouvrage collectif s'inscrit dans le volet valorisation des recherches de la convention Aires Sud 7106. Mais comme le souligne fort opportunément le professeur Ambroise Kom[1], il faut regretter que dans leurs logiques de nivellement par le bas, de persécution et de répression de l'intelligence et du mérite, les politiques aient fait le choix de la déstabilisation de l'équipe en faveur des béni-oui-oui.

La gestion de la ville et de sa croissance spatio-démographique figure en bonne place parmi les défis à relever en urgence par l'Afrique et ses universités. L'Afrique est l'épreuve de la ville. Au début du siècle dernier, la mégalopolisation était présentée comme le fait des villes géantes dans les pays du nord. Certes, quelques métropoles africaines seulement, comme Le Caire en Egypte ou Lagos au Nigeria, au vu de l'effectif de leurs populations, dépassent le seuil fatidique de 10 millions d'habitants. Mais l'informalisation de l économie dans toutes les capitales politiques comme Brazzaville au Congo, dans les villes moyennes à fonction universitaire comme Saint Louis au Sénégal, voire les petites villes comme Bafang au Cameroun, est une réalité.

*

*   *

L'un des paradoxes de l'Afrique c'est l'étalement urbain et ses nombreux effets pervers. Dans cette perspective, seule une approche prospective peut permettre aux chercheurs de proposer aux gestionnaires des éléments de solutions pour maîtriser l'extension spatiale de leurs villes. C'est le sens de l'exercice auquel se sont livrés des géographes, des sociologues, des économistes et des spécialistes du droit. Cette œuvre collective est une contribution des chercheurs en sciences sociales à la compréhension des nombreux défis susceptibles de gérer l'étalement des villes. En même temps que nous souhaitions mettre à la disposition des responsables municipaux et de tous les gestionnaires de la ville un outil d' aide à la décision, nous tenions également à nous acquitter d'une obligation à l'égard des jeunes chercheurs qui ont cru en cette entreprise et en qui il faut perpétuer « le droit et le devoir de

[1] Interview accordée aux *Cahiers des Mutations,* Vol 069, avril, 2011.

rêver », que faire carrière dans la recherche ou devenir consultant en sciences sociales est une ambition légitime.

Notre démarche méthodologique est celle de l'observatoire (Courade 1994 ; Clignet) dans le contexte urbain. L'observatoire a pour mission d'étudier de façon approfondie le comportement des acteurs socio- économiques et politiques dans la ville (autorités politiques et municipales, associations, entreprises, ménages). Il est fondé sur les travaux individuels plus orientés vers des thèmes spécifiques (transports, infrastructures marchandes, gestion des déchets, enjeux fonciers, gestion de l'eau, dynamique associative, etc.). L'observatoire contribue à :

- mieux connaître la ville, ses réalités sociopolitiques, économiques et culturelles ;

- informer les décideurs politiques et les opérateurs économiques sur les actions, les réactions, les attentes et les aspirations des acteurs sociaux ;

- formuler des diagnostics et des recommandations sur la situation sociopolitique, économique et culturelle de la cité à l' intention des opérateurs et des décideurs à partir de l'analyse des résultats des données d'enquêtes individuelles.

Par rapport au projet d'ensemble qu'est la recherche sur les enjeux et les défis de la gouvernance urbaine, chaque chercheur met en œuvre une recherche originale, mais cohérente. La spécificité de la démarche du JCAD est d'établir le lien entre l'observation micro-économique des comportements, l'étude méso-économique des différentes catégories socio- économiques et la formulation conséquente des recommandations au niveau de la politique de développement urbain.

La finalité de l'observatoire est d'informer les décideurs sur les réactions, les attentes et les anticipations des acteurs sociaux. Les séances de présentation des travaux ici réunis des forums de débats permettront de nouer et d'enrichir le dialogue entre la recherche, les décideurs et les gestionnaires urbains. Il s'agit pour le JCAD de contribuer au développement durable de nos cités à travers la prise en compte des contraintes environnementales et des vertus de la participation des masses populaires au processus de prise de décision.

*

* *

Pour rester fidèle à la logique de l'appel à contribution qui s'adressait à l'Afrique tout entière, du Cap au Caire, et non seulement à la sous-région de l'Afrique centrale ou aux seules villes camerounaises, nous avons fait le choix de concilier la structure thématique de l'ouvrage avec une démarche géographique. La dynamique en œuvre à Brazzaville est observable dans bien d'autres capitales africaines. Et si le Cameroun est cette Afrique en miniature, la mégalopolisation de Yaoundé est identique à celle des capitales comme Libreville au Gabon ou Lomé au Togo. Au cours des années 80, le Cameroun et la Côte d'ivoire ont été classés parmi les pays dits « à revenu intermédiaire », l'analyse des logiques et des représentations des producteurs de la ville ou des modes de vie dans les mangrovilles de Douala rappelle ce qui se passe à Abidjan. C'est dire que les problèmes d'eau, de déchets comme la délocalisation des gares routières ou les questions foncières qui interpellent au quotidien les élus locaux rappellent les situations qui prévalent dans les autres villes africaines peut-être en des termes un peu différents. A tort où à raison, la bonne gouvernance est présentée comme solution idéale dans le contexte actuel de la décentralisation.

En définitive, l'honnêteté et l'humilité intellectuelles nous imposent de témoigner notre profonde gratitude aux collègues et amis qui ont bien voulu accepter de nous accompagner dans cette initiative. Certains textes ont été repris ou transformés pour répondre à la problématique préalablement affichée. Par contre, les contraintes de nature les plus diverses nous ont contraint à orienter quelques contributions vers d'autres types de valorisations. Nous en appelons à la compréhension de tous.

Dschang le 12 mai 2011

INTRODUCTION GENERALE

On estime que le taux de croissance annuel de la population urbaine dans le monde est actuellement de l'ordre de 1,9% par an et l'équivalent d'une ville de 160 000 habitants apparaît chaque jour sur la terre. Ces villes présentent des caractéristiques bien différentes à l'échelle de la planète. Les élections nationales, plus que régionales, se gagnent et ses perdent désormais dans les villes, creuset des élites politiques, économiques et scientifiques. Ce monde urbain se caractérise par un double mouvement :

- une croissance modérée au nord depuis le tournant des années 60 contraste avec la phase précédente de dynamisme économique qui durait depuis la révolution industrielle du milieu du XIX è siècle.

- Une croissance globalement très forte au sud également depuis les années 60, mais qui suit des rythmes différents selon les zones. Elle tend à se ralentir en Amérique latine, elle est particulièrement marquée en volume comme en rythme en Asie, mais pourrait connaître une courbe exponentielle en Afrique.

Au nord, métropoles et mégalopoles s'étendent de plus en plus en hauteur (densification) tandis que dans les pays du sud qui connaissent un certain frémissement économique de la période post-ajustement (Cameroun) ou au bénéfice de la mise en exploitation récente des réserves pétrolières (Guinée équatoriale, Tchad par exemple), la densification des vieux quartiers centraux rivalise avec l'occupation rapide des espaces périphériques. Plus les villes s'étendent, plus elles concentrent sur leur marge des populations jeunes et défavorisées dans des zones d'habitat précaire mal desservies par les réseaux de transport, de voirie, d'assainissement ou d'électricité. L'étalement urbain entraîne une précarisation accrue des populations en termes d'accès au sol et au logement. Cette dramatique sécurité foncière est un premier facteur de tension.

Le contexte géopolitique, environnemental et socio-économique accentue le sentiment de crise des villes et de développement urbain notamment dans les pays du sud. Parce que la situation des villes du sud rend les défis encore plus difficiles, il est impératif d'en comprendre le fonctionnement local et global pour proposer des pistes d'amélioration. C'est la prétention de cet ouvrage collectif qui se structure autour des thèmes suivants :

1- Une entrave pour le développement durable ?

2- De l'aménagement à la gestion urbaine : les enjeux et les défis en termes de gouvernance.

3- L'aire métropolitaine serait-elle l'antidote à la mégalopolisation

Dans certains pays, le législateur tente aujourd'hui de limiter le processus d'étalement urbain, au profit de la densification des centres en favorisant notamment le renouvellement urbain. Dans la perspective de développement durable, il doit réduire au maximum l'impact sur l'environnement, favoriser le développement économique, la qualité de vie, la mixité et l'intégration sociales. Il s'agit de construire un quartier en prenant en considération un grand nombre de problématiques sociales, économiques et environnementales dans l'urbanisme, la conception et l'architecture de ces quartiers.

Les contributions de cet ouvrage collectif et surtout pluridisciplinaires abordent ces différentes thématiques pour ce qui est de certaines villes camerounaises (Yaoundé, Douala, Bafoussam, Bamenda ; Dschang et Bafang) tandis que l'étude de cas de Brazzaville la capitale de la République du Congo en élargit le champ d'investigation.

Première partie

L'ETALEMENT URBAIN UNE ENTRAVE POUR LE DEVELOPPEMENT DURABLE

Au-delà de ses aspects techniques, l'étalement urbain peut occasionner une perte de la ruralité, à la fois comme élément paysager et comme mode de vie. La croissance continue de l'étalement n'est pas durable sur le long terme. Une croissance durable des territoires est avant tout une croissance maîtrisée. Or, les dynamiques territoriales non maîtrisées aboutissent à des consommations d'espaces inconsidérées. Par sa rapidité et sa constance, l'étalement urbain menace l'équilibre environnemental, social et économique. Un grand nombre de problèmes environnementaux constatés sont causés par l'expansion rapide des zones urbaines. L'économie globale, le développement des réseaux de transport, les évolutions considérables qui interviennent sur les plans sociétal, économique et démographique, environnemental et la disparité entre les législations nationales en matière d'urbanisation comptent parmi les principaux facteurs de transformation des territoires urbanisés. En artificialisant de plus en plus de sols (routes, habitations individuelles plus vastes...), ce sont sans cesse plus d'espaces agricoles, forestiers, pastoraux ou des espaces naturels qui disparaissent, et avec eux leur faune et leur flore. En jargon biologiste, le biotope disparaissant, la biocénose associée disparait, et en conséquence, l'écosystème n'existe plus. Du fait de l'accroissement des déplacements qu'il induit enfin, le coût énergétique de ce type de développement est élevé.

L'étalement des zones urbaines nécessite un accroissement de l'utilisation des véhicules et des engins à deux roues et partant, de l'approvisionnement en énergie et s'assortit inévitablement du développement d'infrastructures, principalement de transport, et de l'utilisation de surfaces plus importantes. Ces évolutions nuisent à l'environnement naturel et augmentent les émissions de gaz à effet de serre - ce qui favorise le changement climatique - et entraîne des pollutions atmosphériques et sonores accrues. Par conséquent, l'étalement urbain a un impact direct sur la qualité de vie des personnes vivant dans et à proximité ces zones urbaines. Dans les villes côtières, la construction de logements et le bétonnage du littoral entraînent la disparition progressive des plages, l'appauvrissement des milieux naturels et la modification des paysages de bord de mer sous l'effet du "mitage".

Dans cette perspective, **Yolande Berton Offouémé** montre que **Brazzaville,** la capitale de la République de Congo, à l'image d'autres villes d'Afrique noire, connaît une croissance urbaine sans précédent. Cette ville concentre 59% de la population urbaine et 37 % de la population totale du pays, en 2007. Cet effectif en augmentation constante pose de nombreux problèmes : difficultés d'accès aux emplois et aux denrées alimentaires, insuffisance d'infrastructures scolaires. Cette dynamique de consommation des espaces périphériques se fait à un rythme rapide. La superficie de la capitale congolaise est ainsi passée de 1800 hectares en 1950 à 20 900 hectares en 2007, soit un taux de croissance annuel de 2 %. Il pose les problèmes d'aménagement urbain, particulièrement dans les quartiers périphériques dépourvus de système d'approvisionnement en eau potable et en électricité, d'assainissement, de voirie et d'accès aux infrastructures sanitaires. L'étalement s'opère au détriment des espaces agricoles pourtant vitaux pour l'approvisionnement des citadins en légumes frais, des forêts intra-urbaines et rurales, des campagnes pourvoyeuses de produits ruraux et offrant un cadre de vie meilleur qu'en ville aux Brazzavillois, etc. Il favorise la naissance de quartiers où habitent en majorité les populations à faibles revenus vivant dans des maisons précaires, dans un milieu physique voué à l'incertitude foncière du fait des érosions, des ensablements et des inondations.

Dans le contexte de croissance démographique rapide qui se traduit dans la ville côtière de **Douala** par l'occupation subséquente des forêts atlantiques, des forêts marécageuses et de plus en plus des mangroves, **Dzalla Ngangue Charly** montre comment les « *mangrovards* » s'adaptent à leur environnement tout en cherchant à le domestiquer d'une part et d' autre part, comment la marée dynamique agit comme une force motrice sur la santé et les conditions de vie des habitants de ces espaces pour le moins hostiles. En effet, les oscillations du niveau de la mer démarquent significativement les espaces affectés du reste des quartiers marécageux et la contrainte qu'elles imposent à l'occupation du sol comme aux activités humaines leur valent, depuis peu, l'appellation de *mangrovilles.*

Dans le cas de Kribi, **Meva'a Abomo** analyse le paradoxe entre l'abondance de l'eau et la crise de l'eau potable génératrice d'une multitude d'effets induits. Suivant une approche pluridisciplinaire et sur la base de deux sondages directifs, des entretiens semi-directifs, des observations *in situ*, l'auteur montre que la faible disponibilité et l'inégale répartition spatiale de l'eau de canalisation se traduisent par une forte sollicitation de l'eau des puits, des forages et des cours d'eau, malgré leur qualité douteuse. Les répercussions socio-sanitaires de ces sollicitations précarisent la santé des populations. Cette crise de l'eau potable s'est révélée comme la conséquence d'une gouvernance caractérisée par les antagonismes entre une multitude d'instances de prise de décision antagonistes. Le passage à une logique concertée de l'eau apparaît comme un facteur de régulation de la crise de l'eau potable et de système alimentaire dans la cité balnéaire à expérimenter.

Les difficultés économiques sont à l'origine du développement des activités agricoles dans l'espace périurbain de la ville de **Dschang**. L'incursion des « allogènes » génère des conflits avec les ruraux « autochtones ». L'occupation des franges périurbaines accélère l'étalement urbain avec pour corollaire, la perte de contrôle des paysans sur un patrimoine foncier, déjà objet d'un morcellement intensif lié à une forte pression démographique. De plus, l'invasion de l'espace rural en réduit les potentialités économiques. Ces deux raisons expliquent la récurrence des affrontements entre les autochtones des zones périurbaines et les citadins en quête des parcelles cultivables. Malgré la réticence apparente des autochtones à céder les terres, la ville continue à s'étendre grâce aux nombreuses mesures de contournement. Dans sa contribution, **Lemouogué Joséphine** analyse les enjeux de cet accaparement des terres rurales par la ville et les conséquences socio-économiques qui en découlent.

Contrairement aux villes des pays développés, la ville au sud du Sahara est rarement pensée. Sous l'effet des migrations et de la croissance naturelle, les nouveaux quartiers naissent tous les jours. Au Cameroun, la délocalisation des marchés et des gares routières à la périphérie des villes est l'une des caractéristiques majeures des politiques publiques en matière de gestion de l'extension urbaine. Si pour les gestionnaires de la ville, la mobilité des gares routières est une stratégie de désengorgement des centres urbains, elle contribue à l'étirement horizontal des villes. Le déplacement des gares vers la périphérie urbaine constitue un catalyseur de la migration des populations vers ces nouveaux sites empiétant inéluctablement sur le domaine rural. **Ndoki et Hatcheu Tchawé** se sont intéressés à la situation de la ville de Bafoussam, capitale régionale de l'Ouest-Cameroun pour montrer l'impact de la mobilité des gares routières sur l'extension spatiale, en mettant en exergue les problèmes sociaux et économiques liés au déplacement des équipements et infrastructures urbains.

Pour concilier les avantages socio-économiques attendus de l'évolution des transports urbains et la protection de l'environnement, **Nemb Pierre** propose de mettre sur pied « un transport durable » qui permette d'internaliser les externalités négatives de tout projet urbain. Le déplacement des citadins pour avoir accès aux services ou pour transporter les marchandises ou objets. Ceci entraîne non seulement un accroissement de l'utilisation des véhicules mais aussi le développement des infrastructures principalement de transport. Ces évolutions sont préjudiciables au bien-être des populations et à l'environnement urbain à cause notamment : de la congestion routière, des pollutions et nuisances de toute sorte.

Chapitre 1

BRAZZAVILLE, UN TERRITOIRE EN PLEINE CROISSANCE DEMOGRAPHIQUE ET SPATIALE

Yolande BERTON-OFOUEME

INTRODUCTION

L'urbanisation est un phénomène mondial. A l'échelle planétaire, le nombre de citadins ne cesse de croître, mais à un rythme différentié. Si la croissance urbaine est modérée dans la plupart des pays industrialisés depuis le tournant des années 60, elle est, en revanche, forte dans les pays en développement en général, et ceux d'Afrique en particulier. L'ampleur du phénomène dans les villes africaines a généré les qualificatifs « urbanisation accélérée », « explosion de la population urbaine », etc.

En Afrique centrale, les villes étaient fragiles par leur caractère temporaire et par les matériaux de construction. Dans l'ensemble, les villes n'avaient pas de plan d'urbanisme et leur disposition reflétait l'organisation sociale. La disparition des « cités » royales sous l'effet de la colonisation montre bien la fragilité des villes précoloniales. Parmi les facteurs de la faible urbanisation précoloniale, on peut citer les contraintes du milieu physique, notamment la forêt, l'atomisation spatiale des groupes humains, la faible expansion de l'Islam qui, dans la plupart des régions, fut à l'origine des grandes localités et le faible dynamisme des courants commerciaux.

Le Congo, avant la colonisation, ne disposait pas de villes. Il comprenait trois royaumes (Kongo, Loango et Teke) disparus sous la pression coloniale. L'urbanisation y est donc un phénomène récent. Aujourd'hui, ce pays est l'un des plus urbanisés en Afrique du fait de la concentration de la population dans les huit villes qu'il compte, et surtout la ville économique (Pointe-Noire) et la ville politique (Brazzaville). Ces agglomérations se répartissent en villes de première génération (nées avant la colonisation), de deuxième génération (nées pendant la colonisation) et de troisième génération (nées sur décision politique et administrative).

Brazzaville, notre champ d'investigation, fait partie des villes de la deuxième génération. Située en amont des cataractes sur la rive droite du fleuve Congo, elle a été bâtie sur un site de plateau pour des raisons de facilité de défense, mais aussi de recherche d'un environnement sain par les colonisateurs.

Fondée en 1884, par Pierre Savorgnan de Brazza, la capitale du Congo est à la fois le point de rupture de charge des voies de communication ferroviaire et fluviale et le point de départ des principaux axes routiers du pays (la route nationale n°1 vers le Sud-ouest et la route nationale n°2 vers le Nord).

L'étude se propose d'analyser la croissance et l'étalement urbains de cette agglomération en s'interrogeant sur les incidences de ces deux phénomènes sur l'environnement social et économique de la population, ainsi que sur celui d'ordre physique au niveau de la ville, mais aussi au niveau national. L'article est structuré en trois principaux points : le phénomène urbain au Congo, la croissance démographique et spatiale de Brazzaville, ainsi que les facteurs et incidences de ces phénomènes.

I- Le phénomène urbain au Congo

Le Congo, bien que faiblement peuplé (11 habitants au kilomètre carré en 2009), est le pays le plus urbanisé d'Afrique noire. La proportion de la population urbaine en regard de la population totale est passée de 24 % en 1945 à 80 % en 2009. Le pays comptait quatre communes urbaines (Brazzaville, Pointe-Noire, Dolisie et Nkayi) en 1974, six, en 1984 avec l'érection de Mossendjo et Ouesso en communes urbaines en 1983, et huit depuis 2006, avec celle des villes d'Oyo et de Pokola.

En effet, le phénomène urbain est assez récent au Congo, mais il prend de l'ampleur. La typologie des villes suivant la période de leur naissance met en évidence les trois générations de villes suivantes : les villes précoloniales, coloniales et postcoloniales.

a. Les villes précoloniales

« Il ne semble pas que l'Afrique centrale ait connu, avant les 19ème et 20ème siècles, de véritable urbanisation contrairement aux autres ensembles du continent africain qui se sont développés sous l'effet des courants commerciaux. Le bassin du Congo et ses bordures n'eurent de contacts avec l'extérieur qu'à la fin du 15ème siècle, et lorsqu'il s'ouvrit au commerce, ce fut trop souvent par une traite qui enlevait ses biens et ses hommes sans rien lui apporter en échange » (Pourtier R., 2000).

Avant la colonisation, le Congo ne disposait pas de villes. Il comprenait trois royaumes : le royaume Kongo, le royaume Loango et le royaume Teke. Institutions bien structurées, ces royaumes ont disparu sous la pression de la colonisation.

b. Les villes coloniales

Vers le milieu du 19ème siècle, le long de la côte congolaise s'étaient multipliées les installations dues à diverses ambitions européennes : postes, forts et comptoirs (à Loango, Pointe-Noire et Brazzaville) et ensuite à l'intérieur du territoire (Ouesso).

Dès la fin du 19ème siècle, le problème majeur qui s'est posé fut celui des communications, d'où le lien qui apparaît partout entre les villes et les voies de circulation, en particulier des cours d'eau. Les défauts présentés par les cours d'eau conduisent les Européens à mettre en place des voies ferrées. Ceci justifie la situation des villes à des points de rupture de charge, à la rencontre de l'eau et du rail, de la route et de l'eau (Pointe-Noire et Brazzaville qui sont des métropoles économiques, politiques et administratives), et du rail et de la route. Ouesso a été un port d'embarquement des produits à destination du port de Pointe-Noire. Mais le volume de produits chargés n'a jamais été suffisant pour favoriser son développement.

Au contraire, la voie ferrée a été un facteur majeur d'urbanisation : développement des villes portuaires terminus du chemin de fer (Brazzaville et Pointe-Noire) ou des villes intérieures (Dolisie, Makabana, etc.).

L'industrie au Congo comme celle de bien d'autres pays de l'Afrique centrale, n'a pas été un facteur d'urbanisation décisif. Le but des Européens était d'exploiter les matières premières. Ce ne sont pas les scieries, huileries, usines de décorticage qui pouvaient donner naissance à de grandes villes.

Les industries de transformation, de façon exceptionnelle, ont contribué au développement des villes existantes. C'est le cas de Nkayi (grâce au complexe agro-industriel sucrerie, huilerie…). Elle comptait 600 personnes en 1954 et 50 000 habitants en 1990.

c. Les villes créées après l'indépendance

Celles-ci sont des anciens chefs-lieux de Postes de contrôle administratif (PCA) devenus des chefs-lieux de districts ou encore de villages qui ont connu une promotion administrative. On peut citer les localités d'Oyo et de Pokola, anciens villages érigés en communes urbaines en 2006. Les populations de ces villes vivent plus des revenus générés par les activités rurales. Elles se distinguent de celles des autres localités par l'accès aux infrastructures scolaires, éducatives, sanitaires et administratives, ainsi qu'aux équipements de base (eau et électricité).

Mossendjo et Ouesso, érigées en communes en 1983, font partie de ces villes de la troisième génération. La présence d'équipements variés fait d'elles des zones d'attraction pour les populations rurales. Mais leur développement et leur dynamisme sont moins importants que ceux des villes de Pointe-Noire et de Brazzaville du fait de la non diversification des activités économiques et culturelles.

Carte 1--La localisation de quelques villes congolaises.

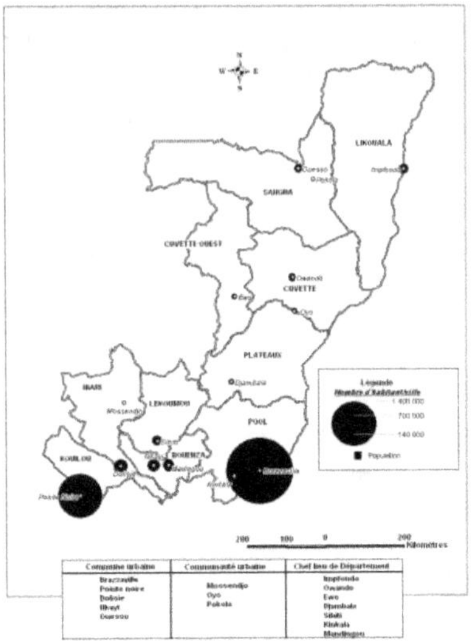

II- La croissance urbaine de Brazzaville

a. Une dynamique démographique forte

L'évolution de la croissance urbaine est un phénomène général dans la plupart des pays d'Afrique noire. Timide avant l'indépendance, elle s'est accélérée, d'une manière générale à partir de 1960. A Abidjan (Côte d'Ivoire), le nombre d'habitants est passé de 1400 en 1912, à 180 000 en 1960, et à 2 000 000 en 1990 ; Kinshasa (République démocratique du Congo) a vu sa population passer de 1 200 000 habitants en 1968 à 3 500 000 personnes, en 1990. Cette ville rassemble aujourd'hui plus de 8 000 000 d'habitants.

Lente jusqu'en 1945, la croissance urbaine au Congo s'accélère à partir de l'indépendance. Le ratio « population urbaine/population totale » est de 35 % en 1965, cinq ans après les indépendances, de 38 % en 1974, de 52 % en 1984, de 63 % en 2007. En 2009, ce ratio est estimé à 80 %.

Brazzaville est l'une des villes du Congo en pleine croissance démographique. Elle rassemble, en 1984, 59 % de la population urbaine, en 1996, 58 % et en 2007, 59 %. L'importance de ses habitants dans la population du pays est incontestable (37 % en 2007 contre 23 % en 1974).

Le tableau I montre une évolution croissante dans le temps. La population s'est accrue annuellement au rythme de 448 habitants entre 1901 et 1925, de 2440 habitants entre 1925 et 1950, de 9333 individus entre 1950 et 1974, de 25291 habitants entre 1974 et 1996 et de 41163 personnes, entre 1996 et 2007. En un peu plus d'un siècle, le nombre d'habitants a été multiplié par environ 325. Si en un quart de siècle (entre 1925 et 1950), la ville gagnait 2440 habitants par an, en moins d'un quart de siècle (11 ans) entre 1996 et 2007, elle a gagné 41163 individus par an, soit l'équivalent de seize villages de 2500 habitants chacun. Ceci traduit globalement l'évolution croissante de la population brazzavilloise.

Dans l'ensemble, le taux de croissance est de 3 % de 1901 à 1996. De 1996 à 2007, ce taux a connu une légère hausse. Il est de 3,8 %, taux supérieur à celui observé à Paris (0,29 %) et à Kinshasa (1,2 % entre 1924 et 2007).

L'analyse des densités de population montre aussi une évolution « en dents de scie ». Dans l'ensemble, les baisses ou les hausses des densités selon les années peuvent trouver des explications dans l'imprécision des chiffres de la population qui sont issus, outre 1974 et 1984, des estimations. Il en est de même pour les superficies (le chiffre le plus précis étant celui de 2007). En dépit de ce fait, les statistiques donnent un ordre de grandeur de la croissance urbaine et spatiale. D'ailleurs, les écarts entre les années ne sont pas significatifs dans l'ensemble. La légère baisse des densités observées après 1984 pourrait relever des conflits sociopolitiques de 1993 à 2001 qui ont généré des mouvements de population vers les villages. En se référant aux années au cours desquelles ont été réalisés les recensements, on peut retenir que le nombre d'habitants par hectare est passé de 46 en 1974, à 56 en 1984. Il est estimé à 54 en 2007. De 1974 à 2007, la densité moyenne est de 52 habitants par hectare, soit 5200 hab./Km², bien qu'en progression. Cette densité n'atteint pas celle observée dans d'autres mégalopoles comme Abidjan la capitale économique de la Côte d'Ivoire où cette densité était de 167 en 1987. Elle masque les disparités au sein de la ville. Les quartiers centraux et péricentraux sont les plus densément peuplés. Il s'agit d'Ouenze (28953 habitants/km²), Bacongo (14028), Moungali (11682) et de Poto-Poto (10362). Les quartiers périphériques (Makélékélé et Mfilou) plus récents présentent des densités inférieures à la moyenne urbaine et légèrement supérieure à cette moyenne (Talangaï).

Tableau I- L'évolution de la croissance démographique et spatiale de Brazzaville de 1901 à 2007.

Année	Population (habitant)	Superficie (hectare)	Densité	
			(Habitant par hectare)	(Habitant/km²)
1901	4250	-	-	-
1925	15000	-	-	-
1945	50000	-	-	-
1950	76000	1800	42	4222
1957	96000	2100	46	4571
1972	242000	4300	56	5628
1974	300000	6500	46	4615
1978	380000	7400	51	5429
1980	400000	7200	56	5556
1984	585812	10000	59	5858
1996	856410	15000	56	5709
2007	1375200	25700	54	5351

Sources : Les statistiques de la population, excepté celles de 1974 et 1984 issues des recensements, sont des estimations. Les données sur les superficies (de 1950 à 1980) sont fournies par URBANOR, dans le schéma directeur de Brazzaville : étude socio-urbaine, janvier 1980, CRETH. Les superficies de 1996 sont des estimations faites à partir des données des années précédentes. Celle de 2007 a été estimée à partir des données existantes sur les arrondissements (CNSEE).

b- Les facteurs de la croissance urbaine de Brazzaville

De nombreux facteurs se conjuguent pour expliquer la croissance urbaine de Brazzaville. Il s'agit :

- **de ses fonctions ;**

▪ au plan administratif, Brazzaville fut la capitale de l'Afrique équatoriale française (AEF) entre 1909 et 1960, la capitale de la France libre en 1945, le siège de la conférence qui lança la décolonisation de l'Afrique francophone. Aujourd'hui, la ville abrite toutes les structures ministérielles ;

▪ au plan politique. Brazzaville abrite toutes les instances politiques et décisionnelles du pays (la Présidence de la République, l'Assemblée nationale, le Sénat, etc.). La plupart des leaders politiques y habitent. De par cette fonction politique, la ville est un lieu sensible, lieu de départ des conflits sociopolitiques que le pays a connus depuis 1959 ;

- au plan culturel enfin, la présence de l'unique université d'enseignement public (l'université Marien Ngouabi) attire les élèves de tous les départements du pays. Cette structure compte aujourd'hui près de vingt mille étudiants répartis dans onze établissements. Les élèves en provenance d'autres départements du pays représentent un peu plus du tiers de la population estudiantine. Les infrastructures se caractérisent par leur atomisation au sein de la ville, sans possibilité d'extension.

Géographiquement, Brazzaville est située à proximité d'un des départements les plus peuplés du Congo : le Pool qui fournit l'essentiel des migrants. Les mouvements migratoires en provenance de ce département se sont accentués du fait des guerres que le pays a connues et dont le Pool a été l'épicentre. Par ailleurs, la ville est séparée de Kinshasa, qui compte plus de dix millions d'habitants, par un espace fluvial qu'on traverse en moins de trente minutes par bateau ou canots rapides (au Beach de l'Agence trans-congolaise) ou en quelques heures par pirogue ou « baleinière » au port de Yoro. Les facilités de la traversée entre ces deux capitales les plus proches au monde et la dégradation des conditions de vie, plus fortes à Kinshasa qu'à Brazzaville, contribuent à l'intensification des mouvements migratoires des Congolais de la République démocratique du Congo (RDC) vers la capitale congolaise, mais aussi vers d'autres départements du pays. Carrefour de trois axes de communication (route nationale n°2, CFCO et fleuve Congo), Brazzaville est aussi le principal lieu d'accueil ou de transit des originaires du Nord du pays.

- **De la construction du Chemin de Fer Congo-Océan** en 1931 qui favorisa les migrations rurales vers la ville ;

- **des évènements sociopolitiques** (l'avènement de l'indépendance du pays en 1960, l'expulsion des Congolais résidant à Léopoldville, actuelle Kinshasa, en RDC, en 1964-1965) ;

- **des promesses de supprimer le chômage** au Congo faites par le nouveau pouvoir installé en 1968. Elles ont contribué à l'accélération de l'exode rural en 1974. Ce mouvement se poursuit jusqu'à nos jours pour des raisons variées (recherche d'un emploi rémunérateur, poursuite des études, recherche d'un cadre de vie agréable…) ;

- **de l'accroissement naturel interne** (forte natalité justifiée par la forte proportion de jeunes, mortalité plus faible que dans d'autres localités du fait de la concentration du personnel de santé qualifié) ;

- **des migrations internationales**. Pour des raisons professionnelles, dans le cadre de la coopération bilatérale ou multilatérale, ou à titre privé, le Congo accueille les populations étrangères en provenance d'Europe, d'Amérique, d'Asie, du Moyen-Orient et d'autres pays africains. Ces immigrants s'installent en priorité à Brazzaville et à Pointe-Noire.

c. Les conséquences de la croissance urbaine

Celles-ci sont classiques dans toutes les villes d'Afrique subsaharienne et sont connues de tous. Elles concernent la ville elle-même mais aussi les espaces environnants et plus éloignés. Elles sont d'ordre économique et environnemental. Nous citons ici quelques-unes d'entre elles.

Le sous-emploi des jeunes en fin de formation et la restriction du marché de l'emploi sont les problèmes majeurs qui minent la vie des citadins. Ils favorisent l'émergence des activités non formelles (petits métiers, petit commerce, etc.).

Les difficultés de scolarisation des enfants du fait des problèmes infrastructurels. En effet, les défaillances de l'offre éducative dans le secteur public au Congo, et particulièrement dans les grandes villes, ont favorisé le développement du secteur privé qui scolarise en 2008, 88 % des enfants du préscolaire, 36 % des élèves du primaire, 39 % de ceux du secondaire premier cycle et 36 % de ceux du secondaire deuxième cycle[2] ; à l'université Marien Ngouabi, plus particulièrement à la faculté de droit qui accueille plus de 4000 étudiants (plus de 20 % des effectifs des étudiants).

Les problèmes d'approvisionnement en produits vivriers des citadins dont les incidences sont les plus préoccupantes dans les familles les plus défavorisées (plus de 70 % des ménages vivent en-dessous du seuil de pauvreté estimé à 540 F CFA). Les prix élevés des produits de base sont dus non seulement à la forte demande exprimée par les citadins, mais aussi au mauvais état des pistes agricoles. La pratique des prix plus rémunérateurs qu'en zone rurale attire les producteurs ruraux. Il en résulte le manque ou l'insuffisance des produits agricoles ou de cueillette sur les marchés ruraux, privant ainsi les consommateurs non producteurs (personnel de santé, enseignants, etc.) de produits alimentaires de base. En effet, la demande croissante de produits vivriers en milieu urbain a des effets négatifs et positifs sur le monde rural. En ce qui concerne les premiers, on note la dégradation des écosystèmes forestiers par les systèmes agricoles adoptés par les paysans, notamment l'agriculture sur brûlis. Les résultats des études menées par différents auteurs mettent en évidence ces problèmes. On peut citer le Pool, la Cuvette et les Plateaux. Dans ce dernier département, et particulièrement le long de la route nationale n°2,

---

[2] Ces pourcentages représentent, pour chaque niveau, la part des enfants scolarisés dans le secteur d'enseignement privé par rapport à l'ensemble des élèves que compte le pays.

sous l'effet de la demande urbaine, s'est développée une agriculture marchande basée sur le manioc transformé en *chikwangues*[3] ou en cossettes de manioc séchées, appelées *foufou*[4], destinées essentiellement aux marchés brazzavillois (Mengho, B-M, 1999).

Depuis quelques années, on constate un épuisement des sols et une importante baisse des rendements. De plus, la fabrication de la *chikwangue* nécessite l'utilisation de feuilles de marantacées pour l'emballage des pains. Dans certaines localités telle Maty, ces feuilles se raréfient et les cueilleurs sont contraints d'aller dans les forêts situées au bord de la rivière Léfini. La destruction des forêts dans cette zone fait qu'aujourd'hui les productrices de *chikwangues* surexploitent les arbustes des savanes. Cette pratique conduira à long terme à une catastrophe écologique dans ces zones aux sols fragiles. La mécanisation des opérations culturales sans amendement des sols et l'utilisation des pétrisseurs à manioc augmentent les risques de dégradation des sols du fait de l'augmentation des surfaces mises en valeur et des quantités de *chikwangues* produites.

La demande très forte en poissons favorise des pratiques de pêche peu conservatrices de l'environnement aquatique. A Ngabé, les pêcheurs ont tendance à utiliser les filets de pêche à mailles très fines qui détruisent la faune aquatique. Ils capturent aussi bien les gros poissons que les fretins très appréciés par les citadins.

Pour ce qui est **des produits de la chasse**, les Brazzavillois, friands de gibier, contribuent au braconnage dans les forêts de la Sangha et de la Likouala. Pour satisfaire la demande urbaine, les chasseurs utilisent de plus en plus les armes à feu pour abattre un nombre de plus en plus grand d'animaux.

La destruction des écosystèmes forestiers sous l'effet de la forte demande de bois énergie et de charbon de bois. En effet, Brazzaville dépend de Pointe-Noire pour son approvisionnement en gaz. La consommation de gaz y est limitée pour diverses raisons : l'accès limité aux gazinières et au gaz du fait de leur coût élevé pour les familles à faibles revenus, les dysfonctionnements du

---

[3] *Chikwangue :* c'est l'aliment le plus élaboré et le plus consommé en Afrique centrale. Il s'agit d'une pâte dense (35 à 45 g de matière sèche pour 100 g de produit) de texture élastique dont le poids peut varier de 500g à plus de 5kg selon les régions, et selon qu'elle est destinée à être consommée individuellement ou collectivement [Massamba et Trèche, 1990, P.5). L'orthographe du terme *chikwangue* peut varier selon les auteurs. Dans certains cas, il s'écrit *chicouange* et dans d'autres, *chikwangue.*

[4] Le terme *foufou* désigne deux types de produits : les cossettes, obtenues par séchage au soleil des racines rouies préalablement découpées en fragments dans le sens longitudinal, et la pâte, beaucoup moins dense que la *chikwangue* (environ 20g de matière sèche pour 100g de produit), qui est obtenue en jetant de la farine de manioc dans de l'eau bouillante et en remuant énergiquement l'ensemble pendant la cuisson [Massamba et Trèche, 1990, P.5].

chemin de fer Congo-Océan facteurs des ruptures d'approvisionnement qui peuvent s'étaler sur plusieurs mois. Dans ces conditions, les familles favorisées ou non se retrouvent dans la même situation. Pour pallier le problème d'accès au gaz, les Brazzavillois se tournent vers le pétrole, le bois et surtout, le charbon de bois pour la cuisson des aliments. Les populations du Pool, des Plateaux et d'une partie de la Cuvette, répondent à cette demande en détruisant les forêts artificielles (à Kintele sur la route nationale n°2) ou les forêts naturelles. Si dans le département de la Cuvette, les populations coupent les bois morts ou utilisent les arbres abattus dans les espaces destinés aux champs, dans le Pool, de vastes zones forestières sont détruites pour la coupe du bois ou la production du charbon de bois. Cette destruction des forêts a des répercussions sur l'une des activités génératrices de revenus pour les populations (la vannerie), car les rotins et les lianes se raréfient. La baisse du pouvoir d'achat des ménages et les contraintes de la vie urbaine ont contribué au développement de l'alimentation de rue. Les lieux de vente de grillades de produits animaux se sont multipliés dans la ville, et leur fonctionnement nécessite une consommation, qui n'est pas à négliger, de bois provenant des zones rurales.

La surexploitation des sites de cueillette du « *koko* », *Gnetum africanum*, qui est le deuxième légume le plus consommé à Brazzaville après les feuilles de manioc, et qui provient essentiellement des régions forestières des Plateaux et de la Cuvette. La forte demande émanant des citadins a généré sa raréfaction à proximité des villages et sa dégénérescence en une variété à petites feuilles amères et peu digestes (Berton-Ofouémé, Y. 2007).

La croissance urbaine a également des effets positifs. Elle a favorisé le développement des cultures maraîchères à l'intérieur et à l'extérieur de la ville, la spécialisation de certaines zones rurales dans la production de légumes, de produits dérivés du manioc, de poissons, etc., destinés aux marchés urbains. Toutes ces activités permettent aux ruraux d'obtenir des revenus. Quelques exemples peuvent illustrer ces propos : le *koko, Gnetum africanum* est la principale source de revenus des populations d'Abala (dans les Plateaux). Sa vente à Brazzaville et à Kinshasa permet aux paysans d'améliorer l'habitat, de régler les problèmes sociaux, économiques, etc. ; la culture du manioc qui s'est développée le long de la route nationale n° 2 fait vivre plusieurs catégories sociales (producteurs, grossistes-collecteurs[5], grossistes-redistributeurs[6], détaillants, transporteurs, propriétaires de moulins à *foufou* et de pétrisseurs à manioc, cueilleurs et vendeurs de feuilles de marantacées, salariés agricoles,

---

[5] Grossistes-collecteurs : commerçants qui achètent les produits en gros auprès des producteurs dans les villages.

[6] Grossistes -redistributeurs : commerçants, intermédiaires, qui achètent auprès des producteurs ou des grossistes-collecteurs sur les marchés urbains.

propriétaires de terres et de tracteurs, vendeurs d'eau utilisée pour le rouissage des racines).

Du fait de l'accroissement des besoins en logement ou terrains à bâtir, la croissance urbaine génère de toute évidence l'extension spatiale de la ville.

III- Une croissance spatiale consommatrice d'espace

L'extension spatiale se fait parallèlement à celle de la population (figure 2). Lente jusqu'en 1974, elle suit une tendance ascendante au rythme annuel de 196 hectares entre 1950 et 1974, 350 hectares, entre 1974 et 1984, et 683 hectares, entre 1984 et 2007. A ce rythme, Brazzaville atteindra environ 39000 hectares dans 57 ans.

En réalité, comment s'est développée Brazzaville au fil des années ? L'évolution détaillée des villages lors de la création de Brazzaville est décrite dans le précieux ouvrage de Georges Balandier *Sociologie des Brazzavilles noires*. En effet, lorsque les Européens décident de créer et d'administrer réellement le poste établi aux abords du Stanley-Pool en 1884, deux villages Bateke existaient de part et d'autre de ce poste : celui du chef Mbakwa dans la plaine et celui du chef Mbama établi sur la terrasse supérieure dominant le fleuve Congo. Au fil des années, sous l'effet de l'exode rural favorisé par l'accès aux emplois, les villages se créent ici et là. L'administration coloniale, soucieuse de contrôler une population de plus en plus nombreuse, interdit, en 1905, la résidence des salariés à l'intérieur des concessions de leurs employeurs. Ainsi ont été créés les villages Tchad, Bacongo et Poto-Poto[7]. Le centre-ville, habité essentiellement par les Européens, se situe entre ces villages à partir desquels s'est faite l'extension de la ville. De sa création à 1930, il subsistait entre eux et au-delà d'eux des zones de forêts, de savanes et de marécages. Le développement des quartiers s'est fait par remplissage des zones interstitielles ou résiduelles. De 1930 à 1960, l'urbanisation s'amplifie et l'occupation du site de la ville s'accélère. Bacongo et Poto-Poto s'agrandissent et deviennent des quartiers. Progressivement naissent d'autres quartiers, comme Moungali. Ces quartiers, peuplés d'« indigènes » se développent, entre 1950 et 1957 en s'étendant vers le nord ou le sud de la ville. A cette période nait le quartier de Ouenzé par simple prolongement des avenues et des rues. De 1957 à 1972, sont créés au nord : Mpila, « Tout pour le peuple »[8] regroupant Mikalou, Talangaï,[9]

---

[7] Poto-Poto signifie, boue ou marécages. Ce quartier a abrité en 1930 la première cité des cheminots construite par les colonisateurs. Cette cité a été détruite en 1981 à cause du délabrement des constructions.

[8] « Tout pour le peuple » vient du slogan marxiste «Tout pour le peuple, rien que pour le peuple », qui traduisait la volonté du pouvoir en place de gérer le foncier et de faciliter l'accès au foncier pour les populations défavorisées. A cette époque, le bras de fer s'était installé entre les propriétaires fonciers et l'Etat. Celui-ci avait repris en main la gestion foncière au niveau national. Officiellement, la terre appartenait à l'Etat, et de ce fait, elle était accessible à tout citoyen

Maman Mbioualé[10], « Simba pelle[11] », « Petit chose », etc., et au sud, Mpissa, Makélékélé, Moukondzi-Ngouaka[12], Kingouari, Massina, Mpiéré-Mpiéré, Anzouli, Mansimou et Poto-Poto Djoué, et entre 1976-1983, Diata[13], Mfilou, Moutabala (**figure 3**). Depuis 1983, la ville a dépassé ses limites administratives en atteignant la rivière Djiri vers le nord. Le rythme de croissance spatiale de la ville fait que dans quelques années, ces limites, vers le nord, engloberont Kintele.

Vers le sud, le périmètre urbain dépasse la rivière Djoué. Les limites urbaines atteignent Ngangalingolo, un village suburbain il y a 21 ans.

Brazzaville compte aujourd'hui sept arrondissements classés par ordre décroissant d'importance des habitants : Talangaï, Makélékélé, Mfilou, Ouenzé, Moungali, Bacongo et Poto-Poto. Deux arrondissements, un au nord et un autre au sud de la ville, sont en cours de création.

congolais. Dès que ce mot d'ordre était lancé, les Brazzavillois se sont précipités pour occuper anarchiquement (sans plan d'aménagement de l'espace) les terrains situés au nord de la ville. Certaines personnes occupaient de force les terrains en se servant du mot d'ordre du président de la République, d'autres négociaient avec les propriétaires fonciers dont le pouvoir s'était réduit.

9 Talangaï signifie en lingala, «regarde-moi ».

10 «Maman Mboualé » du nom de la mère du président Marien Ngouabi, promoteur du libre accès aux terres sur tout le territoire national.

11 « Simba pelle » signifie « tiens la pelle » du fait des ensablements fréquents des maisons.

12 Moukondzi-Ngouaka signifie le chef Ngouaka. Ce quartier porte donc le nom du chef coutumier.

13 Diata, du nom du propriétaire foncier dont les héritiers continuent à faire valoir leurs droits fonciers.

Graphique 1- Evolution de la croissance démographique et de l'extension spatiale.

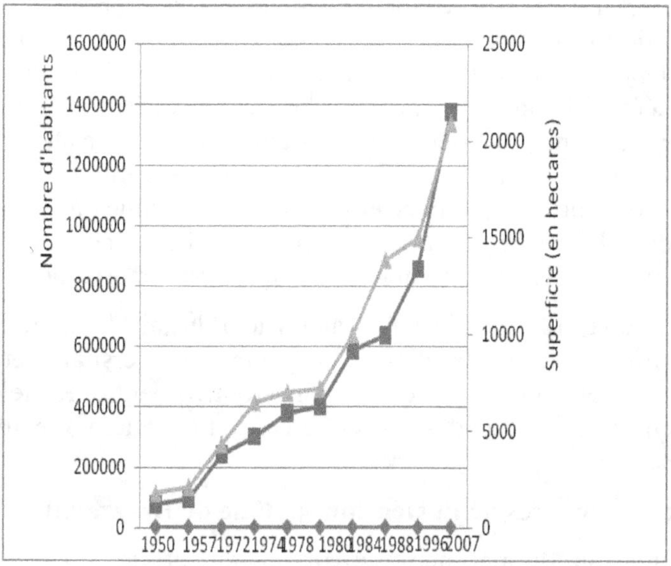

Figure 3 : Quelques étapes de la croissance spatiale de Brazzaville.

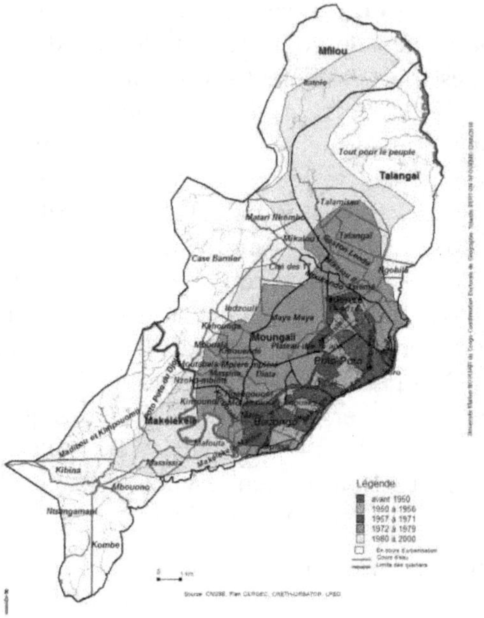

A Brazzaville, l'extension spatiale est linéaire. Elle suit essentiellement les axes de communication (routes nationales n°1 et n° 2 et CFCO). Elle se fait dans la plupart des cas par occupation anarchique des zones non contrôlées par les services de l'urbanisme. Dans les zones d'extension de la ville, deux cas de figure existent : les ménages qui s'installent à la périphérie urbaine pour des raisons variées (échapper au paiement du loyer, acquérir des terrains vendus à bas prix) et les familles aisées qui désirent profiter du cadre de vie (calme, verdure, air moins pollué que dans les quartiers centraux et péricentraux, sécurité) qu'offrent ces quartiers éloignés de ceux situés au centre-ville ou à proximité de celui-ci. Mais, on peut retenir dans l'ensemble que les familles à faibles revenus sont les plus nombreuses à la périphérie urbaine.

Au nord de la ville, l'étalement s'amplifiera du fait de la mise en œuvre de plusieurs projets : la construction d'un campus universitaire et d'un village agricole à Kintele ainsi que d'une gare routière entre Kintele et Lifoula. Actuellement, l'occupation des sols entre Djiri et Kintele, voire au-delà de cette localité, s'accélère.

a. Les conséquences de l'extension spatiale de Brazzaville

De l'extension du périmètre urbain découlent de nombreux problèmes observés dans la plupart des pays africains. Au Congo, on relève sept principales incidences.

La disparition des zones agricoles et leur transfert vers la périphérie lointaine. Il est paradoxal de constater que les citadins, malgré leurs besoins croissants en légumes frais, empiètent sur les sites de production maraîchère qui leur sont vitaux. De la création de Brazzaville à 1950, les quartiers se développaient, mais subsistaient entre eux des zones marécageuses qui marquaient les frontières, et qui étaient mises en valeur par quelques maraîchers. Les espaces exondés comme Talangaï, Mikalou, Makélékélé étaient des zones agricoles où les femmes cultivaient manioc et légumes. A partir de 1950, commence l'occupation des zones insalubres. Elle se poursuit jusqu'en 1992. Les seules zones qui se maintiennent sont celles mises en défens (zones aéroportuaires, de pylônes, de la forêt de la patte d'oie et du domaine de l'université Marien Ngouabi). C'est ainsi que de 1950 à 1975, on assiste à la disparition des sites maraîchers suivants : Plateau des quinze ans, Moungali (en amont et en aval du cours d'eau la Mfoa), dans les vallées de Madoukoutsékélé, de la Glacière et de la Mfoa au centre-ville, dans les zones situées à Yoro, derrière l'école Mouléké à Ouenzé et sur l'actuel site du stade Eboué.

A partir de 1993, les périmètres maraîchers qui ont échappé au lotissement étaient déjà en cours de disparition. Il s'agit de Mfilou, la Base, Makélékélé, Mbama, Cents-fils, Yala-Yala, ORSTOM, Frontières, etc. Le site de Talangaï, protégé par arrêté municipal du 17 août 1988, est en train de céder la place au béton. Il n'a aucune possibilité d'extension. Sa superficie est passée de 56 hectares en 1964 à 50 en 1992 et à moins de 30 hectares actuellement. Les zones de production intra-urbaines sont aussi confrontées aux problèmes de qualité d'eau d'arrosage. Les maraîchers utilisent l'eau issue des cours d'eau qui traversent toute la ville et qui sont de véritables collecteurs d'eaux usées et de déchets urbains. La consommation des crudités est ainsi un risque si les légumes ne sont pas bien nettoyés. La disparition des centres de production intra-urbains accroît la dépendance de la ville vis-à-vis des zones périurbaines difficiles d'accès et des villages pour l'approvisionnement de sa population en produits maraîchers.

Les zones périphériques, colonisées progressivement par les producteurs "expulsés" de la zone intra-urbaine, étaient à l'abri des pressions foncières il y a quelques années. Ce sont Mambou, Kombé, Djiri, Madibou et Mafouta. Mais l'extension du périmètre urbain sur décision administrative, avec la création de deux arrondissements met en danger ces centres maraîchers.

La disparition des espaces forestiers. En 1964, la réserve forestière de Brazzaville comptait 715 hectares. En 1983, elle a perdu 515 hectares, soit 72 % de sa superficie au profit de l'habitat. Les constructions du palais des congrès, du ministère des Affaires étrangères et de la Francophonie et de la Cour constitutionnelle ont contribué à la destruction de la forêt de la patte d'oie. La réserve forestière de la Tsiémé (1000 hectares), au nord de la ville, a été de la même manière détruite au profit de l'habitat. Aujourd'hui, compte tenu des engagements pris par l'Etat au niveau international sur la protection des forêts, le ministère des Eaux et Forêts renforce la protection de la forêt de la patte d'oie considérée comme le « poumon de Brazzaville ». Les forêts du parc zoologique et de l'ORSTOM sont devenues des vestiges à protéger.

L'occupation anarchique des zones collinaires au nord de la ville. Ces zones à risque se situent entre 300 et 500 mètres d'altitude. Elles sont situées sur les sols sablonneux des plateaux bateke. Une fois dépourvues de végétation, elles sont sensibles à l'érosion. Celle-ci entraîne les ravinements et le déchaussement des maisons construites. En fait, l'implantation de l'habitat ne tient compte ni de la structure du sol ni de la disposition des courbes de niveau. Depuis cinq ans, les quartiers Mikalou, Nkombo, Massengo, Ngamakosso, etc. sont menacés par des érosions que les pouvoirs publics maîtrisent difficilement (photos 1 et 2). A Nkombo, ces érosions ont menacé à maintes reprises la coupure de la route nationale n°2, principale porte d'entrée et de sortie en provenance du Nord du pays ou vers celui-ci. La destruction des habitats par les érosions rend de plus en plus précaire la situation socio-économique des familles défavorisées. Le dénudement des pentes de collines crée des problèmes d'ensablement des maisons situées en contrebas et d'inondation de celles localisées dans les vallées pendant la saison des pluies. Les populations victimes de ces phénomènes ont tendance à s'installer sur des terrains entre Djiri et Kintele.

Le développement d'un habitat précaire. Sur les collines de Mikalou, un grand nombre de ménages vivent dans des cases faites entièrement de tôles (murs et toits). Ces cases, appelées « cocottes minutes », sont très inconfortables du fait de la chaleur qu'elles accumulent.

Les difficultés d'accès aux services de base (eau potable, électricité, infrastructures de santé telles que les pharmacies et les hôpitaux, transports...). Tous ces services ne suivent pas la croissance démographique et l'extension spatiale de la ville. Depuis une dizaine d'années, on parle de délestage pour la distribution d'électricité (distribution alternante par quartier). Les réseaux initiaux de distribution d'eau et d'électricité datent de la période coloniale et, malgré leur extension régulière, ne répondent pas aux besoins de plus d'un million d'habitants. Malgré la proximité du fleuve Congo, toute la ville vit actuellement dans le paradoxe de la pénurie d'eau, quels que soient les quartiers. Le problème d'accès à l'eau potable contribue à la dégradation des conditions sanitaires des citadins. Si les ménages favorisés consomment l'eau de source mise en bouteille, ceux démunis se contentent de boire l'eau des puits, des cours d'eau ou des forages dont la qualité laisse à désirer.

Sur le plan sanitaire, en cas de maladies graves, les populations des quartiers périphériques parcourent de longues distances à pied en transportant les malades dans des brouettes ou à dos d'hommes pour arriver au poste de santé le plus proche. L'une des solutions adoptées pour résoudre ce problème est la fréquentation des cabinets médicaux de fortune. Les compétences médicales ainsi que les soins administrés sont peu satisfaisants dans la plupart des cas.

Pour ce qui est des transports, les besoins en déplacement sont les plus importants pour les habitants des quartiers périphériques. En effet, la plupart d'entre eux travaillent dans les quartiers centraux ou péricentraux. Chaque jour, ces populations sont tenues d'emprunter un moyen de transport pour se déplacer. Les transports sont l'un des domaines qui posent le plus de problèmes aux pouvoirs publics africains. Les infrastructures de transport ne suivant pas le rythme de la croissance démographique et spatiale des villes. La situation des transports urbains à Brazzaville est similaire à celle observée par d'autres auteurs à Yaoundé, Abidjan, Bangui, Kinshasa, etc.

A Brazzaville, le réseau routier - comprenant environ sept cent cinquante kilomètres de chaussées, dont cent bitumés - est dégradé. Les "nids-de-poule", de plus en plus nombreux, se forment et s'agrandissent au vu et au su des pouvoirs publics. Dans le cadre du programme de « municipalisation accélérée » et de célébration du cinquantenaire de l'indépendance du Congo, certaines artères sont en cours de réhabilitation. D'autres ont été construites ou sont en cours d'aménagement. Il s'agit de l'avenue qui part de Moukondo à Nkombo via le nouveau bâtiment de la radio et de la télévision congolaises.

La durée de vie des moyens de transport est considérablement réduite en raison du mauvais état des voies.

Les conditions de déplacement sont déplorables, et accentuées par la vétusté des véhicules : manque de freins, de suspensions et de phares, délabrement des équipements (sièges déchirés laissant apparaître des barres de fer), mauvaise fermeture des portières, etc.

Depuis l'indépendance, les transports urbains étaient assurés par les collectivités locales. Celles-ci avaient mis en place une société qui disposait d'autobus et assurait des services de transport urbain. Ladite société a changé de nom à plusieurs reprises, et avait un parc d'environ cent cinquante véhicules en 1982. Des bus de la S.T.U.B. (Société des transports urbains à Brazzaville), il ne reste plus rien. L'échec de l'entreprise a favorisé l'expansion des transports privés. Le nombre de véhicules mis en circulation, favorisé par la vente de véhicules d'occasion, est en hausse. Ce qui crée des embouteillages aux heures de pointe.

Les longues attentes aux points de stationnement de véhicules (une à trois heures, voire plus), les attroupements (photo 4), les bousculades à l'arrivée d'un véhicule, les bagarres, la surcharge -six passagers sur un siège de trois places- et l'enclavement des quartiers périphériques sont les conséquences majeures de cette situation.

La plupart des Brazzavillois empruntent les transports en commun "cent-cent", appelés ainsi en raison du coût de la place qui était de 100 francs dans les années 1993, et qui est de 150 francs actuellement, les "foula-foula" ainsi que les véhicules à quatre roues motrices qui desservent les zones périurbaines.

Contrairement aux populations des agglomérations de l'Afrique de l'Ouest (Bamako, Cotonou, Ouagadougou…) qui utilisent facilement les bicyclettes et motocycles pour leurs déplacements quotidiens, les Brazzavillois, excepté les commerçants maliens et sénégalais, sont peu nombreux à faire usage de ces moyens de transport.

Les passagers, en plus de la lenteur des véhicules et des mauvaises conditions de déplacement, sont victimes des exactions des transporteurs qui pratiquent la politique des "trajets courts", appelés « demi-terrains ». La subdivision d'un trajet en plusieurs sous-trajets multiplie le coût du transport de deux à six fois, selon les distances. Les habitants des quartiers périphériques qui travaillent au centre-ville peuvent avoir des dépenses quotidiennes en transport comprises entre 600 et 2000 francs, soit des dépenses mensuelles de l'ordre de 14 400 à 48 000 francs. Les actifs qui gagnent le salaire minimum de 50 000 francs ne s'en sortent pas. Ce coût de transport réduit les moyens d'existence des familles défavorisées en accentuant leur situation de précarité. Les pouvoirs publics ont tenté de résoudre ce problème en imposant des itinéraires aux transporteurs. Mais cette initiative a échoué, car les chauffeurs arrivent à avoir un stock de pancartes sur les itinéraires qu'ils changent à leur gré. En somme, les problèmes de « demi-terrain » ne sont pas réglés. La majeure partie de la population (commerçants, étudiants, fonctionnaires, etc.) est concernée par ces problèmes de transport. Ceux-ci se posent avec acuité dans les quartiers périphériques du fait de l'éloignement de ces quartiers par rapport au centre-ville, zone de concentration des services culturels, administratifs et commerciaux, mais aussi de l'importance des mouvements pendulaires.

L'assainissement pose également d'insolubles problèmes aux autorités municipales. La plupart des quartiers ne disposent pas de réseaux d'évacuation des eaux usées et de pluie. Le ramassage d'ordures n'est pas assuré ainsi que les vidanges des latrines. L'exposition des excrétas, issus des vidanges manuelles, aux abords des habitations est fréquente dans les quartiers périphériques.

La multiplication des conflits fonciers. La terre constitue l'un des premiers facteurs de production. Dans les pays en voie de développement, elle est la base de l'économie. En Afrique, elle est l'objet de contrats divers et complexes entre individus, entre individus et pouvoirs mystiques et entre individus et pouvoirs publics. Les premier et troisième types de contrats sont les plus conflictuels. Le foncier a connu une évolution au cours de laquelle la terre, perçue par les populations comme propriété collective lignagère et comme outil de production assurant la subsistance et pouvant dégager des profits, est devenue une propriété individuelle sous l'effet de l'urbanisation. Ce phénomène confère à la terre un caractère marchand. L'examen du droit foncier à Brazzaville laisse apparaître la coexistence de deux cadres juridiques : le droit coutumier et la législation "moderne". Les deux modes ne sont pas toujours en accord, et l'importance de l'un ou de l'autre varie, selon que l'on se trouve en zone intra-urbaine ou en zone périurbaine. Selon le droit ancestral, la terre est gérée par des chefs coutumiers ou chefs de terre, appelés "Mfumu Nsi" par les Lari-Bacongo, et "Ngantsié" par les Téké. Les chefs étaient chargés de l'attribution des terres aux membres de leurs collectivités ou de leurs lignages selon les besoins de ceux-ci. Les hommes entretenaient ainsi des liens étroits avec la terre. Mais ceux-ci se relâchent et deviennent plus mercantiles pendant la période coloniale et après l'indépendance.

Avec le développement de la ville, on assiste à un changement graduel et spontané de la croyance profonde dans l'inaliénabilité des terres. En effet, la pression démographique croissante et la demande importante en terrains à bâtir engendrent la hausse des prix des terrains, et incitent les lotisseurs coutumiers à maximiser leurs profits par la vente de lopins de terre (400 mètres carrés, c'est d'une manière générale la dimension unitaire à Brazzaville). La terre est devenue une rente que l'on vend à qui veut l'acheter, et peut passer aux mains de plusieurs acquéreurs qui spéculent. On est passé progressivement de l'usufruit collectif à l'appropriation individuelle. L'entrée en scène du droit "moderne" dans la gestion foncière est source de conflits considérables entre pouvoirs publics et lotisseurs privés.

Le régime foncier colonial est marqué par trois périodes majeures. La première est celle de l'abstention (1899-1920) au cours de laquelle l'administration française ignore les droits fonciers coutumiers. Le 28 mars 1899 fut publié le décret portant réglementation du domaine public, du régime des terres domaniales, du régime forestier et de la propriété foncière au Congo français. L'introduction de la notion de propriété par l'administration qui oblige les indigènes de produire leurs titres fonciers qui évidemment sont inexistants, poussent les lotisseurs privés à morceler leurs terrains.

La deuxième est celle de la tentative d'assimilation (de 1920 à 1937) : sans violer les coutumes, l'administration essaie de régler le problème en poussant les indigènes vers les formes modernes de propriété (immatriculation, permis d'occuper...).

La troisième est celle de la reconnaissance de la valeur et de la dignité des régimes fonciers communautaires par l'administration (de 1937 à 1959). Il est demandé aux Congolais d'adopter le régime de propriété individuelle et de l'immatriculation. La loi du 14 août 1954 et le décret 55/580 du 20 mai 1955, portant réorganisation foncière et domaniale en A.E.F. avec l'apparition du permis d'occuper provisoire et du titre foncier, ont accentué la vente de parcelles et par conséquent l'appropriation individuelle. La délibération n° 75/58 du 19 juin 1958, portant organisation du régime domanial au Moyen-Congo, permet à l'assemblée territoriale, issue de la loi-cadre de 1956, de préciser un certain nombre de principes issus du décret du 20 mai 1955. Elle prévoit la possibilité de confirmer les droits individuels ou collectifs des indigènes sur les terres mises en valeur.

Après les indépendances, la plupart des Etats africains déclarèrent et appliquèrent le principe de propriété de l'Etat par le biais d'une législation foncière. Nombre d'entre eux procédèrent à l'immatriculation des terres urbaines, repoussant ainsi le pouvoir coutumier sur des terres considérées à l'extérieur des zones urbaines. Cette opération ne s'est pas partout déroulée dans de bonnes conditions, compte tenu de la réticence des propriétaires fonciers.

Au Congo, après l'indépendance et jusqu'en 1983, les gouvernements vont apporter des adaptations, soit légères, soit profondes aux textes coloniaux. Le décret n° 63/90 du 2 avril 1963 portant interdiction provisoire de cession de terrains non mis en valeur[14] suscite l'inquiétude des propriétaires fonciers qui vendent précipitamment leurs terrains. La loi du 30/12/1969, chapitre II, article 31, stipule *"la terre est une propriété du peuple. Nul droit foncier ou coutumier ne saurait être valablement opposé à toute initiative de mise en valeur de la terre par l'Etat ou les collectivités locales(...)"* [15]. C'est cette loi qui a favorisé l'occupation des sols dans le nord de la ville avec la création des quartiers « Tout pour le peuple » et Talangaï.

La promulgation des codes fonciers encouragea le désordre foncier. Elle entraîna aussi une évolution des rapports entre propriétaires et "locataires" de terrains. L'incompréhension mutuelle entre ces deux acteurs entraîne des conflits qui, tranchés par l'Etat, sont en faveur des seconds. Ainsi naît le conflit entre lotisseurs privés et pouvoirs publics.

En 1983, l'Etat hésite à reconnaître les droits aux particuliers face au principe affirmé du monopole foncier étatique. Une autre loi sur le régime domanial et foncier est adoptée : c'est la loi n° 52/83 du 22 avril 1983, portant code domanial et foncier.

En fait, l'instauration du droit foncier "moderne" n'a pas supprimé le droit coutumier. Elle a renforcé la position des propriétaires terriens. Les conflits qui opposent ces derniers aux pouvoirs publics sont à l'origine de nombreuses difficultés pour les populations, entre autres les maraîchers qui exercent un métier gagné par l'incertitude.

Jusqu'en janvier 1991, en cas de conflits fonciers, l'Etat s'est appuyé exclusivement sur la loi 52/83 en amenant les lotisseurs privés à renoncer à leurs droits. Les négociations, menées de façon maladroite dans la plupart des cas, se sont soldées par des échecs. La démarche de l'Etat a engendré une méfiance aiguë chez les lotisseurs privés qui maintiennent leur position, restent très puissants sur le terrain, et exigent de l'Etat une reconnaissance de leurs droits et des garanties suffisantes pour leur indemnisation. La non prise en considération des droits coutumiers a conduit les pouvoirs publics à provoquer de véritables blocages. La majorité des dispositions de la loi 52/83 est en inadéquation flagrante avec les courants idéologiques et psychologiques qui ont pris corps au Congo avec l'ouverture démocratique.

Depuis la conférence nationale en 1991, la tendance est à la reconnaissance des droits fonciers coutumiers. Les lotisseurs privés se sentent vainqueurs du "combat" sur le foncier. En acceptant de les indemniser, l'Etat agit "hors la loi", car la loi 52/83 n'a pas été abrogée, et la délibération de la conférence nationale n'a pas été adoptée. Toutefois, la conférence nationale étant souveraine, les

[14] Journal officiel du 15 avril 1963, p. 394.
[15] Anonyme : la législation foncière, 1969.

droits fonciers coutumiers sont officiellement reconnus. Cette reconnaissance réconforte les propriétaires fonciers qui n'hésitent pas à vendre les terrains mis en défens par l'Etat. C'est le cas d'un domaine alloué aux eaux et forêts ainsi qu'au ministère de l'Enseignement supérieur. Ce domaine va de la voie ferrée à l'avenue de Gascogne, incluant la forêt de la patte d'oie et celle de l'ORSTOM. Malgré la mise en défens de cette zone par décret n°77/679 du 12/12/1977, les héritiers de Diata, en complicité avec les administrateurs de la mairie ou de l'université, ont vendu les terrains appartenant au ministère de l'Enseignement supérieur, soit une superficie de plus de 30 hectares (figure 3). Cette spoliation prive l'université Marien Ngouabi d'un espace qui pourrait servir à la construction d'infrastructures administratives ou résidentielles. Aujourd'hui, le domaine couvre une superficie de 25 hectares, et l'université peut récupérer 11 hectares. La récupération de la zone lotie (30 hectares) nécessitera l'expulsion de plusieurs centaines de familles. Les acquéreurs qui se sont installés sur la zone récupérable n'ont aucun recours pour réclamer l'indemnisation. Cet exemple du domaine foncier de l'université illustre les types de conflits qui peuvent opposer l'Etat et les acquéreurs privés d'une part, et entre les acquéreurs et les propriétaires fonciers, d'autre part. Ce type de problème observé à Brazzaville s'est aussi posé, à quelques différences près, de la même façon dans les autres agglomérations de l'Afrique noire. En effet, partout, les litiges entre chefs coutumiers et pouvoirs publics sont fréquents, et la question foncière est restée confuse. A Dakar, pendant longtemps les familles Lébou avaient défendu leurs droits coutumiers vis-à-vis d'abord de l'administration française, puis des pouvoirs publics locaux. A Douala (Cameroun), rapporte Pierre Vennetier (1991), "contre les administrations allemande, puis française, les Duala défendirent "pied à pied" leurs droits sur les terres qu'ils occupaient, négociant âprement toute cession de parcelle au coup par coup, s'opposant à toute expropriation massive (...) ils ont réussi à conserver des positions solides sur le marché des terrains urbains (...)".

Les conflits fonciers actuels les plus fréquents sont ceux qui concernent les acquéreurs privés et les propriétaires fonciers. Dans les quartiers périphériques, les propriétaires fonciers vendent et revendent les terrains à plusieurs acquéreurs. Cette pratique crée des conflits d'une part entre acquéreurs, et d'autre part entre acquéreurs et propriétaires fonciers. Il est fréquent d'assister à des querelles ou des bagarres à main armée dans les quartiers périphériques liées au règlement des problèmes fonciers. La chasse à l'homme à coups de pelle ou de machette, la destruction de maisons déjà construites...sont des scènes de la vie courante.

Un phénomène récent généré par la croissance urbaine et les mauvaises conditions de vie dans les quartiers périphériques est l'essor de la vente de demi-terrain dans les quartiers centraux et péricentraux. Les premiers acquéreurs divisent la parcelle en deux parties et en vendent une. Le nouvel acquéreur est obligé de construire une habitation à un ou plusieurs niveaux pour valoriser l'espace. Les prix sont variables suivant les quartiers. Ils sont les plus chers au Plateau des quinze ans où le mètre carré coûte entre 250 000 et 400 000 F CFA, soit entre 25 millions et 40 millions de F CFA pour une parcelle de 100 mètres carrés. Ceci contre 80 000 F CFA le mètre carré dans les quartiers tels que Moukondo, Ouenze, Poto-Poto et Talangaï. Cette pratique contribuera sans doute à la densification des espaces bâtis et à la réduction de l'étalement de la ville.

La disparition des espaces ruraux englobés dans le périmètre urbain

Au Nord de la ville, la zone rurale (département du Pool) a perdu la localité de Ngamaba et ses 60 000 habitants au profit de l'arrondissement de Mfilou. Les villages Djiri et Kintele sont menacés de « disparition » dans le court terme. Sur la route nationale n°1, un grand nombre de villages (Massissia, Madibou, Loua, etc.) sont absorbés par la ville. Tous ces villages qui sont des espaces récréatifs et de détente pour les citadins seront inclus dans la ville avec pour corollaire la perte de la quiétude, les mutations paysagères (disparition des forêts, des espaces cultivés, etc.) et la pollution des cours d'eau.

Photo 1 : Des maisons à moitié détruites par l'érosion. Une partie de la maison (à gauche) est encore habitée. Le ravin est transformé en dépôt d'ordures ménagères (cliché, Y. Berton, 2010).

Photo 2- Plusieurs habitations menacées par l'érosion. En cas de fortes pluies nocturnes, les habitants ne dorment pas et vivent dans l'angoisse. En arrière-plan, le quartier la Cité des 17 –cliché, Y. Berton, 2010.

Photo 3- Une méthode palliative au ravinement. En fond du ravin sont disposés les sacs en fibres synthétiques remplis de sable. Au-dessus des sacs, les populations ont construit une canalisation en tôles (cliché, Y. Berton, 2010).

Photo 4- Un attroupement à l'arrêt de bus à 7 heures. Les bousculades créent des opportunités de vol de téléphones potables et de porte-monnaie (cliché Y. Berton, 2010).

Figure 4-Exemple de vente d'un domaine mis en défens.

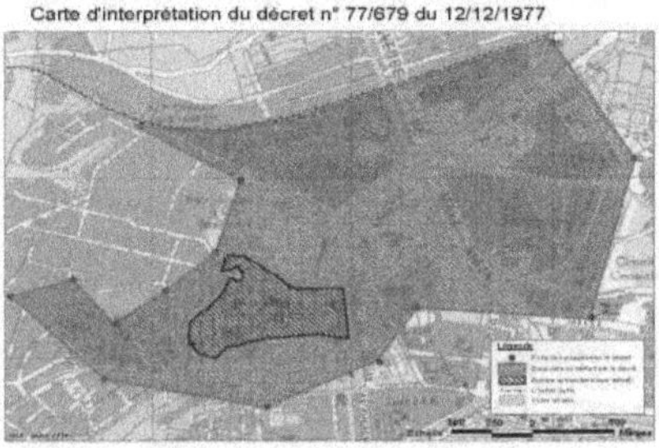

Contour noir avec fond vert = domaine actuel de l'université Marien Ngouabi (site Rectorat et Ecole normale d'enseignement supérieur).
Contour rouge avec fond rouge = domaine alloué aux eaux et forêts et au ministère de l'Enseignement supérieur (MES) en 1977 selon le décret. Au sud du domaine, excepté la forêt de l'ORSTOM, une grande partie du domaine du MES a été spoliée.

Source : Rapport d'activités du JCAD-Congo, février 2010.

CONCLUSION

La croissance urbaine a plusieurs conséquences parmi lesquelles l'extension spatiale démesurée et incontrôlée de la ville. Ce phénomène pose d'insolubles aménagements aux autorités municipales dont les budgets alloués limitent les actions sur le terrain. L'aménagement des quartiers situés sur des zones à risque (pentes de collines aux sols sablonneux, vallées de cours d'eau) est une des préoccupations des pouvoirs publics. Les quelques aménagements apportés par ceux-ci sont très vite dépassés par l'ampleur du phénomène. Le développement des quartiers périphériques, dépourvus de systèmes d'assainissement, d'adduction d'eau potable, de distribution d'électricité, d'infrastructures sanitaires et culturelles, et non ou peu desservis par les transports, posent la problématique de la citadinité de ces quartiers. La vie y est plus rurale qu'urbaine. L'Etat, en créant des arrondissements qui absorbent des espaces ruraux, augmente ses charges de gestion urbaine (gestion des espaces et de la population). En effet, l'idéal serait que l'occupation du sol suive les aménagements urbains en termes d'assainissement et de réseaux (transports, eau, électricité, etc.). Actuellement, l'étalement de la ville précède l'aménagement des sites et l'implantation des services de base. Ceci rend difficile toute opération d'aménagement. Dès à présent, les pouvoirs publics doivent prendre des dispositions pour planifier l'extension de la ville afin d'éviter de créer un jour des taudis ou des bidonvilles. La croissance urbaine amène à réfléchir sur le déséquilibre démographique croissant entre campagnes et villes, et sur la dégradation et la surexploitation des ressources naturelles dans les espaces environnants. Les défis posés par la croissance et l'étalement urbains sont difficiles à relever dans le contexte africain en général, et celui du Congo en particulier. Mais quelques réflexions peuvent être menées sur la densification de l'habitat dans les quartiers péricentraux ou périphériques actuels, l'aménagement des espaces (assainissement, adduction d'eau, voiries, etc.) avant l'implantation humaine. Les politiques et stratégies adoptées par les pouvoirs publics doivent être revues. Pour permettre aux municipalités de mettre en œuvre des programmes d'aménagement et d'équipement adéquats, il est important que le Gouvernement augmente le budget alloué aux mairies d'arrondissements et le renforcement des compétences.

REFERENCES

AEF (Haut Commissariat), 1955, *Annuaire statistique de l'AEF*, Vol.I, 1936-1950, chapitre III santé, pp.53-67.

ANGLADE F., 1986, Migrations intérieures au Congo et croissance urbaine de Brazzaville : quelques observations à la lumière du recensement de 1984-1985, *Actes des journées d'études sur Brazzaville*, ORSTOM-AGECO, 1986, pp.297-312.

AUGER, A., VENNETIER, P., 1976, « Naissance et développement d'une banlieue brazzavilloise », in *La croissance urbaine dans les pays tropicaux*, colloque CEGET-CNRS, n° 26, pp. 225-280.

BALANDIER, G., 1955, *Sociologie des Brazzavilles noires*, Paris, Presses de la Fondation Nationale des Sciences Politiques, 306p.

BERTON-OFOUEME Y., 2007, « La consommation et la commercialisation du *« koko »* au Congo et leurs conséquences en milieu rural », in, *A propos du développement rural en Afrique noire* (dir.) P. Vennetier, pp. 89-107.

BERTON-OFOUEME, Y., **1996,** « L'approvisionnement des villes en Afrique noire : Produire, vendre et consommer les légumes à Brazzaville », Thèse de Doctorat unique, université Michel de Montaigne, Bordeaux, 424p.

Brunel S., *L'Afrique : un continent en réserve de développement*, éd. Breal, 190p.

CNSEE 1974, (Centre national de la statistique et des études économiques), *Recensement général de la population.*

CNSEE 1984 (Centre national de la statistique et des études économiques), *Recensement général de la population et de l'habitat.*

COCQUERY-VIDROVITCH, C., 1972, *Le Congo au temps des grandes compagnies concessionnaires 1898-1930*, Paris, Mouton.

CRETH-URBANOR, 1980, *Schéma directeur de Brazzaville, étude socio-urbaine*, Ministère des Travaux publics et de la Construction, 159p.

DEBLE, I., HUGON, P., 1992, *Vivre et survivre dans les villes africaines*, Tiers-Monde, IEDES, PUF.

Dorier-APPRILL, E., KOUVOUAMA, A., APPRILL, Ch, 1998, *Vivre à Brazzaville, Modernité et crise au quotidien*, Karthala, 383 P.

DRESCH, J., 1948, *Villes congolaises, étude de géographie urbaine et sociale*, RGHH.

HAERINGER, Ph., 1972, Urbanisation de masse en question : quatre villes d'Afrique noire, colloques internationaux du CNRS, n° 539, *La croissance urbaine en Afrique noire et à Madagascar*, pp.625-651.

HUGON, P., POURTIER, R., 1993, *Afrique contemporaine*, n° Spécial, Trimestriel n° 168, oct-déc. 1993, La Documentation française.

Journal Officiel du 15 avril 1963, p. 394.

MASSAMBA J. et TRECHE S., 1995, « Les modes de transformation du manioc en *chikwangue* au Congo », in *Transformation alimentaire du manioc au Congo*, Paris, ORSTOM, pp.133-150.

MENGHO, B-M., 1999, « La transformation de l'agriculture vivrière le long de la RN2 au nord de Brazzaville » in *Cahiers d'Outre-Mer*, 52(207), Bordeaux, juillet-septembre, pp.233-256.

POINSOT, J., SINOU, A., STERNADEL, J., 1989, *Les villes d'Afrique Noire entre 1650 et 1960, politiques et opérations d'urbanisme et d'habitat, Analyses et documents*, ORSTOM-ACA, Ministère de la Coopération et du Développement, La Documentation française, 346p.

POURTIER, R., 2000, *Atlas de la zone franc en Afrique subsaharienne*, Paris, La Documentation française, Atlas de l'Afrique.

VENNETIER, P., 1976, *Les villes d'Afrique tropicale*, Paris, Masson.

ZIAVOULA, R.-E., 1988, « La course à l'espace urbain », in *Politique africaine*, n° 31, pp. 22-29.

Chapitre 2

SURVIVRE DANS LES *MANGROVILLES* DE DOUALA

Charly DZALLA NGANGUE

INTRODUCTION

L'augmentation rapide de l'effectif de la population de Douala et l'étalement urbain qui s'ensuivit posent le problème d'espace de vie, d'espace à bâtir des habitations, surtout pour les tranches de populations moyennes et pauvres. Certes, cette catégorie de population justifie son installation dans les zones de mangrove par les prix élevés de terrain dans les zones centrales et péricentrales. Les "mangrovilles" (NZALLA 2005) sont à première vue comparables aux quartiers populeux des zones marécageuses que l'on retrouve à l'intérieur de la ville de Douala. Après observation minutieuse ou une fréquentation de ces zones, on se rend compte que les *mangrovilles* n'ont presque rien de commun avec les autres quartiers marécageux des vallées inondables de la ville. Ces différences sont si criantes que les populations venues des quartiers marécageux qui s'installent dans les "mangrovilles" ont besoin de beaucoup de temps pour s'adapter. En plus de l'instabilité du sol, le facteur le plus déterminant qui fait la singularité des *mangrovilles* est la marée dynamique. Ce phénomène naturel *a priori* inoffensif impose aux *mangrovards* un rythme de vie particulier.

I- LA VIE LES PIEDS DANS L'EAU : S'ACCOMMODER AU RYTHME DE LA MAREE DYNAMIQUE

L'étude des acteurs en jeu dans le processus d'anthropisation des zones de mangrove de l'estuaire du fleuve Wouri montre qu'à l'exception des sites occupés par les populations autochtones (car jouxtant les villages dont les extensions récentes ont atteint les zones de mangrove), les zones de mangrove contiguës à la ville de Douala sont peuplées en majorité des originaires des régions des hautes terres où l'eau des bas-fonds est « extérieure » à l'habitat, on ne « vit pas avec l'eau ». *A contrario*, les zones de mangrove conquises et actuellement habitées, sont pour la quasi-totalité, encore soumises à la marée d'origine atlantique et donc sujettes à deux « inondations » quotidiennes obligeant les populations à développer des stratégies d'adaptation. Il se pose donc un problème d'accommodation et de rythme de vie réglé sur celui de la marée qui anime la dynamique estuarienne du Wouri.

La marée dynamique et ses caractéristiques dans l'estuaire du Wouri

La marée est une onde qui se propage selon les lois physiques des phénomènes ondulatoires (A. Miossec, 1998). Elle est d'origine astronomique (attraction entre la Terre, le Soleil et la Lune, responsable de montées et de baisses successives de masses d'eau dans les océans). Phénomène naturel et universel, la marée ne présente pas les mêmes caractéristiques partout où elle agit. Sur les côtes atlantiques, un rythme semi diurne : deux périodes de hautes eaux (flots) et deux périodes de basses eaux (jusant) en 24 heures. On peut également avoir des marées diurnes avec une période de flots et une période de jusant en 24 heures.

Les amplitudes peuvent être faibles (de l'ordre de quelques centimètres) comme en Méditerranée ou plus forte (plus de 15 mètres). Ces différences sont liées au rythme général impulsé par l'attraction astronomique constamment perturbée par des facteurs géographiques tels que la répartition des terres et des mers, l'existence des couloirs étroits où se renforce l'onde, l'existence ou non des plates-formes continentales dont les replats en gradins amplifient l'onde.

L'estuaire du Wouri, composante du système atlantique t connaît un rythme de marée semi-diurne avec une amplitude maximale de près de 3 mètres. Le tableau I présente les caractéristiques de la marée au port de Douala.

Tableau 1 : Caractéristiques de la marée dans l'estuaire du Wouri.

Types de marée	Coefficients	Hauteur en mètre
Pleine mer de grandes vives eaux	120	2,95
Pleine mer de vives eaux	95	2,60
Pleine mer de mortes eaux	45	2,20
Basse mer de mortes eaux	45	1,10
Basse mer de vives eaux	95	0,60
Basse mer de grandes vives eaux	120	0,15

Source : Ndongo Din (2001).

Ces caractéristiques générales du comportement de la marée dans l'estuaire du Wouri masquent des différences qui existent entre divers sites de cet espace par rapport à leur réaction vis-à-vis de la montée des eaux. Le tableau 2 indique les résultats de l'observation de la hauteur de battement de la marée durant une période de 08 mois et sur 08 sites différents à l'aide des échelles limnimétriques fixées en chacun des sites.

Tableau 2 : Localisation et caractéristiques des sites de mesure de hauteur de marée.

Site	Localisation (UTM, WGS84, Zone 32N)	Description
Bonangang	X :582736 Y : 454133	Berge gauche du Wouri, lieu de vente de sable
Bonamouang	X : 580240 Y : 451728	Sur le Mbanya à 25m de l'embouchure
Bonaminkano	X : 575042 Y : 451827	Sur le chenal serpentant les zones d'habitat
Sodiko village	X : 574086 Y : 455406	Sur la crique Lobé
Mambanda	X : 572224 Y : 449513	Sur la crique Moungo
Youpwe	X : 577467 Y : 443112	Sur la crique Docteur, port de pêche
Bois des Singes	X : 579398 Y : 441641	Sur la crique Docteur
Ngoua	X : 581961 Y : 443195	Sur le Ngoua à environ 15m en aval du pont

Source : Enquêtes de terrain 2005-2007.

La carte ci-après représente la distribution spatiale des sites de mesure, ces points ont été localisés à l'aide d'un GPS avant d'être projectés sur la carte préalablement géoréférenciée.

Carte 2 : Localisation des *mangrovilles* autour de la ville de Douala.

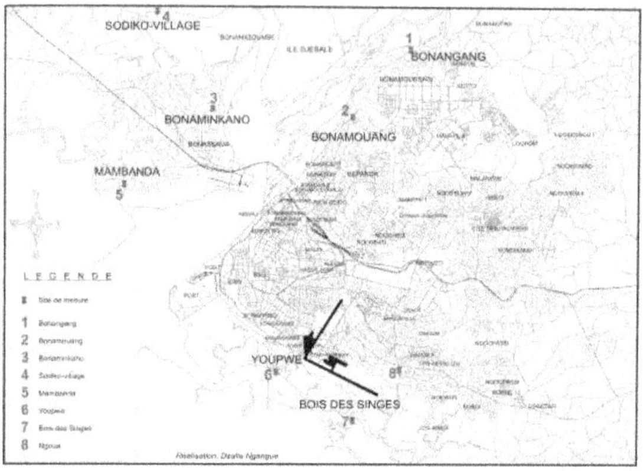

Les résultats obtenus des mesures sur les sites ci-dessus localisés et caractérisés sont contenus dans le tableau ci-après.

Tableau 3 : Variation de la hauteur de marée selon les sites et dans le temps (en 2007).

	Hauteur de marée mesurée pour un jour de chaque mois								
Site de mesure	06 févr	09 mars	12 avril	10 mai	07 juin	10 juillet	15 août	08 sept	**Moyenne**
Bonangang	1,12	1,10	1,08	1,11	1,10	1,17	1,16	1,14	1,122
Bonamouang	1,07	1,11	1,10	1,08	1,10	1,15	1,12	1,13	1,1075
Bonaminkano	1,25	1,23	1,17	1,15	1,12	1,13	1,20	1,21	1,1825
Sodiko village	1,17	1,12	1,08	1,10	1,12	1,15	1,18	1,20	1,14
Mambanda	1,02	1,10	1,06	1,09	1,12	1,15	1,16	1,15	1,106
Youpwe	1,14	1,12	1,15	1,16	1,17	1,20	1,18	1,20	1,165
Bois des Singes	1,15	1,14	1,20	1,18	1,20	1,22	1,19	1,23	1,1887
Ngoua	1,01	1,00	1,04	1,07	1,06	1,09	1,11	1,10	1,06

Source : Enquêtes de terrain 2005-2007.

Il ressort de ce tableau que même au sein de l'estuaire du Wouri et plus précisément à l'échelle de la ville de Douala, l'amplitude de la marée est variable d'un lieu à l'autre. Ceci serait certainement lié à la diversité de morphologie des sites traversés ou atteints par les courants de marée. Il convient de noter que ces différences ne sont pas très significatives, et ne dépassent pas les 30 cm ; et malgré ces différences, l'amplitude de la marée reste partout supérieure à 1m.

La conséquence directe de la variation du niveau de l'eau au gré des marées est que : les terres situées en deçà du niveau du flot sont immergées à chaque flot et celles situées au-dessus du niveau du jusant se découvrent pendant celui-ci. Cette conséquence permet de distinguer une zonation en fonction de l'importance de la marée. (Marius, 1985) distingue 5 zones allant de la surface d'eau libre vers la terre ferme :

- la zone *subtidale* : elle ne se découvre jamais, elle correspond à des vases permanemment immergées ;
- la zone *infratidale* : elle est rarement découverte pendant le jusant, seulement pendant les marées de vives eaux ;
- la zone *intertidale* : c'est celle qui est comprise entre le flot et le jusant quotidiens ;
- la zone *supratidale* : elle est inondée par les marées exceptionnelles de vives eaux ;
- la zone *extratidale :* elle est inondée par des marées de tempête ou cyclones.

Dans l'estuaire du Wouri et particulièrement autour des quartiers densément peuplés de la ville de Douala, ces zones (à l'exception de la zone *subtidale*) sont colonisées peu à peu par l'habitat qui est à son tour influencé par la marée (surtout dans les zones *infratidale* et *intertidale*).

Les effets de la marée sur le logement

L'aménagement des zones de mangrove pour bâti suppose le remblai de l'espace en vue de défier la hauteur des eaux et de solidifier le sol, la construction ou l'isolement des rigoles bordées de digues. Ce dispositif met en place un nouveau réseau qui joue deux rôles dans la circulation des eaux :

- le premier est celui de la concentration des eaux de pluie et celles de ruissellement provenant des quartiers de plateaux ou des zones de l'arrière-mangrove. Il s'agit ici du rôle d'un réseau de drainage en zone d'habitat pour évacuation des eaux usées ;

- le deuxième rôle, très redouté, est que ces réseaux de rigoles surmontées ou non de digues sont des chenaux empruntés par les courants de marée lors de la marée montante. Ainsi, les eaux peuvent remonter dans les quartiers densifiés des zones de mangrove, voire rentrer dans certains logements.

Face aux mouvements de la marée, les rigoles se comportent finalement comme des cours d'eau permanents à deux sens d'écoulement qui fonctionnent deux fois en près de 24h. Le premier sens est celui de l'alimentation des zones d'habitation en eau lors du flot. Les eaux vont de l'estuaire vers les quartiers habités ; le deuxième sens est celui du retrait des eaux des zones habitées pendant le jusant. Le Tableau 4 indique les résultats de l'observation de ces mouvements des eaux sur 4 sites.

Tableau 5 : Vitesses de mouvement des eaux de marée[16].

Site observé	Coordonnées UTM	Vitesses (données brutes)		Vitesses (données harmonisées)	
		Alimentation	Retrait	Alimentation	Retrait
Mambanda	X : 572224 Y : 449513	15m en 13s	15m en 7s	1,15m/s	2,14m/s
Bonaminkano	X : 515042 Y : 451827	12m en 14s	12m en 8s	0,86m/s	1,50m/s
Bonamouang	X : 580240 Y : 451728	15m en 18s	15m en 9s	0,83m/s	1,66m/s
Cité Berge	X : 579398 Y : 441641	15m en 11s	15m en 8s	1,36m/s	1,87m/s

Source : Enquêtes de terrain 2004-2006).

Pendant l'alimentation, le mouvement des eaux est impulsé par le courant de marée. Toute la masse portée en hauteur pousse les eaux à inonder les parties basses, à remonter le réseau de rigoles au point de traverser certains seuils comme des levées de vase ou de terre. Les eaux encombrent plusieurs points des zones habitées. Pendant le retrait, le courant des eaux est juste la résultante de la gravité. L'ensemble de la masse d'eau estuarienne arrive à un niveau plus

[16] Pour mesurer la vitesse sur le terrain, nous avons implanté sur chaque site de mesure, deux repères, piquets distants d'au moins 12m, alignés dans le sens de l'écoulement des eaux. Pendant le jusant et pendant le flot, nous lâchons un morceau de polystyrène à la surface de l'eau, 4m au moins à l'arrière de notre espace de mesure balisé par les piquets. Dès que le polystyrène arrive au niveau du premier repère, nous déclenchons notre chronomètre puis nous l'arrêtons lorsque notre morceau de polystyrène arrive au niveau du second repère. Connaissant la distance entre les deux repères et connaissant le temps mis par le morceau de polystyrène pour parcourir les deux bornes, nous déduisons la vitesse. Cette opération est répétée 4 fois pour chaque site et la vitesse retenue pour chacun des sites est la moyenne des 4 opérations.

bas et l'appel créé par le vide amène les eaux à regagner l'estuaire. Compte tenu du fait qu'aucune autre force que la gravité ne pousse ces eaux à se retirer, l'écoulement ici est laminaire et les eaux ne peuvent pas franchir les seuils traversés lors de l'alimentation. Restent donc dans les quartiers de mangrove, des plans d'eau stagnante, des rigoles contenant toujours de l'eau même en saison sèche entretenant ainsi l'omniprésence de l'eau dont les effets sur le logement sont avérés.

- Les effets sur le remblai

La circulation des eaux dans les drains réalisés entre les parcelles remblayées érode les bordures de ce remblai. Généralement, le remblai est réalisé par apport de terre de nature argilo-sableuse. Au contact de l'eau, ce sol devient vulnérable et facilement mobilisable par petits blocs. Les observations réalisées à Bonangang, Bonamouang et Mbanguè permettent de constater que sur la bordure du remblai, l'activité érosive commence par le sapement à la base qui est suivi de chute de la partie supérieure sous l'effet de la gravité. Ce phénomène s'effectue à une échelle tellement petite qu'il n'attire presque pas l'attention et exige une observation attentive sur les parois de remblai. Il s'apparente à l'évolution des versants au niveau des falaises taillées dans du sable. Il acquiert son importance de la répétitivité du phénomène, car cette érosion s'effectue à chaque mouvement de marée et chaque jour. En fin de compte, il mobilise d'importantes quantités de sol au point où certains remblais se trouvent étalés perdant ainsi de la hauteur.

Pour lutter contre ce type d'érosion, les populations des zones de mangrove protègent le pourtour du remblai par des systèmes antiérosifs tels que les murs de protection en sacs de sable, en pneus, en piquets et dans certains rares cas en murs de parpaings.

Hormis le mur de parpaings, le pneu semble résister le mieux dans ce milieu amphibie où tout a tendance à pourrir. Fragilisés pendant une période très courte, les murs de sacs de sable sont vulnérables. Une fois que les fibres lâchent, des brèches apparaissent, le sable coule et le mur perd sa stabilité et partant, son rôle protecteur du remblai. Pour ce qui est des murs de protection renforcés par des piquets de bois, ces derniers finissent par se détériorer car le bois pourrit à la base (surtout la partie enfouie dans la vase). La recherche de la stabilité permanente du remblai pousse les *mangrovards* à déployer des efforts permanents pour renforcer les murs en déséquilibre, colmater les brèches, curer les rigoles et entretenir les digues.

Pour les murs de parpaings, l'érosion est quasi nulle, mais la présence permanente de l'eau et l'instabilité du sol ne permettent pas à ces murs de résister longtemps surtout lorsque ces derniers sont réalisés sur des bases d'appui peu solides.

- Les effets sur les constructions en matériaux provisoires

Le matériau le plus utilisé pour les constructions dans les zones de mangrove est le bois. Il se présente sous forme de lames (*carabottes*, planches). Dans les zones de plateau ou dans les zones qui ne sont pas soumises aux phénomènes d'inondation, les murs de *carabottes* peuvent résister pendant au moins 15 ans si ces derniers sont à l'abri de la pluie ; tandis que les murs de planches peuvent résister pendant plusieurs décennies. Dans les zones de mangrove par contre, les données ne sont plus les mêmes, la présence répétée des eaux de marée a des effets néfastes sur le bois. Le matériau se détériore à une vitesse qui est fonction de la résistance du bois, du traitement qu'il a subi et de sa position par rapport au niveau de la marée.

Les murs de *carabottes* sont très sensibles à l'humidité ; les lames de bois qui sont en contact direct avec l'eau pendant le flot se détériorent totalement au bout d'une période de 10 mois environ. Les lames qui se situent juste au-dessus du niveau de la marée se détériorent au bout de 2 ans environ. A Mambanda, un total de 378 logements en *carabottes* qui sont implantés dans la zone directement inondée au moindre flot, ont été recensés. De ce total, 226 logements ont des murs dont le tiers inférieur a connu le remplacement des lames d'origine totalement détériorées. 103 logements ont des murs dont le tiers inférieur est renforcé de tôles de récupération et de fûts aplatis pour éviter de remplacer les *carabottes* à chaque fois qu'il y a détérioration. 7 logements dont le tiers inférieur est totalement dégradé, les *carabottes* tombent en lambeaux, laissant entrevoir par endroits le contenu des logements : ce sont des logements en attente de réaménagement ; mais pour apporter une solution ponctuelle à ce problème, certains ont utilisé du carton d'emballage pour recouvrir de l'intérieur les parties trop ouvertes. 42 logements sont de nouvelles constructions qui ne présentent pas encore de signe de détérioration mais dont le tiers inférieur des murs est déjà marqué de l'empreinte de l'eau (les *carabottes* qui sont au contact de l'eau changent progressivement de couleur).

Pour ce qui est des logements en planches, ils sont plus résistants mais avec le temps, connaissent les mêmes problèmes. Les quelques 13 logements en planches rencontrés à Mambanda dans la zone soumise au moindre flot, ne présentent pas encore de signe de détérioration avancée mais on note tout de même que la couleur des planches change sur le tiers inférieur des murs, que les planches se déforment en prenant des courbures ou se fendent en laissant de profondes incisions, certainement à cause de l'alternance présence et absence de l'eau. Pour prévoir les détériorations majeures, certains recouvrent les planches de bitume, substance dérivée d'hydrocarbure qui permet ainsi de réduire la perméabilité des planches. Ce traitement a un second rôle, celui de lutter contre l'attaque du bois par les charançons qui représentent un autre danger pour ce type de logement.

Outre les matériaux de revêtement des murs que sont les *carabottes* et les planches, les piquets et poteaux de bois qui servent de squelette de la maison font aussi l'objet d'attentions particulières. Généralement, ces derniers sont implantés dans la vase ou dans du remblai, la partie enfouie séjourne dans une zone permanemment humide qui accélère sa détérioration et fragilisant par le fait l'ensemble de la structure du logement. C'est ce qui explique le plus souvent qu'une maison apparemment en bon état commence à s'incliner dans un sens. Cette situation résulte de l'instabilité de la base d'appui ne pouvant plus supporter les descentes de charges provenant du toit et des murs. Pour prévenir ce type de désagrément, les populations procèdent le plus souvent au remplacement un par un des piquets ou poteaux qui constituent l'armature de la maison. Lors de la construction des logements, certains propriétaires insistent sur la nature du bois utilisé comme piquet ou poteaux. L'expérience a montré que les lattes et chevrons issus des essences réputées très solides ne sont pas aussi performants dans ce milieu amphibie. Le choix est généralement porté sur les piquets de *Rhizophora* qui sont très résistants dans l'eau et dont la durée de vie est plus longue, comparativement à d'autres essences.

- Les effets sur les constructions en matériaux définitifs

Les logements en matériaux définitifs sont ceux fait de parpaings et de béton. Compte tenu des conditions naturelles des mangroves, la construction de logement en dur (parpaings et béton) devrait obéir à des normes techniques rigoureuses pour réduire ou annuler les influences négatives sur l'ouvrage. Au mieux, la fondation est faite de parpaings bourrés de béton, de poteaux en béton armé et l'ensemble ceinturé d'un chaînage en béton armé. Les murs sont faits de parpaings creux et contiennent des poteaux en béton armé, le tout ceinturé au-dessus par un nouveau chaînage en béton armé. Ce qui est remarquable de prime abord, c'est que le béton de la fondation n'est pas étanche, ceci permet donc la circulation de l'eau ou alors de l'humidité dans la fondation et dans les murs. L'on remarque alors le développement d'épaisses couches de mousses vertes sur les murs. C'est un indice que l'eau ou l'humidité se propage de façon diffuse à l'intérieur des pores du béton et des parpaings. Cet effet ne serait pas trop inquiétant si les armatures étaient en reste. Leur rôle n'est plus à démontrer car c'est elle qui en définitive porte l'ensemble du logement. Or, ces aciers au contact de l'eau et de l'air s'oxydent et se détériorent ; ils sont particulièrement sensibles à la présence des sels même lorsque ces derniers sont plutôt contenus dans l'air, l'eau de marée est saumâtre c'est-à-dire qu'elle contient du sel mais en quantité inférieure à celle de l'eau de mer. Ce n'est donc pas un milieu favorable à la résistance des aciers surtout oxydables. Les marques de détérioration on été observées.

Tout commence par le changement de couleur qui est un témoin du début de l'oxydation, les aciers prennent une teinte rouille foncée, gonflent parfois au point d'atteindre le double de leur diamètre initial. La conséquence directe est l'éclatement du béton qui présente de longues fissures. Au fur et à mesure que le phénomène s'accentue, des morceaux de béton délimités par le traçage des fissures se décollent du chaînage ou des poteaux laissant ainsi apparaître les armatures quasiment détériorées. Les constructions en dur étant pondéreuses, les fondations affaiblies cèdent sous la charge de l'ensemble et les effets apparaissent : murs lézardés, inclinaisons des murs, entraînant la déformation de la charpente qui occasionne à son tour le suintement des toits, etc.

Un autre type de détérioration concerne les enduits et les revêtements. Pour les enduits au mortier (crépissage), l'humidité annule l'adhérence de la couche de mortier au parpaing et l'enduit commence à se déloger en plaque. Dans certains cas, l'enduit s'effrite et les grains de sable tombent au simple passage de la main sur le mur. Les revêtements de peinture sont aussi sensibles à la présence de l'eau, pour les parties les plus exposées, quelques mois suffisent pour que la peinture se décolle en fines pellicules, vite remplacée par une couverture de mousse.

- Les effets sur les sols

En dehors de certains flots exceptionnels qui peuvent inonder les sols, ces derniers sont humides à cause de la remontée capillaire des eaux à l'intérieur du remblai. Pour les sols en terre, l'humidité est perceptible par la prolifération des mousses dans les recoins où l'on passe le moins (les angles, les dessous de tables et autres meubles). Pour les sols recouverts de chape lisse (cimentés), on observe des fissures qui dessinent sur le sol des frises sous forme de grosses écailles ; elles sont causées par les remontées d'eau par capillarité. Cette humidité du sol se diffuse dans l'air et maintient l'intérieur du logement à un niveau d'humidité élevé affectant ainsi le contenu du logement : moisissure sur les meubles, les vêtements, détérioration rapide des médicaments et certains aliments, détérioration des photographies, etc.

Les effets de la marée sur la mobilité

Dans les zones de mangrove de l'estuaire du Wouri, principalement autour de la ville de Douala, les difficultés rencontrées dans l'aménagement des servitudes sont surtout liées à la montée quotidienne des eaux de marée et la presque fluidité du sol. Il en résulte que la matérialisation des chemins doit prendre cette contrainte en considération. On peut observer des chemins suspendus, des chemins en interrompus, des voies d'eau mais aussi des chemins de terre en continu.

- Les chemins suspendus

Ce sont des routes sur pilotis, la surface sur laquelle les hommes se déplacent est faite d'un alignement de planches mises côte à côte et bout à bout sur toute la longueur du chemin. Cette plateforme de circulation est maintenue en suspension par des traverses de lattes qui sont à leur tour fixées sur des piquets enfouis dans plus de 2m de vase molle. L'écart entre la surface de la vase et les planches qui constituent le chemin est généralement d'environ 1m. Ce dispositif permet aux usagers d'éviter de se tremper les pieds au passage durant toute la journée car il est généralement construit en fonction du niveau du flot de marée. L'exemple de Bonangang d'une longueur de 168,20m sur une largeur fluctuante mais toujours supérieure à 80cm et suspendu à environ 1,10m du sol vaseux apparaît comme l'exemple le plus illustratif à cet égard. Ce type de servitude demande des réfections régulières car les supports pourrissent assez rapidement avec la très grande humidité et peuvent se briser au passage des usagers. Dans l'ensemble des zones de mangrove, nous avons ainsi dénombré 17 chemins sur pilotis sans tenir compte des ouvrages de même nature qui servent de ponts pour la traversée de certains chenaux de retrait des eaux de marée qui sont toujours drainés sauf pendant le niveau le plus bas du jusant.

- *Les chemins en interrompu*

Ce sont des routes matérialisées par une succession d'évènements ponctuels. On note les alignements de pneus remplis de terre et les alignements de sacs de sable, ou les alignements de blocs de béton de récupération, de morceaux de bois. Ce sont généralement les routes qui ne peuvent être utilisées que dans un seul sens à la fois. On se suit alors en file indienne sans possibilité de croisement. Ce type de servitude présente plusieurs défauts : les objets posés sur la vase subissent un mouvement de subsidence continuel en raison de leur propre masse et de la pression exercée lors du passage des usagers ; ces routes finissent par s'enfouir dans la vase ; leur entretien se fait généralement par simple dépôt d'un nouvel objet sur celui qui ne joue plus pleinement son rôle.

Planche : Chemins en pneus et sur pilotis dans les *mangrovilles*.

Photo1 : Chemin en pneus de récupération alignés sur la vase. Notre échelle limnimétrique à proximité du premier pneu nous a permis de mesurer la hauteur de l'eau pendant le flot. Le constat fait est qu'à chaque flot, les pneus sont ennoyés. *Cliché : Dzalla Ngangue (2007).*

Photo2 : Chemin sur pilotis long de 112,15m construit par le propriétaire d'un logement en dur. L'ouvrage, selon ledit propriétaire, a coûté la somme de 85000 Fcfa. *Cliché : Dzalla Ngangue (2007).*

Photo3 : Chemin sur pilotis plus large, aménagé pour faire circuler la moto du propriétaire de la maison en dur que l'on observe en arrière-plan. Il est long de 168,20m et a coûté plus de 100000Fcfa à en croire le propriétaire. Notre échelle limnimétrique à droite nous a permis de mesurer l'influence de l'eau de marée sur le "pont-route". *Cliché : Dzalla Ngangue (2007).*

Photo4 : Connexion de routes formant un réseau desservant un quartier de *mangroville.*
Cliché : Dzalla Ngangue (2007).

- Les chemins de terre en continu

Ce sont des accumulations successives de vase consolidées par l'insolation qui servent de route. Ce type de route s'effectue dans les zones qui connaissent les niveaux de flots pas élevés, où quelques décimètres de hauteur suffisent pour se mettre à l'abri des eaux. Ce type de chemin est plus confortable et permet la circulation des engins tels que la bicyclette, la motocyclette, le porte-tout. Le graphique montre la typologie des chemins particuliers sur un total de 589 recensés.

Il en ressort que les chemins sur pilotis sont très peu sollicités ; ceci n'est pas lié à la fonction que ce type de route joue, mais davantage à son coût de réalisation. Il s'agit d'un investissement considérable par rapport aux autres types de chemins qui peuvent être réalisés à partir de matériaux de récupération.

Dans tous les cas, la marche les pieds dans l'eau, se déchausser ou retrousser son pantalon avant de sortir ou d'arriver chez soi pendant le flot, est devenu un genre de vie pour les *mangrovards*.

II- La dépendance des *mangrovards* vis-à-vis des autres quartiers urbains

a. Utilisation de l'eau d'origines diverses

Elément indispensable à la vie de l'homme, la présence de l'eau ou son absence détermine l'installation des hommes dans un milieu donné. Le manque d'eau est à la fois la caractéristique et le paradoxe des mangroves bien qu'il s'agisse d'un milieu semi-aquatique. Le graphique ci-après précise l'origine de l'eau utilisée dans les ménages des *mangrovilles* de l'estuaire du Wouri à Douala.

Graphique 4 : Approvisionnement en eau des ménages.

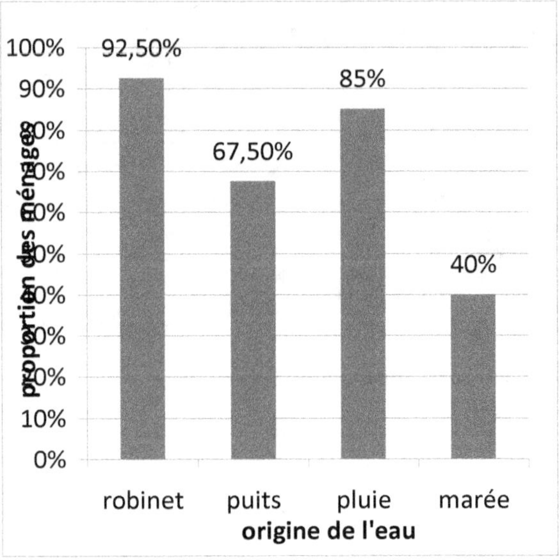

La forte proportion des utilisateurs de l'eau de robinet (92,5%) laisserait croire qu'il ne se pose pas de problème d'eau dans la mangrove. Il n'en est rien. Les bornes-fontaines publiques naguère gratuites sont aujourd'hui privatisées. L'eau potable est donc une denrée rare qui fait l'objet d'un commerce florissant. Les déplacements des « mangrovards » pour accéder au point d'eau potable le plus proche varient entre : 300 m à Bonangang et 800m à 1km à Mambanda.

67,5% des ménages utilisent l'eau de puits. Creuser un puits dans un milieu pareil serait juste une façon de se convaincre soi-même que l'on n'utilise pas l'eau de marée. Ces puits sont des fouilles réalisées sur du remblai, de profondeur variant entre 1 et 1,5m ou alors de simples fouilles dans la vase. Ils sont visités deux fois par jour par l'eau de marée ; pour ceux qui sont bien construits sur remblai et protégés par une construction en parpaings ou en fûts, le niveau de l'eau dans le puits obéit à la variation du niveau de la marée. Au moment du jusant, l'on observe dans ces puits une couche de teinte rouille (sans doute les oxydes) à la surface de l'eau et sur la paroi des puits. L'eau de ces puits est ramassée avec une assiette ou un seau, car l'eau affleure le plus souvent la surface. Cette eau est destinée aux utilisations quotidiennes du ménage telles que la cuisson des repas, la vaisselle, la lessive, la toilette, etc., pourtant certaines personnes boivent l'eau des puits situés sur la plaine sableuse de Mambanda à 400 ou 500m à l'arrière-mangrove, comme le témoigne le récit suivant : *« la marée n'arrive pas là-bas... on a bien aménagé ce puits ; on le ferme avec un couvercle et un cadenas... Toutes les fins de mois, on y met 1 litre d'eau de javel... quand l'eau ne coule pas à la fontaine ou quand elle est sale, tout le quartier boit l'eau de ce puits... »*[17].

La communication souterraine entre l'eau de marée et la nappe phréatique est assez nette. Le graphique ci-dessous montre l'ampleur de l'influence de la marée sur la nappe d'eau souterraine.

Figure 5 : Variations de l'influence de la marée sur la nappe d'eau souterraine en fonction de la distance par rapport à la berge[18].

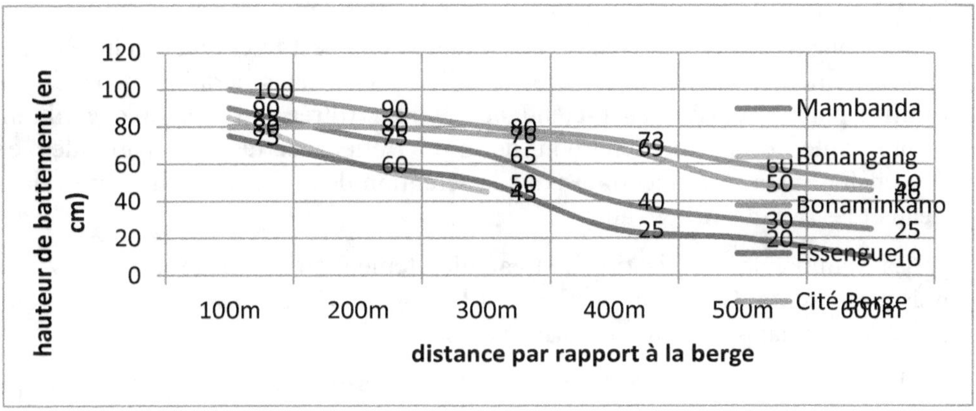

Source : Enquêtes de terrain (2005 et 2008).

85% des ménages utilisent l'eau de pluie pour les besoins de la maison ; cette eau dont la qualité n'est pas garantie n'est pas rare : en raison des 4000mm de précipitations en moyenne annuelle. Elle est considérée par certaines comme « plus potable que l'eau de robinet ». Elle est recueillie dans des fûts ou tout autre récipient placé à la gouttière des toitures. La quasi-totalité des ménages utilise cette eau pour la vaisselle, la lessive et même comme boisson.

[17] Témoignage d'une jeune femme se ravitaillant en eau à un puits à Mambanda.

[18] Ce graphique a été construit à partir de la réalisation des prélèvements des données sur des transects réalisés sur les cinq sites : Mambanda (Bonabéri, transect orienté sud-est – nord-ouest), Bonangang (au nord de la ville, transect orienté ouest-est), Bonaminkano (Bonabéri, transect orienté nord – sud), Essengue (au sud de la ville en contrebas de Bonanjo, transect orienté sud – nord), Cité Berge (au sud-est de la ville en contrebas de l'aéroport, transect orienté sud – nord).
La méthodologie pour la collecte des données a consisté en : la mesure de la hauteur de battement de la marée à partir de la berge en implantant notre échelle limnimétrique graduée au cm. De la berge jusqu'à 100m, l'observation du niveau de battement de la marée a été faite à partir des fouilles réalisées dans la vase molle. Au-delà de 100m de distance de la berge, nous avons déduit le niveau de battement de la marée à partir de l'épaisseur des laisses d'oxydes à la couleur rouille sur les parois des puits lors de la baisse des eaux au jusant. Les distances par rapport à la berge ont été mesurées à l'aide de ficelle de 50m de longueur.

L'utilisation de l'eau de marée concerne 40% des ménages ; cette eau est utilisée différemment selon les secteurs :

- à Bonangang, l'on recueille l'eau du fleuve au flot pour la vaisselle, la lessive et même la toilette ; l'utilisation de cette eau se fait après une mise au repos pour décantation ;

- à Deido-Bonamouang, l'utilisation de l'eau du fleuve est une pratique ancienne ; ici l'on recueille rarement de l'eau pour se baigner ou faire sa lessive ;

- à Bonaminkano, l'utilisation de l'eau de marée est fréquente ; cette eau sert non seulement pour la vaisselle et la toilette mais dans certains ménages, on l'utilise pour la cuisine en prétendant l'avoir « filtrée ». Le complexe filtrant (sable, toile, et parfois charbon de bois) retient certes des particules en suspension mais reste incertain pour la rétention des substances dissoutes dans l'eau et les organismes vivants ;

- à Mambanda, l'utilisation de l'eau directement en provenance du fleuve est presque absente. Cette eau du fleuve a l'obligation de transiter d'abord par un puits dont la nappe affleure la surface du sol au flot.

Tous ces usages, à savoir, la baignade, et l'utilisation de l'eau courante qui sert en même temps de vidange pour les latrines, exposent les populations à une gamme variée de maladies qui se feraient selon le circuit suivant :

Figure 6 : Circuit de contamination et de propagation des maladies par l'eau de marée.

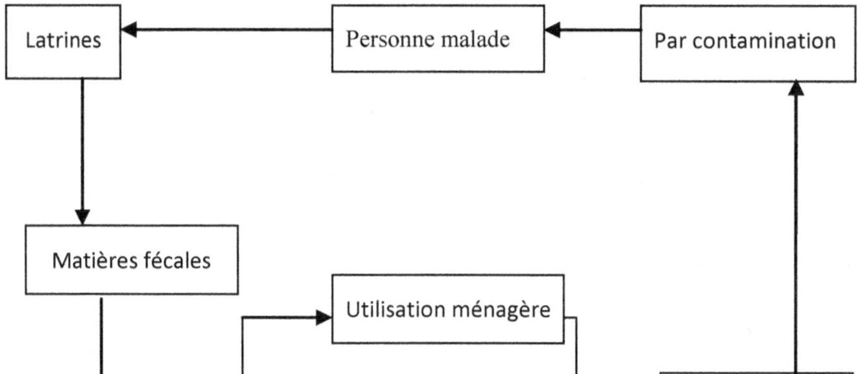

Dans ces zones, les dermatoses qui prennent des formes diverses avec le temps se développent si rapidement qu'elles atteignent la quasi-totalité de la zone en un laps de temps très court. La typhoïde est l'une des maladies les plus menaçantes après le paludisme qui est attribuable à l'anophèle femelle en recrudescence dans ce milieu humide. La prolifération des parasites intestinaux, surtout chez les enfants est aussi le lot des populations de ces zones périphériques. Le tableau 5 présente la prévalence des maladies dans les ménages des zones de mangrove de Douala.

Tableau 6 : Répartition des ménages en fonction des maladies fréquentes durant l'année 2006[19].

Maladies	Paludisme	Typhoïde	Dermatose	Dysenterie	Parasites intestinaux
Nombre de ménages	107	68	96	32	71
Proportion	95,5%	60,7%	85,7%	28,6%	63,4%

Source : Enquêtes de terrain 2005-2007.

Vu le niveau de vie de la population, les prix élevés de médicaments en pharmacie et des frais médicaux dans les hôpitaux les amènent à faire d'abord recours aux marchands ambulants de médicaments. C'est la raison pour laquelle nous pouvons constater que pour un milieu aussi infect, les fréquences d'hospitalisation ne traduisent pas la régularité des maladies dans les ménages comme nous l'indique le graphique ci-dessous.

[19] Sur un total de 112 ménages, l'enquête a été effectuée par interview, par consultation des carnets médicaux et ordonnances médicales éventuelles. Les quartiers des zones de mangrove ne disposent pas de centre de santé, les *mangrovards* se soignent dans les structures sanitaires les plus proches. Comme d'ailleurs presque toutes les populations pauvres, les *mangrovards* ne se rendent à l'hôpital que pour des cas exceptionnellement graves, le premier recours étant l'automédication.

Graphique7 : Répartition des ménages en fonction de la fréquence d'hospitalisation en 2006

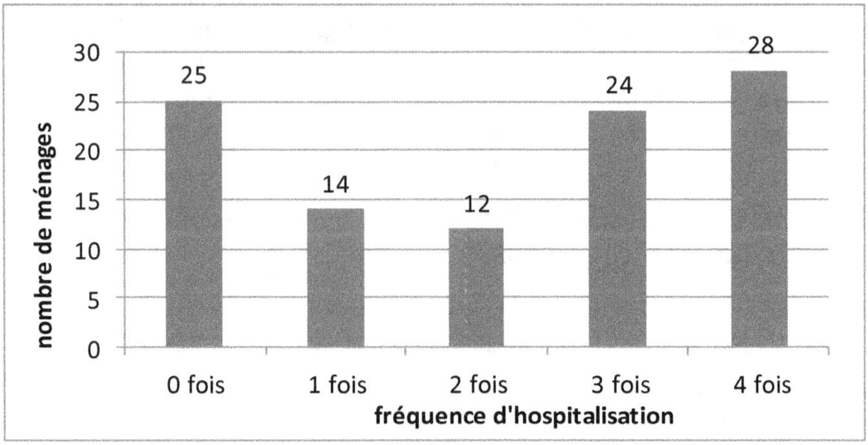

<u>Source :</u> Enquêtes de terrain (2005-2007).

On constate que 22,32% des ménages n'ont enregistré aucun cas d'hospitalisation durant une année, malgré la fréquence des maladies. La recrudescence des maladies, leur mauvais traitement, l'insalubrité totale, sont autant de facteurs qui contribuent à détériorer la santé des populations fragiles et à accroître le taux de mortalité infantile.

Les soins accordés aux malades de dermatoses sont faits à base d'une large gamme d'antibiotiques se présentant sous forme de comprimés, gélules ou suppositoires. Les parasites de l'appareil digestif sont mal connus. On fait recours aux médicaments lorsqu'on se rend compte qu'un enfant « a mal au ventre ». Ces soins par tâtonnement au moyen des produits hasardeux seraient à l'origine des complications de nombreuses maladies.

Un éclairage assez répandu

L'éclairage des ménages au moyen de l'électricité est bien répandu dans la zone de mangrove : 72,5% utilisent l'énergie électrique contre 27,5% qui utilisent encore des lampes-tempête pour l'éclairage. 22,5% des ménages ont un abonnement AES-SONEL[20] et 50% des ménages sont branchés de manière illicite chez un voisin. Généralement, le raccordement au réseau électrique se fait à travers un réseau alambiqué de câbles et de piquets semblables à une gigantesque toile d'araignée dans laquelle sont pris les logements. Les câbles pendent jusqu'au sol par endroits ; ces mauvais branchements représentent un

[20] Société d'électricité au Cameroun détenant le monopole de la production et de la distribution de l'énergie électrique.

danger surtout chez les enfants. La consommation de l'énergie électrique est surtout le fait de l'éclairage, peu de ménages possèdent un fer à repasser électrique ou un réfrigérateur. 70% des ménages possèdent un récepteur radio ; 15% des ménages un téléviseur et 2,5% un appareil réfrigérateur. Il convient de noter que ces téléviseurs et appareils réfrigérateurs font partie de l'équipement que ces gens possédaient avant leur arrivée dans la zone de mangrove. La faiblesse de l'équipement en appareil électrique explique les faibles coûts de factures SONEL que paient les ménages.

Conclusion

L'étalement urbain que connaît la ville de Douala du fait de l'accroissement de l'effectif de population pose le problème d'espace à bâtir. Les zones de mangrove reçoivent de plus en plus des flux de populations venant surtout des quartiers populeux de la ville et qui sont à la recherche d'une parcelle, fût-elle amphibie, pour la construction d'un logement. La prise en compte des réalités de cet écosystème hostile n'étant pas une préoccupation dans cette quête effrénée d'espace pour le logement, les *mangrovards* s'établissent dans un milieu qui désormais règle leur mode de vie sur le rythme de la marée. La marée conditionne tous les aspects de la vie dans ces zones intertidales : le choix des matériaux pour la construction des logements, les types de logements, les aménagements pour contenir les eaux, les déplacements des personnes, etc. La pression du milieu sur les hommes est permanente au point où l'on se rend compte que les populations s'y appauvrissent davantage.

BIBLIOGRAPHIE

ACHARD F, BLASCO F. (1989), Productivité primaire dans les mangroves, approches quantitatives et qualitatives, Projet régional pour la formation et la recherche sur les systèmes marins côtiers d'Afrique. RAF/87/038.

BALTZER et al. (1995), « Etude des mangroves de Douala (Cameroun) par imagerie Radar et contrôles de terrain », Rapport de fin d'étude juin pp1-24.

DZALLA NGANGUE C. (2000), « Pauvreté et environnement ; l'action anthropique dans les écosystèmes du bassin atlantique camerounais (le cas de la mangrove autour de Douala) », Mémoire de maîtrise en géographie, université de Dschang, 149p.

DZALLA NGANGUE C. (2002), « Utilisation du sol et dynamique de la couverture de mangrove de l'estuaire du Wouri », Mémoire de DEA en géographie, université de Dschang, 129p.

FOCHO AFA D,(1986), "Contribution to the study of mangrove ecosystems : The plant species of the Mabeta-Tiko-Limbe Region", Thesis presented for the award of the degree « Docteur de spécialité » in Biological Sciences. Option phytogeography. University of Science, 132p.

FREDOUX A. (1980), « Evolution de la mangrove près d'Abidjan (Côte d'Ivoire) au cours des quarante derniers millénaires », in L*es rivages tropicaux, Mangroves d'Afrique et d'Asie*, Talence : CEGET n° 39, pp.49-88.

KUETE M., (2000), *Les aspects physiques de l'environnement d'une bordure de socle tropical au fond du golfe de Guinée*, coll. Connaissances de… PUY 210p.

MAINET G. (1985), *Douala, croissance et servitude*, Paris, L'Harmattan, coll. Villes et entreprises, 611p.

MOGUEDET G. (1980), « Le milieu de mangrove au Congo », in *Les rivages tropicaux. Mangroves d'Afrique et d'Asie,* Talence/ CEGET pp.3-19 n°39 CNRS.

NDONGO DIN (2001), « Mangroves du Cameroun : statut écologique et perspectives de gestion durable », Thèse de Doctorat d'Etat, université de Yaoundé, 252p.

WARD A, BUNYARD. (1992), *Mangroves d'Afrique et de Madagascar*, Office des publications des communautés européennes, Luxembourg 273p.

Chapitre 3

LA DELOCALISATION DES GARES ROUTIERES DANS LA VILLE DE BAFOUSSAM

Désiré NDOKI, Emil HATCHEU TCHAWE

INTRODUCTION

Si Bafoussam fut pendant longtemps la troisième ville du Cameroun, elle renait péniblement de plusieurs décennies de descente aux enfers. Malgré le rafistolage de quelques axes à la faveur du passage du convoi présidentiel pour les célébrations du cinquantenaire des armées à Bamenda au début du mois de septembre 2010, la capitale du pays bamiléké n' a pas (encore ?) bénéficié des retombées de l' initiative PPTE ou moins encore, de la manne du Contrat français de désendettement développement (C2D). Au plan de la géopolitique régionale, Bafoussam souffre de la rivalité avec la ville universitaire de Dschang qui capte l'essentiel de l'investissement public et peut se prévaloir du dynamisme de la coopération internationale décentralisée (Hatcheu 2010, Hatcheu et Nkinkeu, 2011).

Le plan directeur d'urbanisme (PUD) de Bafoussam, vieux de plus d'une vingtaine d'années[21], ne correspond plus à aucune réalité concrète. Néanmoins aucun autre plan n'a été élaboré, et l'anarchie urbaine continue. Ce plan ne prévoyait que très peu d'aménagements liés au transport comme les gares routières et les terminaux de chargement ou de déchargement pour les camions et autres véhicules lourds. La gestion des gares routières a toujours été négligée, par les autorités en charge. Une liberté passive s'est installée, laissant ainsi la liberté aux transporteurs d'improviser des agences de voyages partout où bon leur semble et au gré de l'affluence des clients.

Vers la sortie nord, la jonction avec Bandjoun en fait une véritable aire métropolitaine avec la mise en place récente de nouvelles infrastructures notamment la gare routière, la relocalisation des agences de voyages, la création des magasins de stockage et de plusieurs stations-services (PETROLEX, BOCOM) ou d'un poste de contrôle technique dans la zone de Mbo. De même, la création des unités industrielles dans les zones périphériques et les sorties vers Bamendjou pour ce qui est des Brasseries du Cameroun ou vers Foumbot – Foumbam pour les Provenderies du Cameroun ont, non seulement commandé l'installation des populations, mais aussi, ont tiré la demande de transport vers le haut.

[21] Informations reçues de la communauté urbaine de Bafoussam.

Au vu des problèmes sociaux qu'entraîne l'installation d'une gare routière (vandalisme, délinquance, vols, viols, consommation des stupéfiants, insalubrité...), les zones périphériques appelées à recevoir ces superstructures ne seraient-elles pas considérées comme un dépotoir pour les autorités urbaines ? Quelle influence ces gares exercent-elles sur la morphologie urbaine ? Que tirent les populations périurbaines de ces nouvelles installations ?

À travers les entretiens avec les personnes ressources des communes d'arrondissement, de la communauté urbaine, de la délégation des transports (…), nous avons pu avoir des statistiques qui nous ont permis d'analyser les impacts de la mobilité des gares routières et des agences de transport sur la morphologie urbaine.

I- LA MOBILITE DES GARES ROUTIERES : UNE CONSTANCE DE L'URBANISATION A BAFOUSSAM

Le déplacement des gares routières à Bafoussam est consécutif à une urbanisation rapide et au désordre urbain qui s'ensuit. La forme étoilée de la ville dont l'évolution suit les grands axes de sortie orientés par la mobilité des gares routières explique la prolifération des points de chargement et des gares routières informelles. Le besoin de création des gares a été ressenti dès les premières années de l'indépendance. Depuis les années 80, la création et la disparition ou le déguerpissement des gares relèvent de l'humeur des autorités municipales. Ces structures se situent sur les grands axes routiers et à chaque sortie de la ville. L'espace urbain de Bafoussam s'est organisé autour de deux gares (la première au cœur de la ville et partie intégrante du marché A et la seconde à la sortie sud en direction de Dschang, d'une part, Mbouda et Bamenda d'autre part). Mais le besoin d'en créer d'autres s'est rapidement fait sentir. Face à l'inaction des responsables municipaux, de petites « gares routières » se sont créées çà et là, au grand dam des usagers engendrant des embouteillages, de l'insécurité et l'étouffement dans le centre urbain. Il en est ainsi de :

- la gare routière du Marché « A », interurbaine et mixte qui desservait les villes régionales (Foumbot, Foumban, Bangangté, Bandjoun, Baham…) d'une part, et les villes extra provinciales (Yaoundé, Douala, Nkongsamba) d'autre part.

- la gare routière du marché « B », plus stable et organisée, née de l'étouffement de la première, dessert les villes périphériques comme Mbouda, Dschang, Bamenda, et les petites localités comme Bansoa, Bamougoum, etc. Elle s'appuie sur l'axe lourd Bafoussam-Bamenda ainsi que sur les activités connexes qui s'y greffent. Cette structure n'a connu aucun aménagement depuis sa création. Les voyageurs se débrouillent ainsi dans les bars, les boutiques pour échapper à la fois aux voleurs à la tire et aux intempéries.

Quant à la gare routière du marché « A » créée dans les années 60, elle a été déguerpie par les autorités en 1999 en raison de la forte demande d'espaces marchands dans cette ville commerçante par excellence. L'évolution des activités dans l'enceinte de la gare, et l'installation des agences de voyages dans la rue connexe ont provoqué une explosion des activités commerciales dans le quartier Famla. Parmi les activités recensées dans cette gare, on trouvait un marché de fruits, des bars[22], des cafés, des boîtes de nuit.

La première étape de la délocalisation de la gare routière du marché « A » date alors des années 2000 et il a fallu deux ans de négociation, de réunion pour que les transporteurs acceptent de se conformer aux prescriptions de la mairie en se déportant vers le quartier Tamdja en 2002, et se recaser dans des espaces de fortune au lieu-dit entrée chefferie Bafoussam. La gare routière de Ndiangdam desservant des zones rurales (Baham, Bandjoun, Batié, Bayangam) est née dans des conditions aussi difficiles.

Pourtant, le temps de construire des hangars et de se stabiliser dans le nouveau site, le délégué du gouvernement produisait déjà un nouvel arrêté sommant les transporteurs de déguerpir pour cause d'embarras de la circulation. L'indiscipline des transporteurs étant génératrice d'embouteillages monstres. L'incivisme des transporteurs et le harcèlement des chargeurs sur les passagers constituaient une menace réelle pour la sécurité publique. En 2006, la communauté urbaine décida le déguerpissement sur ces nouvelles occupations. Le site était exigu et sans structure d'accueil au vu de l'intensification des activités économiques et des déplacements des populations et du nombre élevé d'agences de voyages (Binam voyages, Kami Express, Confort voyages, Bansoa Airlines, Grand Mifi voyages, Genéral voyages, etc. ;) desservant les deux grandes métropoles camerounaises (Douala et Yaoundé).

Plusieurs injonctions furent adressées aux responsables de ces entreprises de transport pour leur rappeler qu'ils devraient libérer les lieux. Face à la résistance de ces derniers, des mesures contraignantes furent prises. L'arrêté n°01/AM/SG/ST/CU/BFM[23] du 12 mars 2007 fixant les modalités de réinstallation des agences de transport dans la ville de Bafoussam sonne le glas de la présence des agences de transport sur le site ''chefferie Bafoussam''. Leur départ fut encore martelé par la circulaire du 14 septembre 2007. Celle-ci rappelait les conditions d'installation des agences ainsi que les règles de leur mise en place. Malgré ces mises en garde, il faudra attendre l'intervention

[22] Dans la foulée, environ 15 bars ont ouvert les portes ayant comme principaux clients les voyageurs. Ces structures tournaient 24 h/24h entraînant la prolifération du banditisme, l'insécurité, la pollution acoustique, etc.
[23] Arrêté signé par le délégué du gouvernement auprès de la communauté urbaine de Bafoussam, Emmanuel Nzeté.

énergétique du délégué du gouvernement accompagné des forces de l'ordre et des engins de démolition pour voir les propriétaires de ces compagnies de transport se résoudre à abandonner définitivement leurs installations au quartier Tamdja.

Le respect de la disposition fixant à 100 mètres la distance entre deux agences et surtout en dehors de l'axe principal, a été bafoué. En effet, la distance entre le lieu-dit CIPRE et le cours d'eau Nlem qui constitue la limite entre le département de la Mifi de celui du Nkoung-Khi ou entre Bafoussam et Bandjoun pour être plus précis, ne permet pas une telle séparation. La distance étant d'environ 600 m, elle ne permettait guère l'installation de plus de 6 agences alors qu'on en compte une vingtaine. C'est dire que le cadre spatial et territorial indiqué par la communauté n'est pas suffisant pour l'implantation des agences de voyages.

Chaque agence devait normalement avoir au moins 800 m^2 pour ses activités. Ce qui pose un sérieux problème d'espace. La superficie totale de la zone indiquée par la communauté urbaine ne pouvant abriter la pléthore des agences qui s'y bousculent et s'y battent. Ainsi, chaque agence se « débrouille » pour construire son hangar et ses infrastructures dans un espace pouvant recevoir à peine deux bus.

Les gares routières comme marqueurs de l'espace urbain à Bafoussam

Si Douala est une ville-marché (Hatcheu 2006 ; Longuouo, 2009), la gare routière apparaît à plusieurs égards comme l'un des principaux marqueurs de l'espace urbain à Bafoussam. Malgré les efforts déployés par les gestionnaires de la ville pour réguler l'embarquement et le débarquement des passagers, la pratique anarchique de cette activité est de loin la principale cause du « désordre urbain » à Bafoussam. Les carrefours où on ne « charge » pas sont plutôt rares dans la ville et en dehors des gares routières et des lieux aménagés pour le transport, il existe des points de chargement clandestin que la police municipale s'évertue au quotidien à supprimer sans succès. Il s'agit le plus souvent des carrefours de ralliement des passagers ou des points de racolage. Si cette anarchie s'explique en partie par le manque de discipline et l'absence de culture urbaine de la part des transporteurs, elle est davantage liée à la polarisation de la capitale régionale sur les villes satellites (Dschang, Foumban, Bafang, Bangangté et MBouda situées à 60 Km de distance chacune, soit 30 à 40 mn en voiture). De plus, Bafoussam est le point de départ et de convergence d'importants flux vers Yaoundé (250 Km, 2h30mn de route), vers Douala, la ville portuaire (300 km, 3 heures de route) vers Bamenda la capitale de la région du Nord-ouest (100 Km). Cette polarisation est également un puissant facteur d'extension et de consommation d'espace dans les zones périphériques malgré une tendance à la densification du centre de la ville au cours de ces dernières

années. L'importance du phénomène de gare routière dans l'espace urbain à Bafoussam aurait également des fondements socio-anthropologiques. La forte propension des Bamiléké au déplacement et partant à recourir au transport en commun tient à une situation de l'entre-deux (un pied en ville et un pied au village). Comme le souligne Courade (2000 :112) « on sait ... que le vrai centre de la majorité des bamiléké se situe encore dans l'une des 120 chefferies de l'Ouest ». Le retour au village oblige hommes et femmes, nantis et débrouillards, à des déplacements réguliers pour participer aux réunions de famille, aux obsèques ou aux funérailles. Sur le plan économique, Warnier (1993) montre que le transport interurbain est l'un des secteurs d'accumulation de prédilection des Bamiléké. Ainsi s'explique l'importance de la flotte automobile et le nombre élevé d'agences de voyages et de transporteurs isolés obligés de suivre les passagers dans leur stratégie de positionnent pour partir au plus vite.
Il en résulte que la ville de Bafoussam compte une multitude d'espaces de chargement et de déchargement des passagers. La typologie permet de distinguer les gares routières « publiques » construites et aménagées par les pouvoirs publics ou par un concessionnaire (marché B et Ndiangdam), les gares routières « privées » appartenant aux agences de transport et les gares routières clandestines. En fonction des destinations, on a des gares routières rurales et des gares routières interurbaines. Cette classification reste flexible dans la mesure où les gares routières « publiques » peuvent devenir clandestines et vice versa. De même, il est fréquent de rencontrer les gares routières mixtes (à la fois rurales et interurbaines) ou associées aux agences de voyages.

En réalité, la ville de Bafoussam ne dispose actuellement que de deux gares routières officiellement reconnues : celles du marché « B » en direction de Dschang, Mbouda et Bamenda et celle de Ndiangdam. Bien que plus récente, celle-ci est de loin la plus importante pour les destinations métropolitaines Douala et Yaoundé. Mais elle dessert également les villages avoisinants : Baham, Batié, Bandjoun, Bangangté, Bahouan, Bayangam, Bafang.. Même si l'occupation est encore anarchique, la réglementation se met en place de manière progressive. L'acuité de la question foncière aidant, on note encore 16 mois plus tard de nouvelles arrivées et installations des agences de voyages à Ndiangdam.

La configuration de la ville de Bafoussam montre que les gares routières et les agences de voyages qui apparaissent ici comme étant des vecteurs d'extension urbaine ont occupé successivement plusieurs sites suivant les principaux axes routiers si bien qu'aujourd'hui, elles se trouvent quasiment aux périphéries extrêmes de la ville. A la gare routière de Ndiangdam, le choix de l'emplacement de l'agence Bansoa voyages à l'extrême limite entre Bafoussam et Bandjoun est le témoignage le plus vivant de l'extension rapide de la ville et de son emprise sur son arrière-hinterland.

Le tableau 1 ci-dessous présente les points d'embarquement et de débarquement dans la ville de Bafoussam.

Tableau 1 : Les points de chargement clandestin de la ville de Bafoussam.

Lieu de racolage	**Destination**	**Type de véhicule**
Carrefour Total (lieu-dit Auberge)	Bandjoun/Foumban/ Foumbot/ Bafoussam et Baleng rural	Hiace, liteace, taxi, pick-up
UCCAO	Bandjoun	Taxi
Talotel	Baham/Batié/Bangangté…	Taxi
Carrefour Madelon	Douala, Nkongsamba, Bafang, Bangangté, Melon Banga…	Hiace, taxi
Carrefour Ndiangdam	Bafoussam rural	Taxi-brousse
Carrefour Auberge	Mbouda, Bamenda, Dschang	Hiace, taxi, liteace
Carrefour Mairie rurale	Bamenda, Dschang, Mbouda	Taxi, Hiace, litehiace

Source : Enquêtes de terrain (2009).

La figure1 ci-dessous présente la localisation spatiale de tous les points d'embarquement et de débarquement, les gares routières homologuées, les agences de voyages, les points de racolage et les marchés rattachés de cette grande métropole régionale.

Carte 2 : Localisation des gares routières et des espaces assimilés dans la ville de Bafoussam.

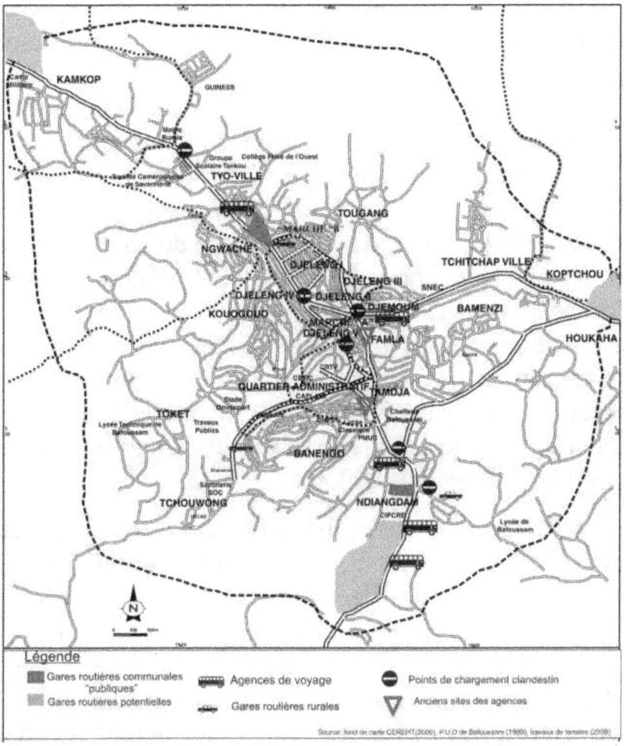

II- LES RAISONS DE LA DELOCALISATION DES GARES ROUTIERES VERS LES ZONES PERIPHERIQUES

Comme les marchés (Hatcheu, 2006) et peut-être plus, les gares routières comptent parmi les espaces les plus vivants (Ghorra Gobain, 1994) des villes africaines. L'effervescence permanente générée en ces lieux apparaît à plusieurs égards comme l'un des défis majeurs de l'aménagement et de la gestion urbains. La délocalisation des ces équipements apparaît comme une exigence au fur et à mesure de la croissance spatio-démographique de la ville et de l'intensité de l'activité économique. Cette exigence devient plus pressante pour l'assainissement, la salubrité, la sécurité, les pollutions ou tout simplement l'embellissement de l'espace urbain. Autant de raisons qui obligent les autorités municipales à délocaliser une gare routière pour décongestionner les quartiers centraux déjà en proie à l'occupation anarchique des voies publiques par les petits commerces et rendre la cité tant soit peu fonctionnelle.

Comme porte d'entrée et de sortie des villes, les gares routières sont des équipements à l'interface entre les grandes métropoles et l'arrière-pays rural, mais aussi les espaces de liaison avec les grandes métropoles politiques et économiques du pays. A ce titre, on note un flux important de personnes et de biens : les bus, les cars, les autocars, les porte-containers, les camions, les taxis et mototaxis y vont et viennent à longueur de journée. Si Champaud (1983 :303) estimait à 523 le nombre de véhicules venant de Douala et allant à Yaoundé le samedi contre 526 le dimanche soir, aujourd'hui il faut peut-être multiplier ces chiffres par dix voire plus, pour avoir une idée exacte de l'effervescence que connaît la gare routière de Ndiangdam en période de haute conjoncture. Godard (2002) comparaît déjà les gares routières en Afrique subsaharienne à de véritables microcosmes cosmopolites, grouillant toute la journée où marchandages, cris, disputes, éclats de rire, bagarres et ronflements de moteurs entretiennent une clameur qui ne cesse qu'à la tombée de la nuit. La situation des gares routières de la ville de Bafoussam rappelle étrangement le tumulte qui prévaut dans les structures identiques à Mvan et Tongolo à Yaoundé, à Nken à Bamenda ou à Sodiko – Bonabéri à Douala.

Pour résoudre ce problème d'embouteillage et rendre la circulation plus fluide dans la ville de Bafoussam, les autorités municipales n'ont d'autre alternative que de repousser régulièrement les gares routières à la périphérie de la ville. Depuis 1980, on a observé trois délocalisations successives de gares routières dans cette métropole. Les gares routières sont par ailleurs des lieux où apprentis chauffeurs, chauffards et des chauffeurs chevronnés se rencontrent. Les premiers étant ceux qui causent le plus d'accident. En effet, les apprentis chauffeurs sont des chargeurs de véhicules recrutés, soit par un propriétaire de véhicule, soit par le chauffeur, qui assistent le conducteur dans le ''ramassage'' des passagers. Ils se retrouvent souvent derrière le volant et sont à l'origine de nombreux désagréments pour les usagers et accidents pour les moins attentifs. Ce qui contribue à accroître le caractère sensible des gares routières. Dans le contexte actuel du frémissement économique qui accélère l'urbanisation, la recherche du prochain site de délocalisation devient une constante des politiques urbaines.

Insécurité et insalubrité autour des gares routières

La vie autour des gares routières et les problèmes qui s'y posent quotidiennement traduisent les difficultés que les pouvoirs publics éprouvent dans la résolution des problèmes auxquels sont confrontés au quotidien les usagers de ces lieux. On dirait que l'aménagement urbain et l'assainissement de nos villes relèvent encore de l'utopie. Les toilettes en état d'usage sont rares et lorsqu'elles existent, elles sont dans un état de délabrement avancé. Les bacs à ordures sont totalement ou presque inexistants, ce qui remet en cause le rôle des services d'hygiène dans la ville. Pourtant dans ce magma humain où tout s'achète et se vend, des grains d'arachides aux choux en passant par des boissons de toute nature, il aurait fallu des espaces aménagés pour les dépôts d'ordures. Le taux de consommation étant intimement lié au taux de production des déchets et la collecte des déchets ne suivant pas, on comprend pourquoi les gares routières sont des zones d'intense pollution : les urines et les déjections humaines, les ordures et les déchets de toute nature sont des maux auxquels sont habitués les adeptes des gares routières et les riverains. Curieusement, on note une promiscuité, voire une étrange complicité entre ces lieux insalubres et les ''tournes-dos'' où l'on propose plusieurs mets aux usagers de ces installations de transport. Bref, les gares routières sont classées parmi les secteurs les plus polluants de nos villes après les marchés et les zones industrielles.

A cette insalubrité se greffe une insécurité criante : le vol, l'escroquerie, les bagarres et les cambriolages font partie du vécu quotidien des gares routières. Très souvent les chargeurs déchirent et froissent les vêtements des passagers et endommagent même parfois leurs sacs de voyages lors des tiraillements et les disputes de passagers qui les opposent.

Par ailleurs, les enquêtes menées sur le terrain ont permis de constater que 80% des professionnels de la gare routière prennent des stupéfiants. 75% de chargeurs consomment la drogue (chanvre indien), ce qui explique leur agressivité. La nuit, les enfants de cette autre catégorie d'enfants de la rue deviennent les maîtres de ces lieux sinistres et dangereux. 85% des maisons qui bordent les gares routières ont déjà été cambriolées au moins une fois. A Bafoussam, les cas de braquages, d'agressions, d'embouteillages dans les rues du marché « A », au quartier Famla et au quartier Tamdja, de bagarres, bref d'insécurité totale et blocus ont poussé les autorités communales à signer des arrêtés de délocalisation.

III- LES CONSEQUENCES DE LA MOBILITE

L'instabilité des gares routières entraîne des mutations énormes qu'on peut regrouper en deux phases : sur l'ancien site et sur le nouveau site.

Le déplacement d'une gare routière laisse le site dans un traumatisme permanent. Jadis vivant et bouillonnant de monde et d'activités génératrices de revenus, il devient subitement désert. Godard (2002) soulignait que les gares routières, en plus de leur fonction de tête de ligne, sont d'importants centres d'animation et de services. Les habitants des contrées se procurent très souvent des produits de première nécessité sans trop de peine. Si l'existence d'une gare routière draine les foules tout en orientant invraisemblablement l'urbanisation, sa délocalisation laisse son environnement habituel dans un chaos total, on dirait un monde qui s'effondre. Les enquêtes menées dans la ville de Bafoussam ont relevé que 78% des populations riveraines d'une gare routière sont contre le déplacement de celle-ci eu égard aux multiples avantages qu'ils tirent de cette dernière. La majeure partie de la population donc l'occupation du site a été galvanisée suite à l'arrêté de création de la gare routière est désormais déçue de ces nouveaux déplacements. Toute présence dans le site n'a plus entièrement sa raison d'être dès lors que son motif est révolu.

Par contre, pour les autorités administratives la présence d'une gare routière ou des agences de voyages au cœur de la ville est très dangereuse et même inconcevable. La législation des transports au Cameroun demande que les agences de voyages se construisent à l'extrémité des villes. Ce qui permet de mieux contrôler le centre urbain. Par ailleurs, le déplacement d'une gare routière rend le milieu doux et vivable. La pollution est diminuée aux quarts avec le déguerpissement des véhicules, l'insalubrité est réduite et l'insécurité s'estompe. Le milieu est désormais contrôlable non seulement par les autorités administratives, mais aussi par les services d'hygiène et de salubrité qui peuvent désormais circuler aisément. Le quartier se débarrasse progressivement des vestiges de la gare routière, des agences qui hier constituaient les poumons du quartier. Les gares routières se déplacent avec leur arsenal de carcasses, de véhicules et de pièces de rechange. Les kiosques, les « call box », les cabanes construites avec du matériel provisoire, les « tournedos [24] » et les cafétérias qui jonchaient les rues et les contours des gares routières ou agences de voyages s'amenuisent. La ville vient alors de s'enrichir d'un nouveau quartier maîtrisable. Le déplacement de cette structure sur le périurbain contribue à grignoter les espaces paysans, diminuant ainsi les terres cultivables aux dépens du village. Ce phénomène d'urbanisation a comme conséquence directe, la diminution des denrées alimentaires sur les marchés urbains.

Conséquences de la mobilité des gares routières sur le lieu d'accueil

Il faut dire d'entrée de jeu qu'il y a juste transfert ‘‘d'énergie’’ et de problèmes du centre-ville pour la périphérie. Les gares routières commencent parfois par une simple occupation de l'espace par les transporteurs, tolérée par les pouvoirs publics. Dans ce cas, il s'agit d'un point de chargement sans aménagement adéquat qui se transformera plus tard en gare routière. Aujourd'hui, face à l'urbanisation galopante des grandes villes ; aux embouteillages automobiles dans le centre-ville, les pouvoirs publics cherchent à délocaliser les gares routières, vers la périphérie. C'est ce qu'on a observé à Bafoussam en 2007 et à Dschang en septembre 2008. Ce remue-ménage entraîne d'énormes conséquences sur le site d'accueil.

Ici, on note une transformation rapide du milieu, du rural à l'urbain. La gare routière est un secteur dynamique dans nos pays d'Afrique noire, générateur de

---

[24] Il s'agit des petites cabanes construites généralement en bordure des gares routières et dans lesquelles l'on vend des mets locaux.

micro emplois. Outre les activités de transport, s'y greffent les commerçants, les gérants de ''call box'', les coiffeurs, les cireurs de chaussures, les laveurs de voitures, les cafés et bars-restaurants les sociétés de transfert d'argent (Express Union...). Les populations riveraines jadis en zone périurbaine voient s'ouvrir à eux un grand marché de consommation pour leurs produits, mais aussi une grande opportunité d'emplois, de reconversion ou de redynamisation de leur économie. Dans les contrées, les propriétaires terriens et des maisons font la surenchère. Nous nous appesantirons plus sur ce problème de logement dans le paragraphe suivant. Si la création d'une gare routière dans un site est du point de vue économique un atout pour les populations riveraines, ceci n'est que l'arbre qui cache la forêt car la gare routière est loin d'être un paradis terrestre. Il revient désormais à ces populations surprises par ce nouveau mode de vie de gérer seule les conséquences qui sont aussi énormes que diversifiées : le vol des bêtes (poulets, chèvres ...), le cambriolage dans les maisons, la filouterie, les agressions parfois en plein jour, sans oublier la pollution, les accidents et les déchets qu'il faudra gérer. De tous les problèmes générés par la création d'une gare routière, celui du logement et du foncier a le plus attiré notre attention.

Depuis la création de la gare routière de Ndiangdam, il se pose de plus en plus un problème de logement. Ce problème se manifeste par la rareté des maisons, la hausse des prix du loyer des anciennes habitations ; plus précisément une insuffisance de logements mis à la disposition de toutes nouvelles sollicitations (chargeur, propriétaire d'agence de voyages et de véhicule de transport en commun, boutiquier et petit vendeur ambulant,...).

Avant la création de la nouvelle gare routière de Ndiangdam à l'est de Bafoussam, les prix de logements étaient très bas en comparaison de ceux d'aujourd'hui. A titre d'exemple, avant 2007, on pouvait y louer une chambre à 4000 F le mois. De nos jours, la même chambre coûte 10000 F cfa, soit une augmentation de 6000 F CFA. Le tableau ci-après fait un récapitulatif de l'évolution des prix des logements avant et après la mise en place de cette gare routière.

Tableau 2 : Evolution des prix des logements à Bafoussam autour des gares routières.

Type de structure	Prix en f CFA / mois (avant la gare)	Prix en FCFA / mois (après la gare)
Chambre	400	10 000
Studio	6 000	15 000
Appartement	25 000	60 000

Source : Enquêtes de terrain.

Cette nouvelle tarification est celle rencontrée dans les grandes villes du Cameroun ; preuve que les nouvelles gares deviennent des zones aux enjeux économiques énormes. Ceci présenté, il faut en plus signaler que par rapport aux anciens montants des loyers, les bailleurs aujourd'hui disent avoir des raisons qui les amènent à décider de la hausse des prix du loyer (tableau 3).

Tableau : Raisons de la variation des prix.

Raison du changement des prix	**Nombre de bailleurs**	**Proportion en %**
La situation des maisons	16	32
Le confort des maisons	06	12
Le taux de demande des maisons	15	30
La dimension des maisons	08	16
Les relations	05	10
Total	50	100

Source : Enquêtes de terrain (2009).

Au regard de ce tableau, on constate que la ''situation des maisons'' est la première raison sur laquelle s'appuie bon nombre de bailleurs pour décider du prix de logement. Cette raison a participé pour 32% des effectifs de notre échantillon. Le taux de sollicitation des maisons (30%) se classe au second rang des raisons de la fluctuation des prix. Quant au confort des maisons, 12% des bailleurs ont déclaré qu'ils fixaient les prix du loyer en fonction des capitaux utilisés pour la construction du logement. Par ailleurs, les bailleurs insistent sur la relation avec les locataires ; question de limiter les querelles de voisinage ou liées au non payement du loyer.

Des différents problèmes précédemment présentés, nous proposons des solutions qui, grâce aux sacrifices des uns et des autres, grâce à la recherche de l'intérêt de la communauté peuvent permettre une vie saine, cordiale et moins pénible dans nos villes subsahariennes dans les pôles d'extension urbaine :

- la construction et l'aménagement des gares routières par la municipalité ;

- la vente des terres uniquement à ceux qui désirent construire des logements pour des raisons locatives ;

- l'assainissement et la sécurisation des gares routières et agences de voyages ;

- la location de terrains pour la construction de nouveaux logements ;

- la baisse des prix des matériaux de construction et les facilités d'obtention des permis de bâtir.

Au Cameroun, la mise en place d'une gare routière débouche très souvent sur la mise en place d'un marché. Sur les hautes terres de l'Ouest-Cameroun et précisément dans la ville de Bafoussam, le phénomène est palpable. Le marché « A » de Bafoussam qui est le plus grand marché de la ville de par ses édifices, ses maisons, ses supermarchés et ses comptoirs où l'on peut tout avoir, du vivrier aux produits manufacturés en passant par le maraîcher, s'est mis en place suite à la création de la toute première gare routière de la ville. La jonction entre ce lieu devenu centre commercial et la gare routière renforça l'effet d'engorgement de la circulation autour de cette gare routière ; ce qui se traduisit rapidement par une grande exiguïté du site, un encombrement des lieux et une occupation anarchique de l'espace.

Pour résoudre ce problème, les pouvoirs publics procédèrent à un éclatement de cette gare routière qui donna naissance à de nouveaux qui, à leur tour, générèrent de nouveaux marchés. Le deuxième cas de figure qui met en exergue le rapport entre la gare routière et le marché est le marché B de Bafoussam qui vit le jour suite à la mise en place, dans la région, des gares routières Bafoussam-Dschang Bafoussam-Bamenda et Bafoussam-Mbouda. Que l'on se trouve à Yaoundé, Douala, Bafia, partout au Cameroun, c'est la même situation qui prévaut. Les mariages entre les gares routières et les marchés sont légion. La trilogie commerce- transport - échange semble justifier ce lien. Pis encore, ces deux entités se rapprochent par le taux de déchets qu'ils produisent et le degré de pollution qu'ils émettent dans l'atmosphère. Pour tout dire, les gares routières et les marchés drainent des foules assourdissantes qui émettent dans l'atmosphère une quantité importante de bruits dont le nombre de décibels serait aussi élevé que diversifié : klaxons de véhicules, bruits de moteur, cris d'interpellation, disputes et éclats de rire, font partie du vécu quotidien des gares routières et des marchés.

Conclusion

L'accroissement anormal des villes camerounaises pose un sérieux problème d'assainissement qui se manifeste sur le terrain par une insuffisance criante des infrastructures ; l'insalubrité, l'insécurité et les embouteillages font partie du vécu quotidien des citadins. Pour pallier ces maux, les autorités administratives mettent sur pied des stratégies permettant de répondre spontanément aux besoins qui se posent. La délocalisation des gares routières semble être un moyen idéal préconisé par la communauté urbaine de Bafoussam pour remédier aux problèmes d'embouteillage, d'insalubrité et d'insécurité dans le centre urbain ; les gares routières étant considérées comme les foyers de cette dynamique. Ce travail avait pour objectif majeur d'évaluer l'influence de la mobilité des gares routières dans l'accroissement des villes subsahariennes et plus particulièrement celle de Bafoussam. Au terme de cette étude, il est important de rappeler les points qui ont particulièrement attiré notre attention : les causes de ces délocalisations et leurs conséquences, les problèmes de logement et les difficultés d'accès à ces nouveaux sites. Si la délocalisation des gares routières semble être une politique de désengorgement, d'assainissement, de sécurisation du centre urbain et de l'étalement horizontal des villes camerounaises en général et de celle de Bafoussam en particulier, il se pose déjà le problème du devenir de la ville de Bafoussam, 20 ans plus tard, où certaines gares routières occupent déjà les limites territoriales du département de la Mifi dont la capitale est Bafoussam.

Bibliographie

Abeille (M.), Matouk (A.), 1994, « La crise de transport à Alger : la part du cadre institutionnel et réglementaire » pp.113-125, in Godard (X.) (sous la direction de), *Les transports dans les villes du sud. La recherche des solutions durables*, Karthala, Codatu, 358p.

Ebongue Moussongo A S ; 1990, « Contribution à l'étude des extensions NORD-EST de Douala : le cas du quartier PK10 », Mémoire de DIPES II, ENS, Yaoundé.

Ela, J. M, 1983, *La ville en Afrique Noire*, Paris, Karthala. Coll. "Les Afriques, 222p.

Georges P., 1964, *Précis de géographie urbaine*, 2è édition, Paris, PUF, 236p.

Godard X. et Teurnier (P.), 1992, *Les transports urbains en Afrique à l'heure de l'ajustement, redéfinir le service public*, Khartala-Inrets,

GODARD X., 2002, *Les transports et la ville en Afrique au sud du Sahara*, Ed. Khartala-Inrets, 408p.

GHOMAHA G. B. 1999, « La nouvelle fonction universitaire et le problème de logement dans la ville de Dschang », Mémoire de Maîtrise en géographie, université de Dschang, 100p.

HATCHEU ET NKINKEU 2011, « La coopération Dschang-Nantes à l'épreuve de la gouvernance », *Les cahiers de la coopération internationale décentralisée.*

MAÏDADI SAHABANA, « Gare routière : l'entrée de la mobilité interurbaine en ville », in *Les transports et la ville en Afrique au sud du Sahara*, Khartala-Inrets, pp.113-120.

NGAHA D., 1993, « Réflexion sur les transports : les dessertes des quartiers de l'agglomération de Yaoundé », Mémoire de DIPES II, ENS, université de Yaoundé I, 192p.

SADOS TOUNSI C., 1996, « Urbanisation et crise des transports urbains à Douala : cas de la zone Nylon », Mémoire de Maîtrise, université de Yaoundé I, 160p.

SUFO KANKEU R., 2005, « La problématique de l'approvisionnement en eau potable dans l'agglomération de Bafoussam », Mémoire de Maîtrise, université de Dschang, 145p.

Chapitre 4

KRIBI, UNE VILLE COTIERE A L'EPREUVE DE LA CRISE DE L'EAU POTABLE

Dominique MEVA'A ABOMO

INTRODUCTION

Les villes du Sud se caractérisent par la transposition des modes de vie et pratiques rurales en milieu urbain. Cette ruralisation de l'espace urbain apparaît comme une réponse à un corpus de contradictions et de crises managériales dans un contexte de pauvreté et de précarité. Le milieu urbain du sud est donc taxé de dense, hétérogène et complexe par une matrice de traits identitaires traduisant leur fragilité. Ici, l'occupation du sol précède la planification urbaine. L'émergence de l'habitat spontané et insalubre s'affirme dans un contexte d'institutionnalisation de l'incivisme urbain. La gestion anarchique de l'environnement urbain et la surpopulation sont des réalités incontestables de la précarité sanitaire. Une forte croissance urbaine en décalage avec l'offre des infrastructures et des équipements socio-collectifs est observée. Le souci de développement est enregistré dans un contexte de crise morale en matière de gouvernance. La permanence d'un risque sanitaire aigu est entretenue par un complexe d'insalubrité et de disparités spatio-sanitaires. Le contraste entre l'abondance des ressources en eau avec la rareté de l'eau potable est le propre de la cité balnéaire de Kribi comme des villes côtières du Cameroun. A travers ses caractéristiques, la crise de l'eau potable est un facteur de précarité plurielle qui altère davantage le bien-être des citadins.

La présente étude est une composante du volet : « *Fièvres, prévention et perception de l'environnement au Cameroun* », du programme de recherche international : « *Actions Thématiques Concertées (A.T.C) – Environnement et santé* »[25]. Elle porte sur l'analyse spatiale de la crise de l'eau potable et sur la crise de la gouvernance des ressources en eau à Kribi. Pour une analyse faisant ressortir non seulement les spécificités de chaque site urbain, mais aussi les disparités entre les sites, l'étude a nécessité une structuration géographique de son espace. Cette structuration a été effectuée suivant le modèle de progression spatiale où une structure socio-spatiale unitaire est à la base du processus. Dix quartiers de la ville de Kribi ont finalement été retenus pour l'étude après un croisement de plusieurs critères sociaux, économiques, environnementaux. Les quartiers sélectionnés présentant des similitudes socio-économiques ont été

[25] Le programme a été lancé en 2003 par le ministère français délégué à la Recherche et aux Nouvelles technologies, en partenariat avec l'INSERM et le CNRS de France.

regroupés en trois grands systèmes représentant les quartiers résidentiels, populaires et périphériques. La typologie des quartiers permet de distinguer deux quartiers résidentiels (quartier administratif 1 et quartier administratif 2) ; cinq quartiers populaires (Dombé, Mboamanga, Petit Paris, Mokolo, New Bell) et trois quartiers périphériques (Elabé, Nziou, Mbobissé / Mbossigui).

Plusieurs techniques d'analyse ont été cumulativement exploitées : l'analyse descriptive pour la présentation de l'espace urbain, l'analyse comparative a permis la mise en évidence des disparités entre les quartiers et les types de quartiers. Elle a également permis l'identification des lignes de démarcation et les chevauchements entre les instances de gouvernance de l'eau et les échelles de prise de décision sur l'eau. Une simulation des fonds cartographiques récoltés sur le terrain a permis de définir une carte de base. Enfin, l'approche systémique d'analyse a permis d'établir une relation de cause à effet entre logique de gouvernance des ressources en eau, crise de l'eau potable et effets induits.

I- LA CRISE DE L'EAU POTABLE A KRIBI : UN FACTEUR DE PRECARITE URBAINE ET D'ALTERATION DE LA QUALITE DE VIE

D'après le décret n° 95 / 218 du 17 octobre 1985, le périmètre urbain de kribi a une superficie de 144170 hectares. Cette ville est le chef-lieu du département de l'Océan dans la région du Sud-Cameroun. Située dans le bassin versant de la Kienké, l'agglomération s'imbrique dans l'ensemble gneissique du plateau centre - sud avec des sols argilo-sableux (MINUH, 1998). L'altitude moyenne de la ville est d'environ 15 m avec une topographie assez homogène, marquée par la prédominance des terrains à faible pente (moins de 5 %). La proximité de la mer et la qualité des alluvions en font un site sableux par excellence (Kuété M., 2000) justifiant la présence de la plage. Les sols hydromorphes ou marécageux occupent une proportion non négligeable de l'espace urbain soit 276,6 hectares. Le climat ambiant est de type équatorial guinéen (figure 1), influencé par la présence de la mousson, principale caractéristique du littoral camerounais. La moyenne thermique annuelle varie sensiblement entre 23 et 25 °C. La moyenne pluviométrique annuelle est estimée à 2900 mm (MINUH, 1998).

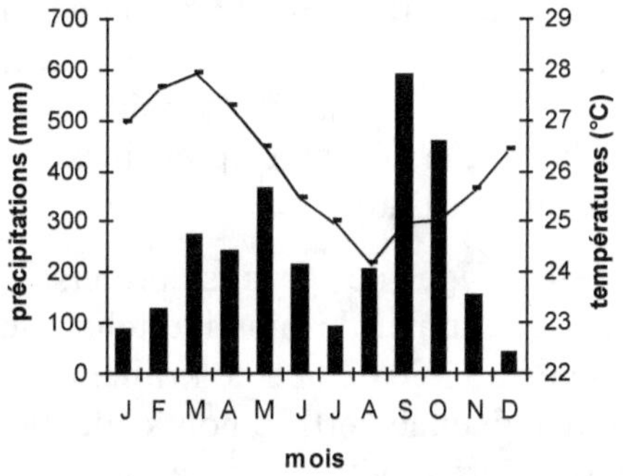

Les ressources en eau comprennent des eaux de surface et les eaux souterraines. Les eaux de surface sont composées de plusieurs cours d'eau à l'exemple de la Kienké, le principal fleuve de la ville de Kribi. Les eaux souterraines comprennent les aquifères profonds et une nappe phréatique qui est à fleur de surface dans certains quartiers de la ville. Ces ressources sont continuellement renouvelées par une forte pluviosité caractéristique de la zone équatoriale humide et de la dynamique hydrologique du littoral kribien. En définitive, la ville de Kribi dispose d'importantes réserves en eau capables de satisfaire les besoins de toutes les couches de la population en fonction des usages pendant de longues périodes de la sécheresse.

Par ailleurs, Kribi est une ancienne ville coloniale où domine un habitat spontané et insalubre. La prééminence des constructions en matériaux provisoires (bois et matériaux de récupération) et en terre battue, est à l'image de la pauvreté urbaine ambiante. Néanmoins, le développement d'un habitat luxueux est incontestable avec la prolifération des villas, des hôtels, des motels… qui font de cette cité balnéaire une ville de week-end. La cohabitation entre l'urbain et le rural se décline comme la principale signature identitaire du modèle urbain de ce pôle secondaire de plus de 59 928 habitants (BUCREP, 2010). Des densités de population supérieures à 150 hbts / ha sont observées dans les quartiers populaires. La ville est majoritairement habitée par une population à faible revenu variant entre 45 000 et 55 000 Fcfa / mois. En baisse par rapport à sa valeur de 1997 qui était de 69000 Fcfa (MINUH, 1998).

L'économie de la ville de Kribi est dominée par le secteur informel. Le commerce, l'agriculture urbaine, la pêche et une kyrielle de petits métiers sont les principales activités à côté de l'administration publique, du secteur industriel et des services. Abritant l'une des meilleures plages des côtes est-Atlantique, Kribi est une ville touristique très sollicitée. Une trentaine d'hôtels et d'auberges avec une capacité de 475 chambres comprenant 620 lits environ avaient été dénombrés lors de l'étude de réalisation du schéma directeur d'aménagement urbain de la ville (MINUH, 1998). Pourtant, 20500 visiteurs environ seulement ont été enregistrés en 1997 pour un taux d'occupation de 18 % et pour une durée moyenne de 1,7 jour. En considérant les projections de croissance de cette activité plus d'une décennie après, il est fort possible que ces chiffres aient doublé ou triplé aujourd'hui.

La ville de Kribi est le siège de grands projets de développement d'envergure sous-régionale. Le terminal du pipeline tchado-camerounais d'une longueur de 1050 km se trouve au large de la côte kribienne. Le champ pétrolier d'Ebomé situé dans la région kribienne certifie non seulement la présence d'un sous-sol pétrolifère, mais aussi l'effectivité de son exploitation. La construction d'un port en eau profonde fera de Kribi une ville tampon en Afrique centrale. Car par sa position géographique, ce port servira de porte d'entrée et de sortie de la presque totalité des pays de la CEMAC (Communauté économique et monétaire de l'Afrique centrale). Le renforcement de l'accessibilité géographique à ce port fait l'objet de plusieurs autres projets. Il s'agit par exemple du projet d'extension du chemin de fer dans la région kribienne et du projet de construction des voies de communication bitumées (route nationale n°17 : Ebolowa - kribi). Le flux maritime et les échanges commerciaux entre le Cameroun et les régions telles que le Nord du Gabon, le Nord du Congo Brazzaville, la République centrafricaine, le Tchad et même la Guinée équatoriale se trouvent ainsi facilités. En définitive, ces projets font de Kribi un véritable pôle d'attraction des populations à l'échelle sous-régionale. Cependant, le bien-être et la qualité de vie dans ce pôle d'attraction sont quotidiennement compromis par l'insuffisance de l'eau potable.

II- L'EMERGENCE D'UNE ECONOMIE DE L'EAU A KRIBI

L'étude quantitative des besoins ménagers en eau dans la ville de Kribi est révélatrice d'une insatisfaction individuelle et collective généralisée malgré la diversité des sources d'approvisionnement. Une comptabilité des différentes quantités d'eau a permis de noter qu'un volume d'environ 151,17 l d'eau est utilisé par ménage et par jour avec une moyenne de 25,2 l par personne et par jour. Le volume moyen de l'eau de boisson a été estimé à 1,44 litre par personne et par jour. Les bains nécessitent un volume total de 95 l par ménage et par jour, soit 62,84 % de la quantité d'eau totale d'un ménage par jour. Un volume moyen de 11,41 par personne et par jour est utilisé pour le bain, avec une moyenne inférieure à 2 bains par personne et par jour. L'incontestable popularité des demi-bains se présente donc comme une réponse aux problèmes de l'eau. Les usages collectifs traduisent mieux l'économie de l'eau, avec des quantités qui remettent en question la qualité de l'entretien des ménages. Un volume moyen de 3,9 l d'eau est utilisé pour le nettoyage du sol. Le nettoyage des latrines nécessite une moyenne d'environ 2,76 l. La cuisine nécessite en moyenne 30,51 l d'eau par jour. La lessive et la vaisselle se sont également distinguées avec respectivement 21,67 l et 15,42 l par jour et par ménage.

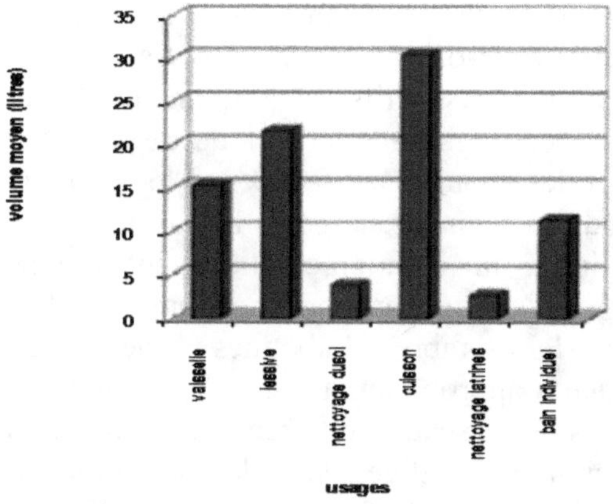

Figure 2 *: Évaluation des volumes d'eau utilisés pour des usages collectifs par ménage et par jour.*
D'après : Meva'a Abomo D, (2006).

La figure 2 permet d'apprécier les inégalités et les variations des quantités très prononcées entre les différents usages. L'émergence du phénomène d'économie de l'eau dans les ménages qui s'en déduit se présente en définitive comme un facteur de limitation du gaspillage, et surtout, de gestion rationnelle de cette ressource naturelle. Par ailleurs, la variation des besoins en eau par quartier est négligeable. Les informations recueillies lors des entretiens révèlent un foisonnement de sources d'approvisionnement dont certaines sont de qualité douteuse. Ceci dit, la crise ne se restreint pas exclusivement à une dimension quantitative, mais aussi qualitative. En somme, la faible disponibilité de la denrée eau dans les ménages en temps utile est en inadéquation avec la forte teneur des réserves hydriques de la région. Le problème d'accessibilité à l'eau de canalisation amène plusieurs ménages à se comporter comme en milieu semi-aride, bien que la ville soit en zone humide.

Le ravitaillement des ménages

La ville de Kribi dispose d'un système de distribution de l'eau de canalisation depuis 1953. Une station de pompage et de traitement a été construite près de la Kienké, au quartier Dombé. Cette unité de production dispose de deux groupes électrogènes d'une puissance de 70 m^3 / h chacun. Ces groupes fonctionnent en alternance avec une périodicité de 08 heures. Un château d'une capacité de 400 m^3 a été construit au quartier Zaïre. C'est le point de départ du réseau de distribution. Ce réseau postcolonial ne répond plus à la demande aujourd'hui à cause des capacités de production insuffisantes par rapport à la rapidité de la croissance spatio-démographique de la ville. Cette réalité est perceptible à deux échelles. Premièrement, une insatisfaction de tous les ménages régulièrement abonnés. En 1998, on notait déjà la fermeture de 11 bornes-fontaines publiques au profit de la clientèle. La ville compte alors 1963 abonnés avec 1561 abonnements actifs ou permanemment desservis, et 402 abonnés inactifs ou non desservis dans la période de juillet 1997. Plus d'une décennie après, l'effectif des abonnés actifs a certes légèrement augmenté, mais dans un contexte de production en surcharge de la station de traitement de l'eau. Le non rééquipement limite ainsi l'augmentation substantielle et durable des capacités de l'appareil productique proportionnellement à la croissance de la demande. Par contre, le nombre d'abonnés inactifs et de demandes d'abonnement en instance d'approbation a accru drastiquement et se chiffre par milliers. L'émergence des réseaux de redistribution clandestine permet d'enregistrer une extension non négligeable de la population ayant accès à l'eau de canalisation. Meva'a Abomo D. (2006) fait état de 3000 ménages abonnés au réseau de distribution de l'eau de canalisation qui alimente environ 27 567 habitants grâce à ce phénomène de vente informelle de l'eau. Il est observé une inégale distribution des quantités disponibles entre les différents quartiers (figure 3), marquée par tout un corpus de désagréments dans le système d'approvisionnement. Le quartier résidentiel moins peuplé est plus desservi par rapport aux autres quartiers populaires et périphériques plus peuplés. Le contraste entre la faiblesse de l'offre et une demande en forte hausse a permis d'identifier les ménages résidant dans des habitations modernes avec un système d'assainissement individuel en bon état, mais non approvisionnés en eau.

Carte 3 Répartition spatiale des quantités d'eau de canalisation disponibles à Kribi.

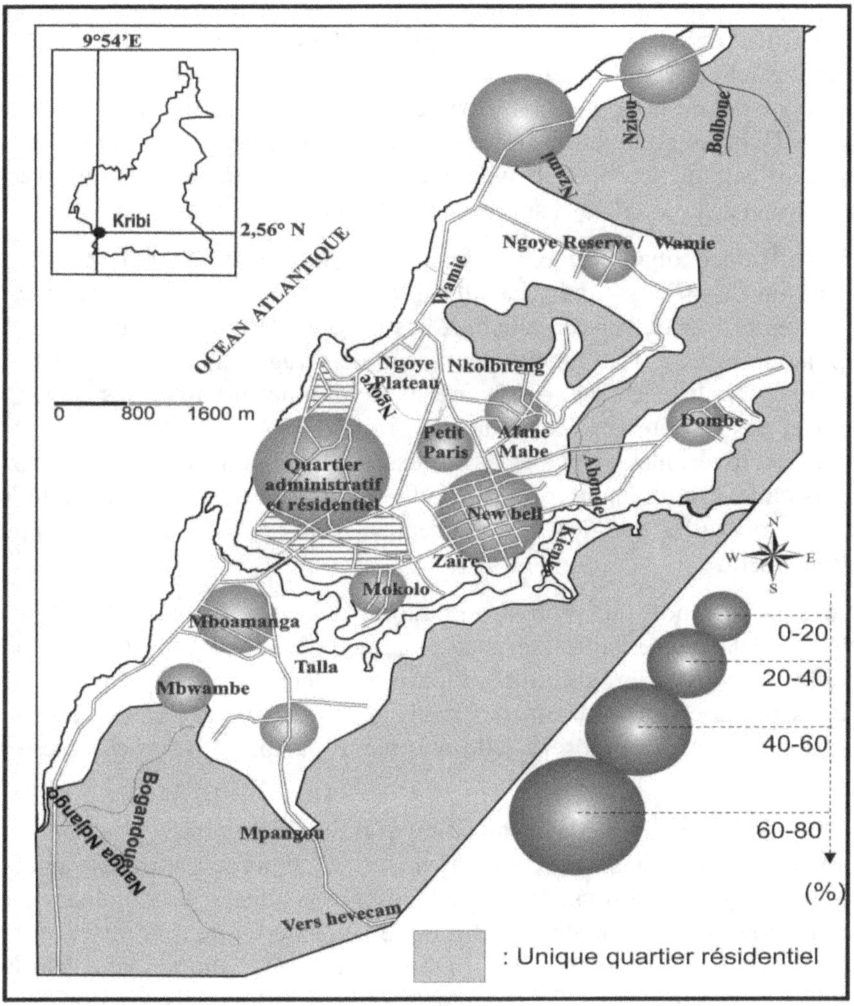

Source : Meva'a Abomo D., (2006).

L'émergence d'un commerce clandestin de l'eau de canalisation est un indicateur des insuffisances du système de distribution de l'eau de canalisation. 10 litres d'eau coûtent 10 Fcfa en moyenne et des recettes journalières de 700 - 1000 Fcfa, voire même plus en cas de rupture d'approvisionnement, sont enregistrées par vendeur en fonction des quartiers et des saisons. Les descentes sur le terrain ont permis d'inventorier 67 vendeurs illicites de l'eau de canalisation dans les quartiers enquêtés. La perte journalière de la société de distribution de l'eau de canalisation dans ces quartiers varie donc entre 46 900 –

67 000 Fcfa, soit, une perte mensuelle variant entre 1 407 000 et 2 010 000 Fcfa. Et une perte annuelle variant entre 17 118 500 et 24 455 000 Fcfa. Il ne s'agit pas du nombre total de vendeurs de la ville, mais plutôt de ceux qui ont été identifiés dans les quartiers enquêtés. Ces pertes seraient donc plus importantes à l'échelle de toute la ville. D'une manière générale, une régression de la proportion de la population urbaine ayant accès à l'eau de canalisation est observée. Dans ce contexte d'insatisfaction et d'inégale répartition spatiale des quantités d'eau disponibles, la vente clandestine prend de l'essor avec une augmentation des pertes de la société de distribution en bout de chaîne.

L'insuffisance quantitative de l'eau de canalisation est à l'origine de la prolifération des forages dans la ville. Plus de 75 % des hôtels de cette ville touristique en disposent pour satisfaire les besoins de leurs clientèles. 11 % de la population urbaine font recours au réseau de forage mis sur pied par les trois principaux acteurs urbains que sont la commune urbaine, les organismes d'appui et des sociétés privées (Meva'a Abomo ; 2006). A titre d'exemple, le quartier périphérique d'Elabé est desservi par un forage d'hôtel qui approvisionne gratuitement près de 2000 habitants. Le quartier Mokolo est également ravitaillé par des forages réalisés par des organismes d'appui au développement.

Il a aussi été noté une forte sollicitation de l'eau de pluie. Seulement, le problème de la conservation se pose avec acuité. L'abandon des récipients à l'air libre favorise la souillure rapide de leur contenu. Cette eau est indispensable pour toutes les tâches ménagères à savoir la lessive, la vaisselle, la cuisson, les bains corporels. Elle est même parfois utilisée comme eau de boisson.

L'insuffisance de l'eau de canalisation et des forages oblige les populations à se replier vers les puits, les cours d'eau et les sources naturelles, quels que soient les risques encourus. Il s'agit là d'une logique d'accoutumance et de domestication du risque hydrique afin de le banaliser et de minimiser le danger ainsi véhiculé (Le breton D., 1995). D'après le service municipal d'hygiène et de salubrité, la ville de Kribi compte 652 puits individuels environ (Meva'a Abomo D., *op cit.*). Les puits ne desservent pas uniquement les propriétaires, mais également tout l'entourage car tous les ménages n'en disposent pas. La terminologie de puits communautaires serait donc mieux adaptée à ce phénomène de collectivisation de cette source de ravitaillement. Par ailleurs, la sollicitation des cours d'eau urbains est non négligeable à deux niveaux. Premièrement, ils sont exploités comme des exutoires ou des réceptacles des déchets issus des activités humaines comme les ordures ménagères, les déchets industriels. L'intensité de la pollution fécale transforme les cours d'eau urbains en de véritables écosystèmes à risque sanitaire. Deuxièmement, l'eau des cours d'eau est utilisée par plusieurs ménages riverains quel que soit le danger encouru. Les drains sont des points de baignade et des lieux d'approvisionnement en eau pour la cuisson, la vaisselle, la lessive.

La régularité des désagréments de la distribution de l'eau de canalisation oblige les populations à opter pour une combinaison des sources de ravitaillement (Figure 4-6). Il s'agit en l'occurrence des coupures d'approvisionnement, de la présence des matières en suspension responsables de la coloration brunâtre de l'eau, des problèmes de pression… Aucun ménage ne se contente d'une seule source d'approvisionnement à long terme même dans les quartiers résidentiels. Ce foisonnement se matérialise par la consommation de l'eau de canalisation ou de forage, lorsque l'eau de puits ou de cours d'eau sert pour la lessive, la vaisselle, la cuisine et autres usages ménagers. De nombreux ménages consomment aussi l'eau de certains puits et sources naturelles jugés empiriquement crédibles. Un changement récurrent d'usage est observé en fonction des sources d'approvisionnement et des risques encourus. La coloration de l'eau s'est révélée comme l'indicateur privilégié à la base de ces changements. Lorsque l'eau de puits par exemple prend une coloration inhabituelle, elle n'est plus sollicitée pour les usages habituels. Si elle servait de boisson, elle ne sera plus consommée pendant la période où elle est empiriquement jugée polluée. Elle servira à la lessive tout simplement. L'eau d'une autre source servira de boisson. Un système de rotation des usages se dégage ainsi en fonction de plusieurs aléas. En corollaire, l'eau des puits s'est révélée comme la plus utilisée à Kribi de manière globale, suivie des eaux de canalisation et des forages.

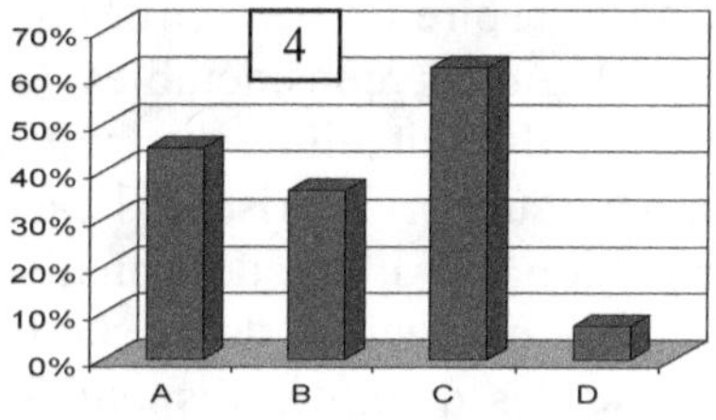

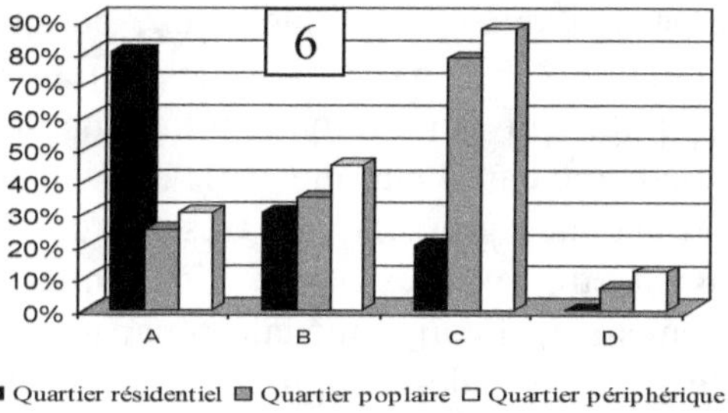

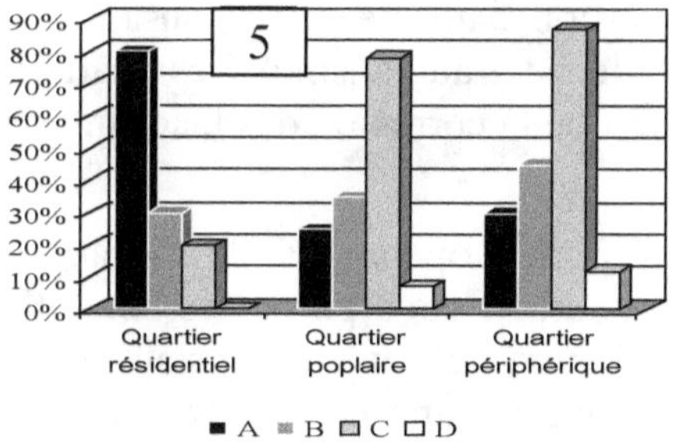

Figure 4-6 *: Analyse du foisonnement et de l'inégale sollicitation des principales sources d'approvisionnement en eau*
(4) : Mise en évidence du fort recours à des sources de ravitaillement autres que l'eau de canalisation, marquée par une dominance de la sollicitation des puits suivie de l'eau de canalisation.
(5) : Illustration de l'inégale sollicitation des différentes sources de ravitaillement dans chaque type de quartier, marquée par la dominance du réseau de canalisation dans le quartier résidentiel, des puits dans les quartiers populaires et périphériques.
(6) : Illustration de la variation de la sollicitation d'une source de ravitaillement donnée entre différents types de quartier.

source : *Meva'a Abomo D. (2006).*

A : Borne-fontaine / eau de canalisation
B : Forage
C : Puits
D : Source / rivière

Les enjeux de la crise de l'eau potable à Kribi

La crise de l'eau potable est non seulement un indicateur de la précarité urbaine, mais aussi une preuve de la dynamique urbaine à Kribi. Elle est une source d'emploi pour certains avec la redistribution clandestine de l'eau de canalisation ou la commercialisation de l'eau de forage. Les mesures de lutte populaire contre cette crise basées sur les éthnométhodes (Coulon A, 1987), s'accompagnent de plusieurs répercussions. En s'intéressant aux implications socio-sanitaires, il est observé une endémicité des maladies hydriques marquée par des poussées épidémiologiques. Les maladies gastro-entérites comptent pour environ 26% des pathologies traitées à l'hôpital départemental de Kribi (Djilo C., 2007). L'eau se présente comme l'une des causes privilégiées de ces troubles de santé dans la mesure où la qualité de l'eau des forages, des puits et des cours d'eau est liée aux caractères *incolore, inodore et sans saveur,* déduits par simple observation. La contamination de la nappe phréatique fut à l'origine de l'épidémie de choléra qui a frappé toute la ville en 2004. Le service municipal d'hygiène et de salubrité en collaboration avec les services de la santé publique, a lancé une vaste opération de traitement de l'eau des 652 puits dénombrés dans la ville.

Malheureusement, cette initiative n'a plus jamais eu de suite. Abandonnée par la commune, elle n'a pas été non plus reprise par les populations qui sont dès lors exposées à un risque permanent de réémergence d'épidémies liées à l'eau. La prise en charge des maladies (diarrhéiques, gastro-entérites et dermatose) liées à l'eau apparaît à plusieurs égards comme un véritable facteur d'appauvrissement continuel d'une population qui aspire au bien être. La crise de l'eau potable à Kribi a des effets psychologiques considérables (stress hydrique), qui compromettent la qualité de vie des citadins. Il s'agit d'un traumatisme causé par une grille d'aléas qui a pour support la crise de l'eau. Les multiples désagréments du réseau de distribution de l'eau de canalisation peuvent être évoqués à titre d'exemple. La faible production de la station de traitement de l'eau, l'inégale répartition spatiale des quantités disponibles, la forte fréquence des coupures de ravitaillement, les problèmes de pression, et surtout la hantise des matières en suspension dans l'eau, responsables de sa coloration brunâtre sont autant d'aléas de ce traumatisme. Ces matières en suspension sont des alliages de fer résultant de la corrosion des faces intérieures des tuyaux majoritairement en fer.

Les populations se livrent dès lors à des opérations de filtration peu recommandables. La fabrication des filtres artificiels à partir des bouteilles en plastique et du coton s'est vulgarisée, comme cela a été constaté à Douala (Meva'a Abomo, 2006-a). Cette pratique quotidienne ne saurait traduire avec exactitude l'ampleur du désarroi et du traumatisme causés par la crise de l'eau à Kribi. Surtout que les effets induits de cette pratique restent jusqu'ici méconnus.

En effet, ce coton généralement acheté dans la rue est de qualité douteuse. Le coton ne peut retenir que des particules physiques. Il ne dispose d'aucune propriété antiseptique lui permettant de neutraliser les microbes ou agents pathogènes. Au contraire, il présente un véritable danger pour cette eau déjà désinfectée depuis la station de traitement. Une fois imbibée d'eau et le seuil de dissolubilité franchi, le coton dissout libère des fibres qui retombent dans l'eau recueillie ou filtrée. Ces manipulations rendent cette eau plus dangereuse que celle recueillie directement au robinet. La hantise de l'émergence d'une épidémie liée à l'eau est donc permanente.

III- LES ANTAGONISMES ENTRE LES INSTANCES DE GESTION DE L'EAU

Comme le remarquent Regain et Auphan (1999), la complexité de la gestion de l'eau en milieu urbain est liée à la multitude de décideurs appartenant à des institutions différentes, souvent antagonistes qui interviennent dans ce secteur. Cette réalité se vérifie dans la ville de Kribi où un grand nombre de structures gouvernementales rivalisent avec tout un corpus d'institutions parapubliques comme la communauté urbaine, les communes d'arrondissement, la société de distribution de l'eau de canalisation… Autant d'instances de gestion de l'eau qui se traduisent par la multiplication de pôles de prise de décision pour cette ressource. Chaque instance développe des logiques managériales qui satisfont ses intérêts propres. L'antagonisme de certaines logiques managériales implique directement la dualité ou l'incompatibilité des différentes instances ou institutions concernées. La non harmonisation des modes de gestion de l'eau émerge donc dans ce contexte de divergence dominé par des décisions unilatérales faute d'une approche consensuelle et collégiale favorable à la construction d'une ville durable (Dubresson A et Jaglin S, (2002)).

En principe, les pouvoirs publics ont du mal à trouver une option managériale pertinente, qui concilie les intérêts des différents décideurs, puis de tous les acteurs urbains en fonction des usages et des usagers. En effet, toute décision relative à l'eau comporte plusieurs dimensions (environnementale, sociale, culturelle, politique, économique, militaire, sanitaire…) et relève de ce fait de la compétence de plusieurs départements ministériels. Par ailleurs, la participation populaire en matière de gestion de l'eau se voit ainsi atrophiée faute d'encadrement adéquat avec des objectifs précis, qui concilient les intérêts communs. L'un des effets induits de cette situation est l'antagonisme entre les logiques diffuses des décideurs, les pratiques des masses citadines.

Dans des situations de crise (inondation, pénurie prolongée de l'eau potable, poussée épidémiologique d'une maladie hydrique), la position d'un préfet ou d'un sous-préfet prime toujours sur les avis techniques, même celle de tous les autres services spécialisés voire des experts. Les démembrements locaux des ministères en charge de l'Eau et l'Energie, de la Santé publique, de l'Environnement, de l'Habitat, du Développement urbain, etc., interfèrent continuellement sur les questions de l'eau. Ne sachant exactement « qui fait quoi », cette interférence s'opère dans un contexte d'insuffisance du cadre juridique et réglementaire, puis de non clarification des attributions.

La société de distribution de l'eau de canalisation est loin d'être l'unique responsable de la crise de l'eau potable à Kribi. Les limites de ses capacités peuvent être comblées par des actions conjointes des pouvoirs publics, municipaux et de la population locale. Les enjeux antagonistes entre ces acteurs est la principale contrainte à l'émergence d'une stratégie consensuelle de la gestion de l'eau à Kribi. La crise de gouvernance de l'eau paralyse toute tentative de mobilisation communautaire qui pourrait favoriser la mise en place d'un système d'approvisionnement viable et parallèle au système de canalisation existant. Elle démotive toute intention d'intervention des organismes d'aide pouvant appuyer l'action communautaire. Elle complexifie l'établissement des responsabilités. Pourtant, une harmonisation et une meilleure coordination des modes de gestion de l'eau exerceraient une sorte de pression sur la société en charge de la distribution qui devra augmenter ses capacités de production.

Crise de l'eau et la crise de la sécurité alimentaire

La fonction nutritive de l'eau fait de cette ressource une véritable denrée alimentaire pour l'homme. Elle doit donc être sujette à un contrôle garantissant ces qualités nutritives et même thérapeutiques. L'ampleur des répercussions socio-sanitaires de la crise de l'eau potable à Kribi telle qu'analysée plus haut, met en évidence l'inefficacité ou l'inefficience du système de contrôle de qualité et de sécurité alimentaire dans la ville. La sécurité alimentaire est sous la responsabilité des collectivités territoriales décentralisées qui malheureusement ont un pouvoir décisionnel limité sur l'eau. Elles sont, de plus, confrontées à l'insuffisance de moyens nécessaires pour mener à bien cette mission. Il en résulte une crise caractérisée par le risque hydrique dans un contexte où les protagonistes de la gestion de cette denrée se rejettent mutuellement les responsabilités.

L'efficience du système alimentaire relative à l'eau potable est fonction de la politique et des objectifs de qualité préalablement définis. Elle dépend des capacités de contrôle, de suivi et d'évaluation qualité de l'eau de canalisation, des forages et des puits. Elle est aussi relative aux capacités de désinfection des puits de manière régulière, d'organisation et d'encouragement des initiatives communautaires en matière de distribution de l'eau. Elle rend compte de la possibilité d'établissement des responsabilités et de formulation des mesures répressives envers les contrevenants. Il est évident que tout ceci ne peut s'opérer que dans un contexte de gestion concertée. Car la question de la sécurité alimentaire relative à l'eau en milieu urbain nécessite une organisation spécifique et une démarche qualité qui concernent tous les acteurs urbains et toutes les instances de gestion.

Ceci dit, l'efficience du système alimentaire relative à l'eau n'est que l'aboutissement d'une prise de conscience et d'une mobilisation collectives. Le succès de la lutte contre l'épidémie de choléra de 2004 est un exemple pertinent qui illustre l'efficacité de l'action collective. Il est donc urgent d'expérimenter la démarche participative, consensuelle et collégiale dans la promotion de la sécurité alimentaire relative à l'eau, au sein d'une communauté fortement attachée aux valeurs et pratiques socioculturelles. En définitive, l'avènement d'une gestion concertée est un levier de la sécurité alimentaire relative à l'eau à Kribi.

La gouvernance de l'eau : une option à expérimenter

L'eau, en tant que bien collectif, se présente comme une ressource naturelle génératrice d'une matrice de rapports tant conviviaux que concurrentiels et conflictuels entre divers usages, puis entre différents usagers. Au lieu d'un arbitrage de ces rivalités et antagonismes, il est préférable de promouvoir des logiques d'intégration et de conciliation des intérêts liés à l'eau. La promotion de ces logiques est précédée par la hiérarchisation des institutions de gouvernance de l'eau par domaine de compétence et la hiérarchisation des échelles de prise de décision dans chaque domaine de compétence. Cette redistribution des rapports de pouvoirs, des relations sociales de pouvoirs et du souci de la satisfaction globale des intérêts écologiques, sociaux (individuels et collectifs), culturels, politiques et économiques, constitue l'essence même d'une approche de gouvernance urbaine concertée (Brot J. (2005), Patrick le Gales, (1995)), qui doit s'appliquer sur l'eau. Une approche qui promeut le développement des logiques d'appropriation du territoire urbain responsables et aptes à rendre des comptes en cas de besoin.

La gestion concertée de l'eau est l'ensemble des mécanismes et procédures visant la transformation consensuelle et contextuelle des fonctions d'utilité de l'eau en devises économique, sociale, politique, environnementale et culturelle. L'eau n'est donc plus une simple ressource naturelle, mais une devise plurielle à survaloriser de manière perpétuelle pour garantir une croissance incessante de sa rentabilité multidimensionnelle. Cette devise est un facteur de création de la valeur / richesse (sur le plan économique), de consolidation des valeurs (sur le plan ethnoculturel), d'amélioration du bien-être communautaire et de la qualité de vie (sur le plan social), de stabilité sociopolitique et d'équilibre environnemental. Cette perception exige une redéfinition des principes managériaux relatifs à la planification, aux stratégies, aux logiques de prise de décision, aux actions pratiques, au contrôle de gestion, etc., il s'agit d'une véritable gestion privilégiant les approches démocratique et décentralisée de management de l'eau à l'échelle du bassin versant.

La gestion concertée de l'eau à Kribi établit une coopération managériale entre l'institution en charge de la distribution de l'eau potable et les autres acteurs urbains. Elle ne se limite pas à la régulation du problème de l'eau potable qui n'est qu'un aspect des enjeux de la gestion urbaine. Elle concerne tous les aspects de la gestion des ressources en eau en milieu urbain. Cette forme de management tient compte des enjeux tant locaux que régionaux. Elle repose sur une approche participative. Elle apporte des réponses logiques et cohérentes aux problèmes de quantité, de qualité de l'eau et des écosystèmes aquatiques. Dans sa phase d'opérationnalisation, la gestion concertée de l'eau s'articule sur une double action théorique et pratique.

Sur le plan théorique, l'action s'articule sur la promotion d'une éthique de gouvernance en eau auprès de toutes les instances de gouvernance de l'eau et tout autre acteur urbain. Il s'agit de la transmission d'un ensemble de valeurs et de principes d'action qui s'imposent à la conscience de tout acteur urbain. L'accent est mis sur l'éducation communautaire garante de la transmission du savoir en termes de connaissances, du savoir-faire en termes d'aptitudes et du savoir être en termes d'attitudes managériales de l'eau. Il s'agit donc d'un processus de remodélisation des logiques et stratégies d'acteurs qui précède tout changement des pratiques humaines en rapport avec l'eau. La prise en compte des sensibilités socioculturelles et des ethnométhodes marquée par l'apologie de *la sacralité de l'eau* dans une ville où la civilisation autochtone est basée sur l'eau, se présente comme un indicateur de la pertinence de la géostratégie ainsi développée pour promouvoir une gestion concertée de l'eau à Kribi.

Sur le plan pratique, la gestion concertée de l'eau mène des actions concrètes en vue d'assurer l'approvisionnement des populations en eau potable, de lutter contre la gestion anarchique des ressources hydriques et des écosystèmes aquatiques à l'échelle du bassin versant. Elle propose des solutions opérationnelles et réalistes, qui s'inscrivent dans une perspective de développement durable mais, de manière spécifique aux réalités de chaque bassin versant conformément aux suggestions de Valiron F. (1990). Elle est donc un moyen de régulation efficace de la crise de l'eau potable et de plusieurs autres problèmes environnementaux et sociétaux liés à l'eau (catastrophe hydraulique (inondation), stress hydrique…). Cinq éléments clés définissent le cadre d'opérationnalisation de l'approche d'une gestion concertée de l'eau :

- la création d'une institution d'harmonisation et de conciliation des logiques divergentes ;

- la création des structures décentralisées de cette institution à l'échelle du bassin versant, puis du quartier ;

- l'élaboration d'un plan directeur d'une gestion concertée de l'eau de manière spécifique à chaque bassin versant

- l'élaboration d'un cadre juridico-réglementaire et des chartes d'une gestion concertée de l'eau spécifiant d'une part, les attributions, les obligations et les avantages de chaque acteur de l'eau dans le bassin versant et spécifiant, d'autre part les mécanismes incitatifs, les leviers coercitifs et les mesures de répression

- la mise en œuvre, le suivi, le contrôle et l'évaluation de l'exécution du plan directeur.

Les structures décentralisées des bassins versants et des quartiers doivent mettre en place des mécanismes de communication, de dialogue et d'information des populations. En définitive, la gouvernance de l'eau est un instrument de conscientisation et de convergence des acteurs de l'eau dans une dynamique de concertation et de consensus entre le politique, le scientifique et le citadin.

CONCLUSION

Les multiples projets de développement économique dont la ville de Kribi fait l'objet en font un impressionnant pôle d'attraction à l'échelle nationale et sous-régionale. Malheureusement, le bien-être et la qualité de vie sont soumis à l'épreuve de certains phénomènes sociaux à l'exemple de la crise de l'eau potable, malgré l'abondance des ressources en eau dans la localité. Ce contraste est le fondement de la présente recherche qui s'est articulée sur le problème de la gouvernance urbaine des ressources en eau. L'hypothèse de départ stipulait que la crise de l'eau potable et ses répercussions socio-sanitaires dans l'espace d'étude sont des réponses à une logique de gestion non concertée des ressources en eau. L'objectif de recherche était de réaliser une analyse spatiale de la crise de l'eau potable proprement dite, suivie d'un diagnostic et d'une analyse des schèmes structuraux de la gouvernance urbaine des ressources en eau.

Au terme de l'étude, il ressort que la ville est sujette à une impressionnante insuffisance de l'eau à usage ménager responsable d'une économie de l'eau. Le réseau d'approvisionnement se caractérise par une insuffisance quantitative et qualitative en eau potable avec une kyrielle de désagréments et de disparités de ravitaillement. L'inégale distribution spatiale des quantités disponibles et le phénomène de revente informelle sont d'autres éléments caractéristiques de la crise de l'eau potable. Un recours aux puits, aux forages et même aux cours d'eau est observé comme alternative par la majeure partie de la population kribienne. L'eau des puits s'est d'ailleurs révélée être la plus utilisée dans la ville. La qualité douteuse de ces eaux explique la prééminence du risque hydrique dans la ville. La crise de l'eau potable est également un impressionnant facteur d'insécurité alimentaire et de précarité sanitaire. Par ailleurs, la gouvernance de l'eau est caractérisée par une multitude d'instances de gestion et de prise de décision. Rivalité, antagonisme, empilement de pôles décisionnels, rapport de pouvoir, conflit d'intérêts... sont autant d'éléments caractéristiques de cette gouvernance de l'eau dans un contexte d'insuffisance des dispositions juridiques et réglementaires en matière de gestion de l'eau.

Au total, la crise de l'eau potable s'est révélée comme étant une réponse à une crise de gouvernance des ressources en eau. L'hypothèse de départ a ainsi été vérifiée et l'objectif de recherche a été atteint malgré quelques insuffisances méthodologiques qui ont altéré la précision de l'étude. Les dimensions sociologiques, anthropologiques, psychologiques, médicales, politiques, économiques, nécessaires et utiles dans l'analyse pluridisciplinaire d'une thématique aussi transversale que *eau, santé et gouvernance urbaine* n'ont pas suffisamment été explorées. Les analyses physico-chimique et bactériologique des échantillons d'eau auraient apporté davantage de précisions sur les enjeux qualitatifs de la crise de l'eau potable et les répercussions sanitaires et la sécurité alimentaire.

BIBLIOGRAPHIE

BROT J. (2005), « Les voies du développement durable : quelle gouvernance pour quelle Urbanisation », Les cahiers de Préludes n° 7 pp 5-12.

BUCREP (2010), 3ème RGPH, Rapport de présentation des résultats définitifs du 3ème recensement général de la population du Cameroun de 2005, Yaoundé, volume 2, 67p.

Coulon A, (1987), L'Ethnométhodologie, Paris, PUF, 127p.

Djilo C. (2007), « Cartographie sanitaire de la ville de Kribi : application au paludisme », Mémoire de Maîtrise de géographie, université de Douala, 121p.

Dubresson A, Jaglin S, (2002), « La gouvernance urbaine en Afrique subsaharienne. Pour une géographie de la régulation » in Regards sur l'Afrique, coll. Historiens et Géographes, n° 379, UDI, CNFG, IRD. pp.26-29.

Kuété M. (2000), Les aspects physiques de l'environnement d'une bordure de socle tropical au fond du Golfe de Guinée, Yaoundé, PUY, 210p.

Le Breton D. (1995), La Sociologie du risque, Paris, PUF, Collection Que sais-je n°3016, pp. 18-33.

MEVA'A ABOMO D (2006), « Etude géographique du paludisme dans l'interface Environnement et Santé à Kribi », Mémoire de DEA de géographie, université de Douala (Cameroun), 183 p.

MEVA'A ABOMO D. (2006-a), De l'abondance des ressources en eau à la rareté de l'eau potable, un indicateur pertinent de la crise managériale des villes littorales du Sud : l'exemple de Douala au Cameroun, communication présentée à la 7ème Conférence internationale sur : « Gestion démocratique des biens collectifs / Ville Management », CIDEGEF, A.U.F., C.U.D., Université de Douala, 22-24 novembre 2006 à Douala.

MINISTERE DE L'URBANISME ET DE L'HABITAT (MINUH), (1998), Schéma directeur de développement local de la ville de Kribi, rapport justificatif, INGECOPROMEX, 123p.

Regain R., Auphan E., (1999), L'eau et ville, comité des travaux historiques et scientifiques, Armand Colin, 272 p.

PATRICK LE GALES (1995), « Du gouvernement des villes à la gouvernance urbaine », Revue Française des sciences politiques n°1, pp. 13-18.

SALEM G, FOURNET F., (2001), Santé et urbanisation en Afrique, 6ème congrès international francophone de médecine tropicale, Conférence introductive générale, Dakar, pp.2-3.

VALIRON F. (1990), Gestion des eaux : principes - moyens - structures, Paris, Presse de l'école nationale des ponts et chaussées, Cahier technique, 350 p.

Chapitre 5

APPROPRIATION DES PARCELLES AGRICOLES ET CONFLITS SUR LES FRANGES PERIURBAINES (CAMEROUN)

Joséphine LEMOUOGUE

INTRODUCTION

Les espaces à la périphérie des villes subissent une forte influence urbaine. Leur statut est incertain et instable puisqu'il emprunte simultanément au rural et à l'urbain et se précise progressivement avec la domination de la ville sur la campagne. Cette urbanisation se fait très souvent par l'immixtion des citadins avant même que les pouvoirs publics y envisagent un quelconque aménagement. Cette immixtion se traduit d'abord par la mise en valeur agricole des parcelles, et ensuite par la construction des logements. Malgré les efforts consentis par les autochtones du périurbain pour freiner l'urbanisation, le processus s'accélère au fil des ans. Cette contribution analyse les rapports entre citadins et ruraux qui exploitent ou cohabitent dans l'espace périurbain de Dschang ; une ville universitaire dans le département de la Menoua ; région de l'Ouest du Cameroun. Elle s'inscrit dans la problématique déjà ancienne des relations ville/campagnes et plus spécifiquement de la gestion des espaces de l'« entre-deux », à partir de l'observation sur les photographies aériennes, de la dynamique spatiale de la ville sur le périurbain. Les idées forces qui structurent cet article sont les suivantes :

- la dynamique des espaces urbains et périurbains suite à l'immixtion des « citadins-agriculteurs » ;
- l'accès des citadins aux parcelles cultivables périurbaines ;
- les conflits urbains et ruraux dans l'espace périurbain.

I- DYNAMIQUE DES ESPACES URBAIN ET PERIURBAIN DE DSCHANG

La ville de Dschang, est située dans la province de l'Ouest du Cameroun, dans le département de la Menoua, entre 5°25' et 5°30' de latitude Nord, et entre 10° et 10°5' de longitude Est. Cet espace est situé sur le versant sud-ouest des monts Bamboutos et dominé par des bas plateaux fortement disséqués par de petites vallées parfois marécageuses. La périphérie de Dschang, circonscrite dans le cadre de cette étude, couvre les groupements Foto, Foreké-Dschang, Fotetsa qui subissent l'influence des « citadins-agriculteurs » et par conséquent de la croissance de la ville. La figure n°1 présente avec plus de détail cette zone d'étude.

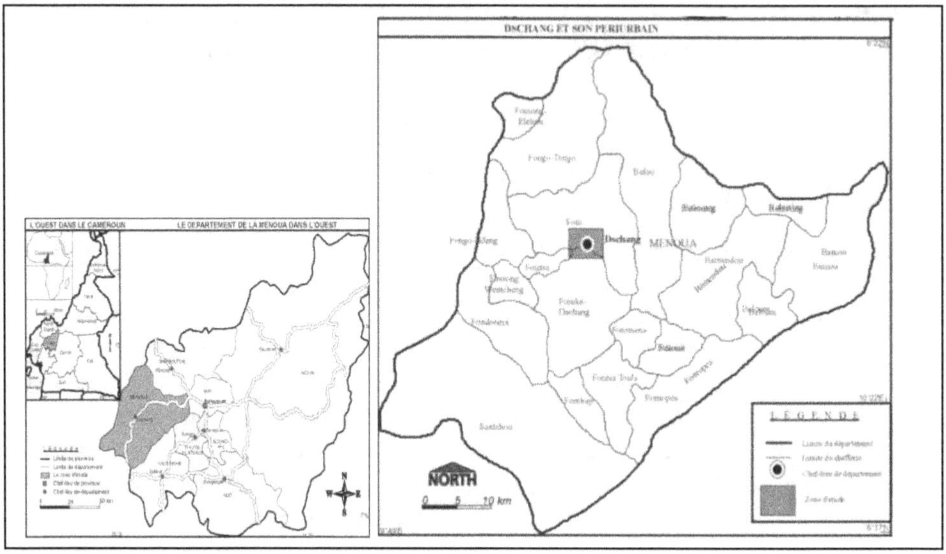

Source : Carte administrative du Cameroun, INC, 1996 ; les chefferies bamiléké, 1997. Réalisée par Lemouogué J., 2007.

Créée en 1903, Dschang n'était qu'un petit bourg rural à fonction de marché et de poste administratif. Ensuite, elle est passée du statut de petit bourg rural à celui de ville et enfin de centre urbain important. Cette ville avait moins de 5 ha de superficie à sa création. Progressivement, et du fait de la fonction administrative qu'elle remplissait dans toute la région bamiléké, Dschang a grandi rapidement sur les plans spatial et démographique. Les tableaux n°1 et n°2 montrent respectivement cette évolution.

Tableau 1 : Evolution du périmètre urbain de Dschang entre 1903 et 2006.

Années	**1903**	**1960**	**1963**	**1976**	**1980**	**1984**	**2006**
Superficie en ha	**moins de 5**	**89**	**214**	**471**	**520**	**537**	**1300**

Source : NGWEPE, p. 147, PUD de Dschang 1984 et les estimations de la délégation départementale de l'environnement et du développement urbain.

Tableau 2 : Evolution de la population de la ville de Dschang de 1952 à 2006

Années	1952	1958	1963	1967	1976	1987	1992	1997	2002	2004	2006
Population	3000	6000	12073	11212	16630	35717	49147	67132	87580	93095	109576
Accroissement (%)	16,6	18,1	15	4,8	8,3	4,6	1,5	89,8	91,1	3,1	2,9

Source : PUD (1952-1967) ; Données RGPH 1976 et 1987 ; J. L. Dongmo, 1981, *Le dynamisme Bamiléké, (Cameroun) Vol II, La maîtrise de l'espace urbain,* Estimations à partir du taux d'accroissement de 5,9% (entre 1976 et 1987).

C'est le transfert de la capitale de la région bamiléké à Bafoussam en 1963 qui va freiner la croissance de Dschang qui retrouve son rayonnement et son dynamisme avec la création en 1993 de l'université. Aujourd'hui, la superficie urbanisée est estimée à environ 1300 ha. Cette estimation se vérifie dans la mesure où en une dizaine d'années, plusieurs mini-cités et structures d'habitation ont été construites sur les espaces qui, avant la création de l'université, étaient purement ruraux et très éloignés de l'espace urbanisé. Il s'agit par exemple de Késeng, Tsinbing, d'une partie des quartiers Ngui, Tchouale, etc. (Hatcheu, 2010)

La croissance de la population de la ville de Dschang n'ayant pas été suivie de la mise à disposition de nouveaux lotissements[26], la ville empiète progressivement sur les terres des chefferies voisines. La figure n°2 illustre l'évolution spatiale de la ville de Dschang et par conséquent la dynamique de l'espace périurbain.

[26] Il faut noter que le plus récent Plan d'urbanisme directeur (PUD) de la ville de Dschang date de 1984

Carte 2 : Évolution du périmètre urbain de Dschang de 1960 à 2007.

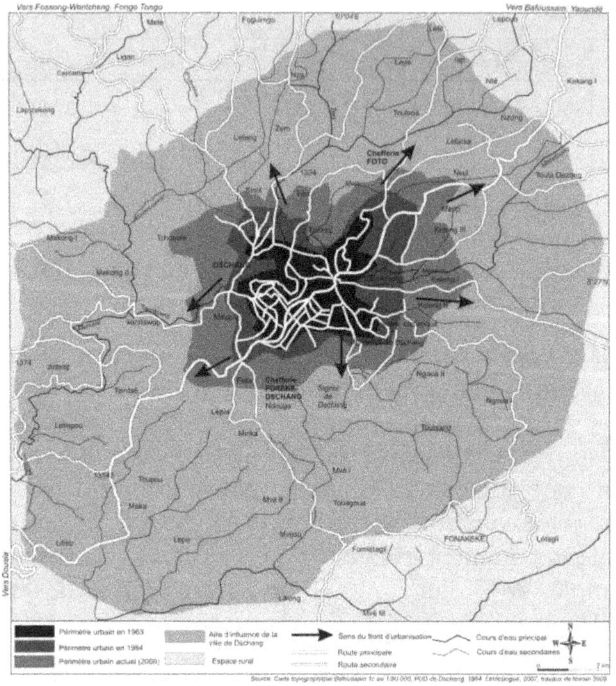

Source : Carte topographique Bafoussam 3a, PUD de Dschang 1984, les estimations de la délégation départementale de l'environnement et du développement urbain et les observations de terrain, 2007.

Réalisation : LEMOUOGUE J., CEREHT.

Cette figure montre les différentes étapes de la croissance du périmètre urbain de Dschang de 1960 à 2007. Les excroissances de la ville du côté de Tchouale, Fiala, Kéleng, le lotissement de Vanlieu (quartier Zemla) sont des nouveaux pôles d'urbanisation. Ces nouveaux quartiers en cours d'urbanisation ont actuellement un paysage rural en transition, où on observe de nouvelles constructions urbaines et une prédominance des parcelles agricoles exploitées en majorité par les citadins (témoin que les lots sont en attente de construction).

Le relief de la ville ne prête pas à la croissance concentrique autour du noyau urbain. C'est pour cette raison que les principaux sens d'extension de la ville sont : nord-ouest correspondant à l'axe routier Dschang-Bafoussam et sud-est. L'espace urbanisé est suivi d'un espace périurbain non concentrique qui est progressivement déplacé et substitué par le phénomène urbain. Cet espace périurbain est en contact direct avec la ville et, de ce fait, subit constamment les influences de cette dernière.

II- DES « CITADINS-AGRICULTEURS » AUX STATUTS DIVERSIFIES

Les « citadins-agriculteurs » sont des personnes de catégories socioprofessionnelles et d'origines diverses.

Les caractéristiques socio- démographiques et économiques des « citadins-agriculteurs » sont des indicateurs qui permettent de mieux appréhender les motivations.

De manière générale, Les « citadins-agriculteurs » qui exercent sur les zones périurbaines de Dschang sont essentiellement des femmes appartenant à toutes les classes d'âge. Les plus représentatifs étant les acteurs dont les âges varient entre 30 ans et 54 ans, correspondant à une proportion de 81,52 % de l'échantillon (Lemougoué, 2007). Elles sont pour la plupart mariées, et ont de ce fait de lourdes responsabilités familiales avec des ménages dont la taille moyenne est de 6 bouches à nourrir.

Cette forte proportion de femmes s'explique par le fait que l'urbanisation n'a pas conduit à l'abandon définitif de l'activité agricole, perpétuée en particulier par les femmes surtout en période de crise où il faut arrondir les fins du mois de leurs ménages.

Par ailleurs, l'agriculture périurbaine est pratiquée par tous les ménages, anciens ou nouveaux de la ville de Dschang, mais beaucoup plus ceux qui ont passé environ 20 ans dans la ville. Cet intervalle de temps correspond bien à la période des manifestations optimales de la crise économique amorcée au début des années 80, dont les conséquences continuent à sévir dans les sociétés aussi bien rurales qu'urbaines. Comme dans d'autres villes africaines, Lomé au Togo (Schilter, 1991), Ibadan au Nigeria (Kimtomo et al,1987), l'agriculture urbaine a pris de l'ampleur à Dschang à la fin des années 80. Cette période correspond à celle de la revalorisation de la pratique agricole périurbaine dans la ville de Dschang suite au non-paiement des salaires dans la fonction pendant trois mois. Dans les structures para étatiques comme l'ex-centre universitaire de Dschang qui gérait la plus importante masse salariale dans la ville, les agents sont restés sans salaire. La pratique agricole, comme les autres activités informelles, s'est alors imposée comme moyen de subsistance.

De plus, la croissance de la population de la ville entraîne l'augmentation des besoins alimentaires, ce qui explique l'intensification de la pratique de l'activité agricole. De plus, la dévaluation du franc CFA qui a accompagné la baisse des salaires a exposé les populations à la malnutrition suite aux difficultés d'approvisionnement en denrées alimentaires des populations urbaines. Les raisons les plus avancées sont : le manque ou l'instabilité de l'emploi en ville et le chômage urbain permanent ou temporaire qui s'ensuivent, constituent la motivation principale de la pratique agricole en milieu urbain, surtout au moment où on constate la difficulté du secteur moderne à offrir de l'emploi à tous ceux qui en demandent, et la dépréciation des pouvoirs d'achat.

Modes et stratégies d'accès à la parcelle dans la zone périurbaine de Dschang

L'origine du citadin est un facteur primordial dans la détermination du mode d'accès aux parcelles dans la zone périurbaine. Les « citadins-agriculteurs » à Dschang sont d'origines diverses, même si la grande majorité (94,61 %) vient de l'ouest bamiléké et principalement du département de la Menoua (dont 54,61%). On note aussi que parmi ces ressortissants du département de la Menoua, la majorité, soit 40,76 %, appartient aux groupements Foto et Foréké-Dschang sur lesquels est bâti l'espace périurbain circonscrit dans le cadre de cette étude. Cette proximité des villages d'origine par rapport à la ville de résidence offre des facilités d'accès aux parcelles aux citadins natifs de ces villages, contrairement aux citadins « étrangers »[27] qui sont considérés comme les principaux facteurs de l'avancée de la ville sur l'espace rural. Plus la région d'origine du citadin est éloignée, moins il a la chance d'acquérir une parcelle ; car « on ne peut pas faire confiance aux étrangers ». La langue parlée pendant la négociation pour la cession temporaire (location) ou définitive (achat) d'une parcelle importe donc beaucoup. Lorsque les deux parties utilisent la langue locale à savoir le « yemba », les chances d'un dénouement heureux sont plus élevées. Par contre, quand l'acquéreur s'exprime uniquement en français ou en anglais, il est considéré comme un « étranger » et lui donner une parcelle serait ouvrir les portes du groupement à l'avancée de la ville.

III- ACCES AUX PARCELLES PERIURBAINES, CONFLITS FONCIERS ET LITIGES TERRITORIAUX ENTRE L'URBAIN ET LE RURAL

L'acquisition d'une parcelle dans l'espace périurbain suit des procédures variables d'un « citadin-agriculteur » à un autre. Elle se fait grâce aux « réseaux de parrainages » qui s'entendent comme une chaîne de solidarité, d'échange ou d'aide qui s'opère entre citadins et citadins d'une part, ou entre citadins et ruraux d'autre part, et qui permet aux citadins d'accéder aux parcelles. La cohabitation des citadins et des ruraux dans le périurbain est souvent à l'origine des plusieurs types de conflits ou de litiges. Les liens peuvent être familiaux, amicaux ou clientélistes.

Le réseau familial concerne les citadins qui ont des relations directes avec les autochtones de la périphérie de la ville. Il s'agit ici des citadins originaires

[27] Terme qui désigne les citadins originaires des départements autres que celui de la Menoua, département dans lequel est située la zone d'étude.

des chefferies sur lesquelles est circonscrit l'espace périurbain. Le citadin entretient un lien familial avec un ou plusieurs autochtones, ce lien lui permet d'accéder directement aux parcelles en tant que fils, frère, sœur, belle-sœur, beau-frère, petit-fils, neveu,... du propriétaire terrien (J. Lemouogué, *op cit.*). Ce type de relation entre citadins et ruraux justifie les modes d'accès à la terre comme l' » emprunt », le « don », et l'« héritage ». Il met en exergue une étroite relation entre le « citadin-agriculteur » et la terre qu'il exploite.

Il peut arriver que les citadins originaires des chefferies environnantes conduisent leurs amis, collègues, voisins chez les propriétaires coutumiers. Il s'agit ici de véritables réseaux de solidarité.

Le réseau clientéliste est celui qui met en action les citadins chargés d'informer les propriétaires terriens disposés à céder ses parcelles par la vente ou le bail. Les circuits d'information vont des propriétaires terriens aux demandeurs en recourant aux informateurs qui jouent le rôle d'intermédiaires entre les demandeurs et les propriétaires terriens, et qui ont été chargés de chercher les clients.

De façon générale, on distingue cinq modes d'accès à la propriété des terres cultivables dans les zones périphériques de la ville de Dschang : l'emprunt, l'héritage, le don, la location et l'achat.

Le tableau n°3 récapitule ces modes d'accès aux parcelles en montrant les effectifs acquis via chaque mode d'accès et son pourcentage dans l'ensemble.

Tableau 3 : Modes d'acquisition des parcelles périurbaines par les citadins.

Mode d'acquisition des parcelles	Nombre	Pourcentage (%)
Emprunt	**59**	**22,86**
Location	**71**	**27,51**
Achat	**60**	**23,25**
Héritage	**19**	**7,36**
Don	**10**	**3,87**
Non déterminés	**41**	**15,89**
Total	**258**	**100**

Source : Lemougoué, 2007.

Des 23,25% des parcelles acquises par le biais de l'achat, une très faible proportion appartient aux zones litigieuses parce qu'il y a des lois locales qui interdisent la vente des terres aux « étrangers » ; ce qui justifie cette faible proportion des terres qui ne sont d'ailleurs vendues qu'aux natifs.

L'emprunt est le mode qui a permis d'accéder à 59 parcelles (soit 22,86 %) sur un total de 258 parcelles recensées. Ce pourcentage non négligeable témoigne de la solidarité qui existe entre les propriétaires fonciers et les citadins en quête de parcelles cultivables. Le prêt des parcelles est dans la plupart des cas l'aboutissement des transactions diverses entre agents de l'Etat, autres citadins et ruraux en reconnaissance d'un bienfait. Par exemple, quand un citadin rend un service (établissement d'un titre foncier, facilitation d'accès aux soins médicaux, aide à l'obtention d'un branchement électrique, etc.) à un villageois, ce dernier peut, en récompense, lui prêter une parcelle cultivable. Aussi, les liens matrimoniaux entre une famille urbaine et une autre rurale prédisposent la famille urbaine à accéder facilement aux parcelles. Les dettes contractées et non remboursées, l'escroquerie sous toutes ses formes, obligent aussi souvent certains ruraux à céder une portion de terrain par bail ou cession définitive pour compensation.

Par contre, l'héritage et le don concernent généralement les citadins qui ont pour villages d'origine les groupements situés sur l'espace périurbain hérités de leurs parents. Il en ainsi pour 19 parcelles acquises par 7,36% des exploitants. Cette faible proportion renseigne sur la valeur marchande de la terre dans l'espace périurbain de Dschang. On ne lègue ou donne la terre qu'à une personne très proche et même rattachée au donateur par un lien de parenté ou de fraternité.

Les parcelles exploitées par les citadins-agriculteurs sont disséminées dans plusieurs quartiers proches ou éloignés de la ville ; les dimensions, les densités d'exploitations et le nombre de « citadins-agriculteurs par parcelle » sont fonction du mode d'acquisition, ou proportionnels aux besoins des acquéreurs et aux investissements mis à contribution par ces derniers pour les acquérir, leurs tailles plus ou moins réduites : 42,24 % ont moins de 1000 m^2 de superficie. Au regard du nombre de parcelles recensées et de notre échantillon, à défaut d'agrandir les parcelles en superficie, de nombreux exploitants agricoles des zones périphériques multiplient des acquisitions dispersées plus ou moins éloignées les unes des autres.

L'ambition d'augmenter la taille des parcelles exploitées ou d'en multiplier le nombre dans l'espace périurbain anime plus d'un « citadin-agriculteur ». En effet, 103 enquêtés (79,23 %) ont l'intention d'augmenter le nombre de leurs parcelles. 46,92 %, c'est-à-dire 61 enquêtés, comptent les augmenter pour accroître la production pour la consommation familiale mais davantage pour la vente. Certains fonctionnaires entendent augmenter aussi leurs parcelles pour s'en occuper après la retraite.

La croissance démographique accentue cette dynamique agricole et c'est pour cette raison que 81 enquêtés, soit 62,30 %, déplorent l'influence négative de la croissance de la ville sur les parcelles périurbaines. Cette influence se lit dans les fortes demandes des urbains en parcelles périurbaines qui amènent les propriétaires terriens à monter les enchères pour ce qui concerne leur location et leur vente. On assiste aussi à la rareté de ces parcelles qui doivent être partagées entre citadins et autochtones de l'espace périurbain d'où des formes de conflits divers.

L'intrusion des citadins - allogènes dans l'espace périurbain se solde souvent par des formes d'escroquerie qui aboutissent aux conflits de sources et de natures variées. Ces litiges sont liés, soit au statut foncier, soit à la gestion de l'eau. Certains citadins sont victimes du non-respect de la durée du contrat de bail. La figure n°2 présente les différentes sources de conflits entre citadins et ruraux dans l'espace périurbain.

Figure 3 : Sources de conflits entre « citadins-agriculteurs » et ruraux sur une parcelle périurbaine.

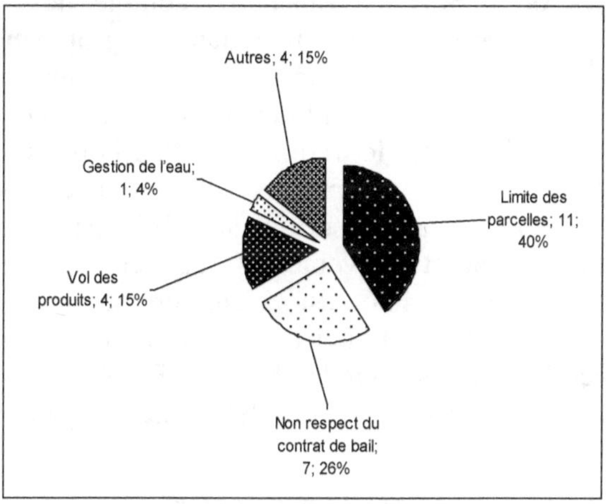

Source : Enquêtes Lemougoué, 2007.

Pour les parcelles qui ont fait l'objet de la vente, les conflits naissent généralement des contestations des limites ou de la durée de bail par des voisins, les familles des vendeurs ou les propriétaires vendeurs, etc. Certains propriétaires terriens vendent les mêmes parcelles à plusieurs acheteurs d'origines différentes et pendant les procès, ils méconnaissent les acheteurs allogènes.

Les parcelles louées font souvent l'objet de litiges entre les différentes parties pour deux raisons : falsification du contrat de bail pour allonger la durée d'exploitation de la terre ou modification de la nature de l'acte de vente. Les parties peuvent également, en cas d'absence du contrat d'exploitation. Il s'agit de ceux qui exploitent des parcelles acquises par le biais de la location et qui se plaignent de la reprise subite de la parcelle avant la fin du contrat, ou de la cession de la même parcelle à un autre locataire quand la durée du contrat est très longue.

- Des litiges territoriaux Caractérisés entre la ville et les campagnes environnantes

Outre les conflits interpersonnels dans l'espace périurbain, on observe aussi une sorte de résistance des ruraux vis-à-vis de l'invasion des « citadins-agriculteurs » qui aboutit très souvent à la phagocytose du milieu rural par la ville et accentue de ce fait l'imprécision des limites entre la ville et la campagne telle que perçue par I. DUVERNOY et S. BACCONNIER (2005). Face à l'influence des « citadins-agriculteurs » et de la croissance urbaine sur leurs terres, les autochtones développent des stratégies pour limiter le flux urbain sur le périurbain. Pour freiner le front d'urbanisation à la périphérie de la ville de Dschang, les autochtones de certains espaces interdisent les ventes des terres aux allogènes. Ces derniers sont considérés comme des « stimulants » de l'urbanisation. Cette pratique est courante dans le groupement Foto et plus précisément dans les villages Fiala-foto et Toutsang. Plusieurs autres raisons expliquent cette interdiction de la vente des terres aux allogènes. A Fiala-foto, l'enjeu est de préserver la chefferie traditionnelle de la poussée de la ville déjà très proche. Le chef et surtout les notables veillent sur cet espace afin qu'une parcelle ne soit cédée aux citadins surtout allogènes par le biais de la vente. Toute parcelle qui fait l'objet de vente est récupérée par les notables et le propriétaire vendeur est exproprié ou est sévèrement puni conformément à la loi coutumière. Il s'agit en réalité d' éviter que la chefferie ne se retrouve absorbée par la ville comme c'est le cas pour la chefferie Foréké-Dschang au sud de la ville, ou la chefferie Baleng déjà complètement engloutie par la ville de Bafoussam.

Quant au village Toutsang, ses habitants reconnaissent avoir perdu au moins la moitié de leurs territoires à cause de la présence ou de la proximité des infrastructures urbaines comme les services administratifs, le lycée bilingue, l'hôpital de district et une grande partie du campus de l'université de Dschang. Il en a résulté la réduction drastique des terres agricoles pour les populations locales. On comprend ainsi la hantise des populations des zones périurbaines exposées à l'engloutissement de la ville. Mais, malgré les garde-fous utilisés par ces ruraux, la prédation de cet espace par la ville reste évidente, la croissance des villes au Cameroun étant régie par les lois sur le lotissement urbain qui s'appliquent sur des espaces ruraux situés à proximité des villes concernées, et ce sans aucune restriction. Le périurbain est d'ailleurs régi par la législation urbaine. Ainsi, tout espace rapproché de la ville, tombe sous son contrôle et perd ainsi son autonomie et son identité.

L'activité agricole est par essence une activité rurale. Elle est la principale source de revenu des ruraux. De ce fait, l'occupation des terres périurbaines par les citadins pour la production agricole à but commercial, est un danger pour la population rurale dans la mesure où elle constitue une usurpation de leur source de revenu. La population urbaine qui constitue le principal marché de consommation des produits des ruraux est désormais contournée par les « citadins-agriculteurs » qui vont à la recherche de nouveaux marchés plus lointains et plus rémunérateurs parce que les principaux consommateurs locaux qui sont les citadins de Dschang, deviennent aussi des producteurs, donc des concurrents. A terme, ce phénomène peut conduire à la perte de l'activité par des ruraux, activité sur laquelle repose leur survie. D'où la recherche par ces ruraux de nouvelles sources de revenus. Ce qui peut aboutir à la réorientation des activités rurales en cas de l'impossibilité de trouver d'autres marchés de consommation. Dans un type de cercle vicieux, la réorientation vers des activités non agricoles pour diversifier les sources de revenu.

CONCLUSION

Ce texte qui traite des conflits territoriaux sur un espace en perpétuelle urbanisation, alors que ses habitants croient développer des méthodes pour freiner cette dynamique, apporte une vision nouvelle sur les relations villes/campagnes orientées vers les acteurs de l'aménagement du « tiers espace[28] » et démontre leur influence sur le processus d'urbanisation. En effet, la demande en parcelles cultivables a augmenté au fil des ans en fonction de la croissance démographique et des difficultés économiques. Celles-ci entraînent l'occupation des terres périurbaines dont l'une des conséquences immédiates est la croissance du tissu urbain sur l'espace rural. Pourtant, la forte demande en parcelles cultivables par les citadins et la pression démographique rurale conduisaient déjà à la rareté des terres dans les campagnes au début des années 80 (J. L. Dongmo, 1981). La forte pression foncière accélère une diminution de la surface agricole et du nombre d'exploitations par agriculteur. L'accès aux parcelles périurbaines par les citadins rend les relations ville/campagne plus dynamiques en même temps qu'il accentue le flou de la frontière entre l'urbain et le rural (J.L. Chaleard, 1998). Il s'agit de la cohabitation des populations et des activités appartenant à la fois à la ville et à la campagne. Cette immixtion laisse transparaître le problème d'identité territoriale et de l'espace périurbain. Le besoin d'exploiter les parcelles périurbaines devient de plus en plus accru chez les citadins alors que leur cohabitation avec les autochtones génère des conflits divers. Tantôt c'est la contestation de l'acte de vente, tantôt c'est celle

[28] Expression utilisée par Debarbieux B. 2005 pour désigner les espaces périurbains.

des limites des parcelles vendues. Pour limiter ces problèmes des limites des parcelles, plusieurs citadins prennent la résolution de borner leurs lopins de terre achetés.

RÉFÉRENCES BIBLIOGRAPHIQUES

BRUNO (J.), 2005 : « Les constructions sociales des catégories spatiales », in *Rural-urbain : nouveaux liens, nouvelles frontières. Espace et Territoire*, Presses Universitaires de Rennes (PUR), pp. 489-492.

CHALEARD (J. L), 1998 : « Croissance urbaine et production vivrière », in *Afrique contemporaine*, 184p.

DEBARBIEUX B.2005 : « Obsolescence ou actualité des objets géographiques modernes ? A propos de la ville, de la campagne, du périurbain et de quelques autres objets conventionnels in *Rural-urbain : nouveaux liens, nouvelles frontières. Espace et Territoire,* pp.33-43.

DOMINIQUE (R.), 2005 : « Urbain-rural : nouveaux regards, nouvelles tensions », in *Rural-urbain : nouveaux liens, nouvelles frontières. Espace et Territoire* », Presses Universitaires de Rennes (PUR), pp. 55-56.

DONGMO (J. L), 1981 : *Le dynamisme Bamiléké, maîtrise de l'espace urbain*, Editions CEPER, Yaoundé, 293p.

DUVERNOY (I) et BACCONNIER (S), 2005 : « Les espaces périurbains : des espaces frontières entre villes et campagnes ? » in *Rural-urbain : nouveaux liens, nouvelles frontières. Espace et Territoire*, Presses Universitaires de Rennes (PUR), pp. 203-212.

HATCHEU Emil Tchawé 2010 : ''Entre l'Université et la ville, l'exigence de partenariat au-delà de la juxtaposition : Les enjeux et les défis au Cameroun'', communication présenté au Colloque ville et université au service du développement Durable de Lausanne, Suisse, 20-22 octobre.

Le. Roy (E) et al, 1996 : *La sécurisation foncière en Afrique, pour une gestion viable des ressources renouvelables*, Paris, Karthala, 388p.

LEMOUOGUE (J.), 2007 : « Citadins-agriculteurs et mutation des relations ville/campagne dans le périurbain d'une ville moyenne : cas de la ville de Dschang (Ouest-Cameroun) »,Thèse de Master, université de Dschang, 157p.

MOUOFO (F.), 2002 : « Litiges territoriaux intercommunaux à Bafoussam : historique, situation actuelle et problèmes de gestion de l'espace urbain », Mémoire de Maîtrise, université » de Dschang, 101p.

SCHILTER (Ch.), 1991 : *L'agriculture urbaine à Lomé*, Paris, Karthala, 334p.

VENNETIER (P), (sous la direction), 1993 : Villes africaines : Activités et structures, Espaces tropicaux, n°10 Talence CEGET-CNRS, Bordeaux, 222p

Chapitre 6

TRANSPORT URBAIN ET AMENAGEMENT DU TERRITOIRE

Pierre Samuel NEMB

Introduction

La ville est aujourd'hui, le cadre de vie de la plus grande partie de l'humanité. Avant d'être la manifestation d'un souci pour la nature, c'est dans la perspective des humains que se pose la question environnementale en ville. Les inconvénients de la vie en ville pour les humains sont plus facilement ressentis que les avantages pour l'écosystème de la concentration géographique des populations. La pollution de l'air ambiant, la congestion routière, l'entassement des populations, la production des ordures, etc., comptent parmi les problèmes environnementaux les plus importants en ville.

L'étalement des zones urbaines nécessite un accroissement de l'utilisation des véhicules et des engins à deux roues et partant de l'approvisionnement en énergie et inévitablement du développement d'infrastructures, principalement de transport. Ces évolutions sont préjudiciables à l'environnement urbain. Dès lors, la question est de savoir comment concilier les avantages socio-économiques attendus de l'évolution des transports urbains et la destruction de l'environnement urbain.

Pour tenter de remédier à cette préoccupation, nous examinerons dans une première section la problématique du transport urbain avant de voir à la deuxième section comment atténuer les effets néfastes du transport urbain sur l'environnement.

I- PROBLEMATIQUE DU TRANSPORT URBAIN

La multiplicité et la variété des activités qu'exercent les citadins en milieu urbain leur imposent de se déplacer pour avoir recours au service ou pour transporter des marchandises ou des objets.

Pendant longtemps, le citadin n'a disposé, à cette fin, que de la marche à pied. Au fil des temps, d'autres modes de transport urbain sont apparus, d'autres sont encore en gestation.

En un peu plus d'un siècle, le progrès technique a doté le citadin moderne d'une gamme très large de modes de transport qui sont de plus en plus rapides, confortables, puissante entraînant la modification profonde de son habitat comme de son mode de vie. Toutes ces modifications sur les conditions de vie des populations exigent la mise sur pied d'un **transport durable, c'est-à-dire**

un transport qui tienne compte du développement en réduisant la pauvreté et en tenant compte des préoccupations environnementales. En d'autres termes, un transport durable est celui qui ne met pas en danger la santé publique et les écosystèmes et qui respecte les besoins de mobilité tout en étant compatible avec :

- une utilisation des ressources renouvelables à un taux de prélèvement inférieur à un taux de régénération ;

- une utilisation des ressources non renouvelables à un taux inférieur à la mise au point des ressources renouvelables de remplacement ;

Le transport en ville soulève un certain nombre de problèmes parmi lesquels :

- le problème des réseaux ;
- le problème de la congestion routière ;
- le problème de pollution ;
- les nuisances.

Pendant longtemps, la contexture des réseaux de transport urbain découla du hasard. Aujourd'hui, les progrès informatiques permettent de guider le choix des réseaux. Ainsi apparaissent des relations de voisinage et des relations de structure.

S'agissant des relations de voisinage, c'est à ce niveau que se situent les premières relations entre transport et urbanisme. Les réseaux de transport structurent le tissu urbain en le découpant en îlots de terrains procurant l'accès aux différentes parcelles qui les composent. Ils soulèvent deux problèmes :

- le problème des super îlots où la prise en considération des possibilités de l'automobile peut conduire en outre à repenser la morphologie du tissu urbain.

- Le problème des zones d'environnement où les voies urbaines assurent la circulation des véhicules sur des distances importantes et procurent l'accès aux différentes parcelles du tissu urbain.

S'agissant des relations de structure, les relations entre les réseaux de transport et les structures urbaines ne se limitent pas à des influences de voisinage au niveau de la composition de chaque quartier. Il existe à l'échelle de l'agglomération tout entière, des liens encore plus importants entre les formes générales de chaque ville et ses grands axes de transport.

Dans les villes, le niveau de congestion routière est supérieur à ce que commande un marché efficace où coûts privés et coûts sociaux sont égaux. Il se pose également ici un problème d'externalité négative. Les effets de la congestion se traduisent par les biens et services plus chers et par un air de qualité inférieure.

Les problèmes liés au transport urbain concernent aussi bien le transport routier que d'autres modes de transport (ferroviaire, fluvial, etc.). Les problèmes pour ces derniers modes se posent différemment parce que leurs infrastructures leur sont propres.

Toute activité humaine surtout lorsqu'elle aboutit à des concentrations importantes entraîne des pollutions. Seulement, avec l'explosion industrielle et urbaine, on note un accroissement considérable des pollutions dans les conditions telles que le rapport entre l'homme et son environnement se trouve complètement bouleversé. Cette pollution s'est aggravée dans des proportions dramatiques à la fois par son intensification et par son extension géographique.

Une définition contemporaine du terme pollution présente celle-ci comme un phénomène ou un élément perturbateur d'un équilibre établi et plus particulièrement si cet élément est nuisible à la vie. La pollution peut être entropique (créée par l'homme) ou d'origine non humaine.

Les pollutions d'origine humaine ont de nombreuses formes et peuvent être locales, culturelles, ponctuelles, accidentelles, diffuses, chroniques, génétiques, volontaires, involontaires, etc. Cette pollution est une diffusion directe ou indirecte des polluants dans l'environnement.

S'agissant des pollutions non humaines, elles peuvent être la conséquence directe ou indirecte des catastrophes naturelles ou liées aux phénomènes naturels.

Ces pollutions dégradent nos villes et face au constat de dégradation environnementale, naturelle et humaine et des problèmes exacerbés de santé, on a vu apparaître un mouvement de prévention de la pollution. Cette pollution attaque aussi bien les éléments physico-chimiques que biologiques de l'environnement. Il s'agit de l'eau, l'air, des sols, etc.

La nuisance caractérise généralement un fait perceptible provoquant une souffrance vécue et subie. Les nuisances sont difficiles à mesurer car elles dépendent de l'appréciation subjective par celui qui y est exposé.

La notion de nuisance évoque des stress ressentis et imposés par des humains à d'autres humains.

Parmi les nuisances, le bruit est la première source de plainte dans de nombreux pays. On note aussi l'émergence ressentie des déchets sur le devant de la scène des préoccupations sociales. Ceci est lié à plusieurs facteurs : la croissance exponentielle des quartiers, la prise de conscience des problèmes environnementaux, etc. On peut aussi ressentir certaines substances et odeurs irritantes qui dégagent une sensation désagréable.

D'une manière générale, le lien entre croissance urbaine et déchets n'est pas unidirectionnel. Certes, le regroupement de l'activité économique et des populations accroît le risque de pollution et de contamination.

Les coûts unitaires des équipements sanitaires et des équipements antipollution sont également sensibles aux économies d'échelle et d'agglomération. La question est de savoir comment faire pour que les agents internalisent les externalités négatives qu'entraînent les activités de transport urbain sur la société. Ni le marché ni le système politique ne nous offrent les voies faciles. L'optimum visé doit-il privilégier la société et dans ce cas, quelle génération ? Ou alors privilégier l'écosystème ?

II- ATTENUATION DES EFFETS NEFASTES DU TRANSPORT URBAIN SUR L'ENVIRONNEMENT

Le cadre urbain est un milieu où se trouve la vie. Dès lors, l'on doit tenir compte des modifications que peuvent subir les éléments constitutifs de l'environnement dans l'implantation de tout projet de transport. En effet, on doit prendre en compte les coûts et les avantages réels des projets et notamment leur incidence sur l'environnement.

La quête d'un développement durable peut reposer sur l'acceptation d'un certain nombre de principes qui reconnaissent les responsabilités des utilisateurs, délèguent l'autorité à l'échelon le plus proche pour l'application et favorisent la prévention.

L'analyse économique de l'intervention publique en matière d'environnement implique que l'on revienne sur le concept d'externalité qui est au centre des explications que donnent les économistes, suite à l'existence de nombreux problèmes vitaux. Par externalité, nous entendons une situation où les décisions d'un agent économique affectent un autre agent positivement ou négativement, en dehors du mouvement entrepris par l'agent. Ainsi, l'externalité n'est pas intégrée dans la décision de l'agent qui en est responsable. La question que nous pouvons nous poser est celle de savoir s'il existe des moyens permettant de réduire, ou mieux, d'éliminer ces externalités. En d'autres termes, existe-t-il des moyens qui peuvent nous permettre d'internaliser les externalités surtout négatives et pourquoi pas aussi positives ?

Cette question cruciale et importante trouve des réponses à travers : le principe d'internalisation, les instruments de lutte contre les externalités et l'étude de l'impact sur l'environnement.

Le principe pollueur-payeur (ppp) est un pur produit des « Economics of Welfare » selon lesquelles les prix des biens et services mis sur le marché devraient pleinement refléter les coûts de production et le coût des ressources utilisées, y compris les ressources de l'environnement. Le fait de rejeter des substances polluantes dans l'atmosphère, les eaux ou les sols est une forme d'utilisation de ces ressources en tant que facteurs de production. En l'absence de paiement pour leur utilisation (les économistes parlent de 'tarification'), ces ressources d'environnement seront gaspillées, détériorées, voire irrémédiablement dévastées. Pour l'économiste, c'est la « gratuité » des ressources qui est la cause première de la détérioration de l'environnement. Le ppp est l'abandon de cette gratuité en faisant en sorte que le pollueur prenne en compte « internalisé », les coûts de l'utilisation ou de la détérioration des ressources environnementales. L'objectif est de donner un « signal –prix » de façon à ce que l'environnement se trouve pleinement intégré dans la sphère marchande de l'économie. Il s'agit en somme de rétablir la « vérité des prix » : si une activité économique entraîne une pollution, le coût de cette pollution doit être pris en compte au niveau du pollueur. En tant que principe d'internalisation des coûts, le ppp peut être considéré comme un principe d'efficacité économique. Cependant, le ppp n'est pas le seul principe d'internalisation des coûts d'environnement : le paiement par les 'victimes' elles-mêmes des coûts de la pollution constitue une forme d'internalisation des coûts, quoique controversée.

D'autre part, on pourrait penser qu'avec le PPP, le responsable de la pollution paie les coûts des dommages qu'il provoque ou les coûts des mesures nécessaires pour lutter contre ces dommages. A ce niveau d'analyse, on est tenté de conclure que le PPP constitue également un principe juridique d'équité. Tel n'est pas le cas cependant. En effet, on peut considérer comme équitable que le responsable de la pollution prenne à sa charge le coût des mesures des instruments de lutte contre les externalités.

L'atténuation, voire la suppression des externalités, peut se faire à travers les mécanismes étatiques ou les mécanismes marchands.

Les instruments permettant de renverser la logique de la destruction sont connus ou s'élaborent au vu de l'expérience. Ils découlent en premier lieu des prérogatives de l'Etat :

- définir les règles de la vie collective ;

- lever l'impôt pour financer les investissements. Les instruments de l'Etat sont donc : la réglementation, les normes et la fiscalité écologique.

Les instruments réglementaires suivants dans un cadre législatif et réglementaire qui fixe les objets, les principes généraux, les procédures et instruments d'application. Ce cadre prend généralement la forme des lois spécifiques à chaque domaine de l'environnement.

- Le moyen fondamental d'assurer le respect de l'environnement reste la fixation des règles s'imposant à tous les citoyens relevant de la juridiction d'un Etat. En effet, la dépollution ayant un coût élevé, une entreprise peut difficilement se l'imposer spontanément si ses concurrents ne le font pas. La règle place tous les acteurs à égalité, elle peut prendre toutes les formes juridiques existantes, la loi votée, le décret, les instructions ministérielles sans oublier les capacités juridiques des collectivités locales. L'interdiction peut toucher tous les domaines dès lors qu'on estime que l'action concernée a un effet grave sur la santé humaine ou sur la préservation de l'Environnement.

Sous cette rubrique, on regroupe l'ensemble des considérations qui sont directement liées à l'objectif de protection de la santé et du bien-être. Il s'agit avant de fixer les concentrations ou doses maximales de polluants tolérables pour la santé, ou les seuils au-delà desquels la détérioration de l'environnement met en péril la santé, le bien-être, la sécurité ou le développement économique.

Il s'agit généralement de fixer les seuils de concentration de différentes matières. La norme peut concerner les rejets à la fabrication. Les rejets à la consommation, la composition d'un bien fiscal. Elle est plus fréquemment utilisée que l'interdiction parce qu'elle permet aux industries de s'adapter progressivement aux nouvelles techniques disponibles.

Les termes de taxes et de redevances sont souvent employés indifféremment dans le domaine de l'environnement ; mais ne doivent pas cacher les différences de nature fiscale entre les deux termes.

D'une manière générale, on définira la taxe comme un prélèvement obligatoire de l'Etat, effectué sans contrepartie directe.

La redevance est un prélèvement comportant une contrepartie. En matière d'environnement, il existe des redevances par service rendu telles que des redevances payées pour l'utilisation des dispositifs collectifs d'assainissement des eaux usées.

La redevance de pollution ou redevance d'émission se définit comme le paiement sur les sujets directs dans l'environnement (air, sol, eau...). On retrouve alors la notion de service, dans la mesure où cette redevance peut être interprétée comme un paiement pour l'utilisation des « services environnementaux ».

La taxe ou redevance de pollution est un paiement effectué sur chaque unité de pollution déversée. Le taux de la taxe représente en quelque sorte le prix à payer par l'utilisation de l'environnement. Ainsi, l'internalisation des coûts d'environnement se fait en affectant un prix aux ressources environnementales. Puisque le marché ne fixe pas « spontanément » un tel prix, on impose un prix administré, sous forme d'une taxe. L'intensité d'utilisation de l'environnement sera fonction du niveau de ce prix.

La taxe de pollution n'a pas pour seule fonction l'ajustement automatique du niveau de pollution. En fait, les taxes présentent de nombreux et importants avantages, notamment : un moindre coût global d'épuration ; une incitation permanente à la réduction de la pollution et une source de revenu.

Sous un autre angle, les taxes n'ont jamais bonne presse et les « eco-taxes » n'échappent pas à cette défiance, voire à un rejet catégorique. Le taux de la taxe doit être calculé en fonction des objectifs poursuivis.

Malgré de nombreux obstacles d'ordre technique ou politique, le recours aux instruments économiques, notamment les taxes et redevances, s'est considérablement accru au cours de la dernière décennie.

Les divers types de taxes et de redevances appliqués dans la pratique sont :

- Les redevances ou taxes d'émission (ou de déversement) sont des paiements fonction de la quantité des polluants rejetés dans l'environnement ;

- Les redevances par service rendu sont des paiements effectués en contrepartie des services d'évacuation et de traitement des polluants ;

- Les taxes sur produits sont appliquées à des produits polluants au stade de la fabrication, de la consommation ou du rejet.

- Les redevances administratives : perçues en tant que paiement des services de l'administration tels que l'instruction des dossiers d'autorisation ou les dispositifs de mesure et de contrôle de la pollution.

On constate généralement que le taux de la taxe en matière d'environnement est trop bas pour exercer un rôle incitatif, qu'elles aient un effet réel, sans créer d'inégalité entre pollueurs. Il faudrait généraliser le nombre de contribuables et installer un système de mesure précise.

II.1 Les instruments du marché

L'utilisation des mécanismes de l'économie de marché revient à trouver de nouveaux modes d'internalisation des coûts externes ou à simuler l'appropriation des biens environnementaux. Elle apparaît beaucoup plus que l'intervention étatique. Les instruments utilisés sont au nombre de cinq à savoir : le péage, le marché des droits à polluer, le consumérisme, les échanges dette nature, la recherche.

II.1.1. Le péage

Son principe est de faire payer aux utilisateurs le bien public qu'ils empruntent. L'application principale concerne l'usage par des véhicules à moteur des infrastructures routières. Le péage n'a de sens que si un substitut est proposé : le transport collectif à la place du transport individuel. Si les recettes collectées permettent de financer cette alternative, le péage a un vrai impact environnemental. Si elles visent à financer de nouvelles infrastructures, l'impact est moins clair, voire négatif.

Le marché des droits à polluer

Parmi les « instruments économiques » les plus prisés, sinon les plus appliqués, les droits ou permis de pollution négociables ont particulièrement retenu l'attention et la faveur des économistes.

La taxe ou redevance de pollution et des ressources environnementales : le prix est fixé par l'Etat. Dans un contexte d'économie de marché, l'idéal théorique serait précisément de susciter un marché sur lequel se fixeraient ces prix. Dès 1968, l'économiste canadien Dales (1968) a proposé la création de marchés de droits à polluer. L'idée de base est qu'au lieu de fixer des normes et limites d'émission, l'Etat attribue ou met en vente des « permis de pollution » pour une quantité correspondant au niveau de pollution maximum acceptable. Ces permis peuvent ensuite être achetés et vendus.

Il s'agit de créer des marchés "artificiels" où les agents économiques peuvent interchanger des "permis de pollution". Tout d'abord, les autorités doivent déterminer le niveau optimal de pollution dans une zone précise. Ensuite, un nombre de "permis de pollution" est émis.

Le consumérisme

Il s'agit de l'identification des différents leviers utilisés par les consommateurs organisés dans les pays anglo-saxons. Ces associations disposent de moyens financiers qui leur permettent de poser par action directe, le lobbying ou le financement des programmes écologiques. L'utilisation du boycott par les écologistes est une arme puissante.

Les échanges dette –nature

L'idée d'un mécanisme d'échange d'une dette contre une action de protection de la nature provient de l'observation du parallélisme entre la dette du Tiers-monde et le dégât écologique qui l'affecte. Les opérations de conversion de dette ont eu beaucoup de succès dans les années 80 et 90, mais leur rythme a un peu diminué au cours des années 2000. Le potentiel de conversion subsiste cependant et de nombreuses conversions sont encore réalisées aujourd'hui dans différents endroits de la planète.

La recherche

La recherche conduit à l'innovation technologique. Les innovations peuvent toucher les inputs, les processus et équipements de production ou les outputs. Le fait d'identifier un problème de pollution déterminé et essayer de le résoudre par la voie de la recherche constitue une solution, à long terme. Mais, il n'y a pas toujours une certitude et des garanties concernant les résultats de la recherche. En plus, à court terme, la recherche ne constitue guère un bon instrument de lutte contre la pollution. En fait, la recherche doit être considérée comme complément aux différents instruments ci-dessus analysés.

III- L'ETUDE DE L'IMPACT SUR L'ENVIRONNEMENT

L'Etude de l'impact sur l'environnement (EIE) est l'identification, l'organisation et l'évolution des effets physiques, écologiques, esthétiques, sociaux et culturels d'un équipement ou d'une décision. Elle a pour objectifs principaux la sauvegarde de l'environnement en appliquant le principe de prévention, ensuite la constitution du processus de décision pouvant aider les autorités à prendre la meilleure décision en intégrant les critères de l'environnement à ceux techniques, économiques et juridiques.

La finalité de cette étude est d'assurer le bien-être de l'homme en établissant un équilibre entre l'écologie, l'économie et lui-même.

Le Cameroun a adopté en 1996, le Plan national de gestion de l'environnement (PNGE) qui prend en compte l'étude d'impact environnemental permettant d'éviter ou de limiter les externalités négatives en proposant des mesures efficaces et financièrement justifiables. C'est une démarche à prendre en compte pour tout projet de développement durable.

Conclusion

L'atteinte du bien-être des populations citadines passe entre autres par la prise en compte des effets négatifs des activités de transport urbain. Les différentes techniques et méthodes envisagées pour internaliser les externalités négatives de ces transports urbains relèvent, soit de l'Etat, du marché, ou des technocrates. Les techniques ne sont pas exclusives. Il est parfois nécessaire de mettre en œuvre différents types d'instruments simultanément.

BIBLIOGRAPHIE

Ademe (1998), *Emissions de polluants et consommation liées à la circulation routière*, Paris.

Cornes R., Sandier T. (1995), *The Theory of Externaties. Public Googs and Club goods*, Cambridge University Press, New York.

Meyronne INC J.P. (1998), *Le Transport Face à l'Environnement, les Presses du Management*, Paris.

Minerault P. (1997), *Gestion des Réseaux et Organisation des Territoires*, Elsevier Ville Neuve d'ASCQ.

Nemb P. S (1985), « Infrastructures Routières et Développement Rural au Cameroun », Thèse de Doctorat de 3e cycle, université de Yaoundé.

Nemb P. S. (2002), « Infrastructure de transport et environnement au Cameroun », Thèse de Doctorat d'Etat, université de Yaoundé II.

Orfeuil J.P. (1998), *Transports et Environnement, Eléments sur les Recherches Socio-Economiques*, Paris, Voto.

Ortfeuil (1998), *Scénarios du Développement Durable des Transports*, Paris, Voto.

Deuxième partie

LES ENJEUX ET LES DEFIS EN TERMES DE GOUVERNANCE

L'étalement urbain occasionne, pour les gestionnaires, une hausse des dépenses nécessaires à la construction et l'entretien des réseaux (eau, gaz, électricité, transport de personnes, que ce soit des transports collectifs ou individuels, etc.). Ce qui rend problématique à terme l'amortissement des dépenses qui sont supérieures pour l'ensemble de la collectivité. L'étalement urbain entraîne la constitution de « villes-dortoirs » et de fortes migrations pendulaires, ce qui demande de plus grands investissements en infrastructures routières, et de plus grandes dépenses énergétiques. Les surfaces artificielles augmentent la gravité et la rapidité des inondations. Toutefois, dans le contexte de la décentralisation l'étalement urbain est à la fois un défi pour les communes urbaines périphériques dont une bonne partie du territoire se situe en zone rurale alors que les lotisseurs coutumiers deviennent des partenaires incontournables pour l'accès au foncier. **Emil Hatcheu Tchawé** fonde son analyse sur la dynamique de l'extension urbaine et le suivi du processus d'urbanisation des zones périphériques au cours des trois dernières décennies à **Douala**, la capitale économique du Cameroun. A partir de l'analyse des enjeux socio-économiques juridiques et politiques du projet Douala-nord qui répondait à une logique de planification urbaine par la création d'une ville nouvelle en marge de la vieille agglomération, il essaye de comprendre les causes de l'échec du projet Sawa Beach. Ce projet devait s'inscrire dans une vision avant-gardiste pour répondre à un besoin crucial en logements de qualité résultant de l'insuffisance du parc résidentiel combinée à une forte croissance démographique et à l'anarchie ambiante. La mobilisation des partenaires techniques et financiers n'a pas posé de difficulté particulière mais l'intéressement des populations riveraines fut plus compliqué, les responsables coutumiers s'insurgeant contre l'occupation "sans concertation" de leurs terres par la communauté urbaine.

La logique de compromis qui accorde une place de choix aux communautés coutumières dans le capital de la Société d'aménagement de Douala qui gère désormais tous les nouveaux lotissements à la périphérie de Douala apparaît à plusieurs égards comme le triomphe de la logique rentière des autochtones qui ont marqué l'urbanisme de la ville à travers les âges et quel que fût l'interlocuteur d'en face.

Aristide Yemmafouo et Richard Sufo Kankeu étudient la phagocytose du village Bamougoum par l'étalement de la ville de **Bafoussam**, la capitale de la région de l'Ouest-Cameroun. La gestion du patrimoine foncier divise les populations locales et remet en cause non seulement la gestion coutumière, mais aussi certains arrangements conclus depuis plus d'un demi-siècle avec les premiers occupants. Au-delà de la pression urbaine en elle-même, la levée de boucliers sur la gestion foncière traditionnelle tant au niveau des ménages qu'au niveau des quartiers et sous-chefferies, est marquée par la double contrainte des besoins incompressibles et de la modernité. Les jeunes comme les vieux qui accèdent au pouvoir traditionnel soutiennent implicitement le marché foncier. Leurs discours à l'échelle du village plaident pour la protection/conservation du patrimoine foncier coutumier alors qu'en réalité beaucoup sont complices de la braderie des terres qu'ils dénoncent en public. La réforme administrative de 1993 qui confère au village Bamougoum le statut d'arrondissement et de commune rurale, puis celle de 2007 qui en fait la 3è commune de la communauté urbaine de Bafoussam sont l'occasion de lire les conflits de gestion qui préoccupent les dignitaires et les masses à propos des projets urbains. L'approche de l'étalement urbain par le concept de gouvernance appliqué à la gestion du patrimoine foncier traditionnel permet de relever plus aisément les défis de la gestion urbaine dans les périphéries urbaines d'Afrique subsaharienne.

Il existe des doutes que le développement urbain non planifié et non structuré est aujourd'hui remplacé par un développement plus structuré des villes comme Bamenda où la localisation des infrastructures et des services urbains constitue l'une des principales préoccupations des autorités avec l'étalement de la ville. Dans les zones périphériques de la plus grande ville anglophone du Cameroun, il manque de tout : équipements sanitaire, scolaire, de transport, l'électricité et l'eau, etc. Si les protagonistes d'aménagement et de gestion augmentent avec la mise en œuvre du processus de la décentralisation au Cameroun, **Fongueu et Hatcheu** estiment que seuls un aménagement rationnel et une gouvernance urbaine fondés sur l'implication de tous les acteurs de la ville dans une logique de concertation et de négociation aboutissant un mode consensuel de prise de décision peuvent contribuer à résoudre les problèmes de la capitale de la région de Nord-ouest.

Dans sa contribution, **Nathan Onana Noah,** Analyse les différentes interactions qui structurent le modèle de sociabilité des espaces périurbains à travers les dires des acteurs sociaux à Yaoundé. Dans une approche sociologique, l'auteur montre que la consommation de l'espace urbain au Cameroun, loin d'être considérée comme un hasard de circonstance est pensée par les acteurs sociaux. C'est un fait social qui dépasse la simple logique des individus qui y résident. Un espace occupé a toujours été l'œuvre des populations dites autochtones qui baptisent ces espaces selon le modèle ancestral. Il se trouve donc que des nouveaux venus s'approprient l'espace et se le réapproprient en débaptisant le lieu occupé à l'aune des ambitions et des représentations qui sont les leurs. Un conflit latent naît, en raison de la frustration qu'ont les premiers occupants par rapport au nouvel adressage qui existe. Dans l'imaginaire collectif et symbolique, un conflit latent reste le mode de sociabilité de ces deux catégories antagonistes. Le culturel et l'économique s'affrontent régulièrement retardant l'émergence des projets collectifs.

Chapitre 7

LOGIQUES ET REPRESENTATIONS DES ACTEURS DE LA PRODUCTION URBAINE A DOUALA AU CAMEROUN

HATCHEU Emil TCHAWE

INTRODUCTION

La situation côtière et les fonctions portuaire et industrielle de la ville de Douala ont conjugué leurs effets pour complexifier l'urbanisation de ce qui n'était au départ qu'un petit hameau de pêcheurs. S'étendant de part et d'autre du Wouri, sur des reliefs bas, aplatis ou mollement vallonnés, Douala est une ville encerclée d'eau qui s'accapare le site disponible. La prégnance de la mangrove et des zones inondables constitue à la fois un facteur de complexification de la question foncière et une contrainte à son extension.

Au plan spatial, la superficie urbanisée à Douala est passée de 5 800 hectares en 1975 à plus de 210 000 hectares à la fin du 20é siècle. Pendant longtemps, à Douala comme dans bien d'autres villes africaines (Lagos, Kinshasa, Dakar, Abidjan), la fabrication de la ville et de ses quartiers s'est opérée selon des mécanismes conflictuels et contradictoires mis en œuvre par les différents acteurs de la ville (autochtones, allogènes, administrations coloniale et postcoloniale, entreprises). En effet, c'est la prise de conscience assez précoce des enjeux du sol urbain par les lotisseurs coutumiers, la complicité de l'administration coloniale puis postcoloniale et surtout l'obsession des populations « allogènes » à accéder à tout prix à la propriété foncière dans cette ville d'affaires qui ont donné à l'urbanisation de cette ville toute sa dimension géopolitique. En raison des enjeux de survie pour les uns, économique pour certains et de domination politique pour les autres, les différents épisodes de l'occupation progressive des espaces périphériques sont marqués par des conflits et des rivalités non seulement entre les groupes sociaux, mais de plus en plus entre une multitude de structures étatiques dont la création ne se justifie autrement que par des stratégies rentières des acteurs dominants.

L'élaboration du Plan directeur d'urbanisme (PDU) de la ville pour remplacer le dernier plan Directeur d'urbanisme permettra-t- il de combler le vide ? On peut l'espérer dans la mesure où ce document de planification urbaine par excellence a pour objectif d'indiquer les grandes options de développement de la ville à l'horizon 2020-2025 et de servir de référence pour la programmation des investissements à l'intention des principaux acteurs de la ville. Le projet d'extension de l'université de Douala dans le village Makoula Souza, à 5 km de Bonabéri se situe dans cette perspective. Les retombées escomptées sont entre autres la création d'emplois, la construction de mini-cités, le développement d'activités commerciales, et les rentrées fiscales pour la commune.

Si pendant longtemps, les populations autochtones (Akwa, Bell, Deido, Bassa) ont été les principaux acteurs du lotissement des terrains urbains à Douala, la question est aujourd'hui celle de savoir qui des pouvoirs publics, des collectivités locales, des citoyens ou des bailleurs de fonds internationaux qui octroient les financements, construit la ville de Douala ? Ne faut-il pas retourner l'interrogation pour poser plutôt la question de savoir quel doit être la part de chacun de ses acteurs dans l'urbanisation des zones périphériques à Douala ?

Cette contribution analyse les mécanismes et les stratégies d'occupation des espaces, identifie les acteurs qui en ont été les principaux protagonistes et met en exergue les enjeux autour « des différentes villes nouvelles » à Douala. L'étude s'inscrit dans le cadre de la valorisation des recherches que nous conduisons sur les enjeux et les défis de la gouvernance urbaine au Cameroun, notamment dans les villes de Douala, Bamenda, Bafoussam et Dschang. Elle vient enrichir nos travaux antérieurs consacrés à la décentralisation au Cameroun, à la gestion des marchés et de la ville de Douala.

I- DE L'ETALEMENT SPATIAL A LA STRATEGIE DE DEVELOPPEMENT URBAIN

L'analyse de la répartition spatiale de la population sur le territoire de la communauté urbaine de Douala montre que les arrondissements de Douala IIIè et Douala Vè abritent près de 64 % de la population totale de la ville. Cette concentration démographique s'explique par le fait que ces deux circonscriptions administratives correspondent à des zones périphériques. Si les arrondissements centraux (Douala I et II) ne peuvent plus s'étendre (Hatcheu, 2008), celui de Douala IV est pénalisé par son excentricité et l'obstacle naturels que constitue le pont sur le Wouri. A Douala V, la réalisation du projet de lotissement de Douala-nord a favorisé la densification et la création des villages de Bangué et de Bonangang et plus au sud, la construction de l'axe lourd Douala/Yaoundé a favorisé l'extension vers le pont sur la Dibamba avec le développement de la zone de recasement de Dogbassi et les quartiers Bobongo et Boko-village. Si les marécages qui les encerclent ont pendant longtemps constitué un obstacle, ils sont de plus en plus domptés. L'invasion de la mangrove par les populations pauvres est l'une des caractéristiques majeures de l'urbanisation à Douala. Les zones périphériques non loties ont servi de refuge aux citadins obligés de quitter les anciens foyers d'accueil dans la vieille ville et aux immigrants venant des villes secondaires ou des zones rurales. L'occupation des zones de mangrove à la périphérie au nord-est de Douala IV (Mabanda au sud de Bonabéri, Banamouang, Bonaminkano, Bonangang) commence timidement au début des années 90 et s'accélère entre 1992 et 1994 pour atteindre la vitesse de croisière entre 1996 et 1998 avant de se stabiliser au début des années 2000. De manière générale, l'organisation de l'espace n'est pas laissée au hasard, mais répond à des normes spécifiques, résultant des exigences, des enjeux et des représentations des acteurs de la ville (lotisseurs coutumiers, planificateurs urbains et acheteurs des lots). Depuis 1970, Douala est devenue une grande ville, très étalée, compacte et massive. La multiplication des fronts d'urbanisation et la conquête des espaces périphériques nouveaux se traduisent par le déplacement du centre de la ville. L'expansion s'opérait alors par coalescence, les nouveaux quartiers venant se coller aux anciens en s'adaptant plus ou moins à leurs plans d'urbanisme (Mainet, 1983).

Carte 1 : Evolution spatiale de la ville de Douala sous l'influence de l'estuaire du Wouri.

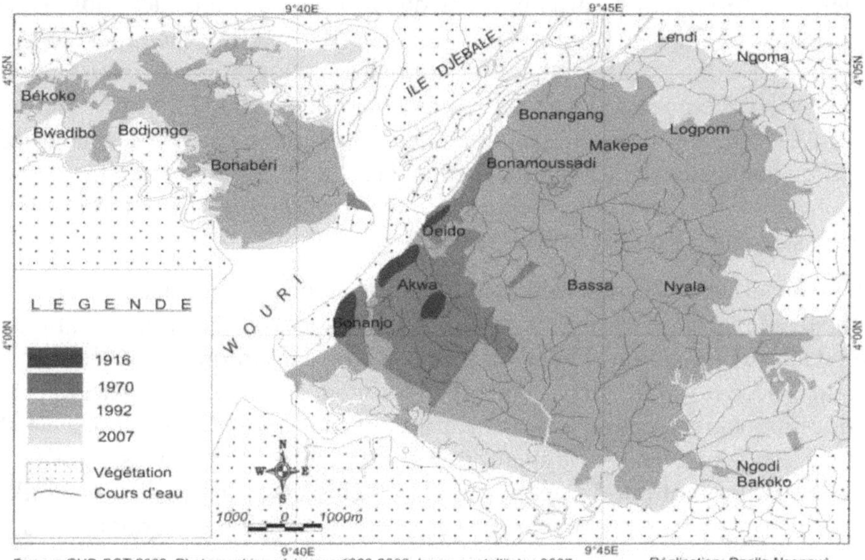

Source: CUD-DST 2002, Photographies aériennes 1963-2003, Images satellitales 2007 Réalisation: Dzalla Ngangué

Grâce au parrainage de la Banque mondiale et de l'Agence française de développement (AFD), il est de plus en plus envisagé de doter la ville de Douala et son aire métropolitaine d'une stratégie de développement urbain plus connue sous l'appellation de City Development Strategy (CDS). En effet, la croissance urbaine de Douala est davantage alimentée par un exode massif des populations en provenance de l'ensemble des régions du pays, voire au-delà. Le fort potentiel de croissance économique et la fragilité de son écosystème se traduisent alors par des relations complexes avec l'hinterland immédiat. Ce plan de développement stratégique intègre les villes satellites de Douala que sont Edéa, Dibombari, Buea, Limbé, Njombé-Pendja, Mbanga et Loum. Il devra contribuer d' une part à freiner les flux et la pression sur Douala à travers la réalisation des infrastructures et des services urbains, et d'autre part de concilier les deux fonctions complémentaires de Douala et de son aire métropolitaine à savoir : maximiser l'efficacité économique de la métropole économique et assurer sa cohésion spatiale avec son environnement géographique. L'originalité de la démarche repose essentiellement sur une consultation approfondie des acteurs de la ville qui a malheureusement fait défaut à certaines opérations ambitieuses comme le projet Sawa Beach.

Si la densification des quartiers témoigne du dynamisme économique et de la modernisation de la vieille ville, elle ne suffit jamais à accueillir l'effectif de plus en plus croissant de nouveaux arrivants. La croissance physique de la ville a augmenté dans des proportions inquiétantes malgré les effets néfastes de la crise économique et des politiques d'ajustement structurel des années 90. Jusqu'au lancement en 1981-1982 des opérations Douala-nord et Cité des palmiers, la production urbaine à Douala comme dans les autres villes camerounaises (Yaoundé, Bafoussam, Garoua, Maroua, Bamenda) est le fait des individus et des collectivités coutumières s'organisant sans attendre l'intervention des pouvoirs publics (Simeu Kamdem, 2004). Pour l'essentiel, la ville est le fait des lotisseurs coutumiers doula ou bassa et des populations bamiléké soucieuses de s'approprier une parcelle de terre dans cette ville où la question foncière est au centre de toute stratégie de stabilisation et d'enrichissement. (Haeringer, 1993).

A Douala, l'intervention des pouvoirs publics pour faire face à la croissance urbaine a été marquée par trois opérations : la restructuration-réhabilitation de la zone Nylon ; l'opération Douala-nord et la grande trame foncière Mbanga-Japoma. Deux objectifs étaient assignés à ces opérations : le décongestionnement des quartiers centraux par la volonté d'éradiquer l'habitat spontané et d'installer les populations sur des terrains aménagés pour la zone Nylon et la promotion d'une politique d'habitat social pour les familles à revenus moyens à Bonamoussadi dans le cadre de l'opération Douala-nord.

II- HEURS ET MALHEURS DES VILLES NOUVELLES

C'est au cours de la décennie 1980 que l'Etat camerounais intervient enfin dans l'aménagement de la ville de Douala. Cette période correspond à la haute conjoncture économique aussi bien sur le plan local qu'international. En raison de la bonne tenue des produits d'exportation sur le marché mondial et des excédents des recettes pétrolières, le gouvernement camerounais est encouragé à s'endetter.

L'OPERATION DOUALA-NORD OU LE BOULEVERSEMENT DES PRATIQUES FONCIERES

Par l'intermédiaire de la Mission d'aménagement et d'équipement des terrains urbains et ruraux (Maetur), le gouvernement camerounais a engagé un programme pluriannuel d'aménagement de terrain groupé sur un ensemble de plateaux situés au nord de Douala. Connu sous l'appellation de « projet Douala -nord », l'opération concernait l'aménagement d'une superficie totale de 2745 hectares dont 1700 effectivement urbanisés comprenant 1500 hectares pour les logements, 100 hectares pour les zones artisanales et industrielles, 90 hectares d'extension villageoise. Selon les estimations, cette zone devait abriter 26 040 ménages pour 164 100 habitants en 1990. La localisation de l'opération lui conférait effectivement ce caractère de ville nouvelle dans la mesure où le secteur n'était pas urbanisé hormis quelques villages. Destinée à promouvoir un habitat social, elle devait accueillir différentes catégories de populations. Les équipements publics programmés : équipements administratifs, marchés, établissements scolaires devaient assurer l'essentiel du service de façon à permettre à la nouvelle ville de vivre en relative autonomie par rapport à la vieille ville.

Le projet répondait également à une logique de planification urbaine par la création d'une ville nouvelle en marge de la vieille agglomération. En effet, la zone fut déclarée d'utilité publique et transférée au domaine privé de l'Etat. Un plan d'aménagement est établi en 1979 et une première tranche des travaux lancée sur quelques 200 ha en 1981-1982. Il était prévu d'aménager 1700 ha sur une surface totale de 2745 ha comprenant le secteur Maképé, Bonamoussadi, Kotto, Logpom et Logbessou.

Les enjeux socio-économiques, juridiques et politiques de Douala -nord

Douala-nord devait avoir deux incidences notables sur la croissance urbaine de la ville de Douala à savoir un déplacement massif des ménages appartenant à la classe moyenne vers la nouvelle ville (enjeu socio-économique) et des pratiques innovantes en matière de droit foncier. Elle concerne principalement la mise sur le marché de plusieurs milliers de parcelles ayant un titre foncier, l'établissement d'un prix de référence pour l'ensemble du marché de logement et pour la cession des terrains aménagés, une intervention massive du Crédit foncier, l'instauration des règles d'attribution des parcelles par les pouvoirs publics alors que ce rôle restait limité aux lotisseurs coutumiers.

Il en est résulté un bouleversement des pratiques foncières jusque-là en cours dans les usages. La mise sur le marché de nouvelles parcelles ayant un titre foncier régulier représentait une grande innovation à Douala. De plus, les prix de cession de parcelles devaient servir de référence pour tous les propriétaires privés pratiquant de nouveaux lotissements à la périphérie de la ville. La principale innovation institutionnelle de l'opération Douala-nord reste l'intervention massive du crédit foncier tant auprès des promoteurs sociaux qu'auprès des ménages acquéreurs.

L'échec du projet Sawa Beach, conséquence des rivalités entre la communauté urbaine de Douala et la communauté Bonanjo - Bonabelle

Le projet de consortium Sawa Beach devait s'étirait sur une dizaine de kilomètres viabilisés et aménagés dans les conditions qui en feraient, selon ses initiateurs, « une ville de troisième génération ». Le projet prévoyait le remblayage de 1000 hectares de terrain relevant du domaine public de l'Etat sur le territoire de la commune d'arrondissement de Douala 2è, sur le lieu-dit Youpwé Bois des singes et la crique du Docteur Tokoto. Pour le délégué du gouvernement auprès de la communauté urbaine de Douala, initiateur du projet, Sawa Beach devait être la réponse à un besoin crucial en logements de qualité résultant de l'insuffisance du parc résidentiel combinée à une forte croissance démographique et à l'anarchie qui sévit dans la capitale économique camerounaise.

Le projet prévoyait 50 000m² de bâtiments publics et privés, des équipements généraux et de services, 5200 logements individuels, 2000 logements collectifs, 10 ha aménagés en espaces verts publics, une marina et d'autres équipements de superstructure et d'infrastructure dont un parc d'exposition, un centre de loisir, un centre équestre et un golf de 18 trous. Le programme d'investissement envisageait la réalisation et la construction de résidences, d'équipements collectifs, de centres commerciaux. La création d'une usine de fabrication de matériaux de construction était prévue dans le cadre d'un Groupement d'intérêt économique (GIE) associant la communauté urbaine de Douala et une société canadienne[29]. La durée de réalisation de ce projet devait être de six ans, au rythme de 1.500 logements construits par an. Il s'agissait d'une "ville nouvelle" nécessitant pour sa mise en œuvre, un coût

[29] La communauté urbaine de Douala a signé à Montréal, en date du 05 août 2004, un protocole d'entente avec la société canadienne PAN-ISOX Inc., en vue de la réalisation du projet « Sawa Beach ». Ce protocole qui stipulait expressément que le début des travaux est fixé au 1er Janvier 2005, est adossé à un financement de la société canadienne d'investissement dénommée Elgin Investment Corporation, à hauteur de USD 1 Milliard. Cette institution financière aurait par ailleurs notifié à la communauté urbaine de Douala son accord de principe pour le financement du projet Sawa Beach, « à condition que le promoteur du projet fournisse une garantie financière représentant 30% du financement envisagé ». La matérialisation du projet SAWA BEACH serait d'une importance capitale pour l'économie camerounaise en proie au chômage. La communauté urbaine de Douala et la société PAN-ISOX ont en effet convenu de faire exécuter au minimum un tiers des travaux prévus dans le cadre des investissements envisagés, par des entreprises de droit camerounais. Par ailleurs, outre les études et l'aménagement du site, la construction de l'usine de fabrication de panneaux structuraux, la construction et la commercialisation de logements devaient générer 1.000 emplois directs.

financier de 500 milliards de Fcfa. Le Sawa Beach s'inscrit ainsi dans les chantiers de modernisation de la capitale économique.

Un espace disputé

Si la mobilisation des partenaires techniques et financiers n'a pas posé de difficulté particulière, l'intéressement des populations riveraines fut plus compliqué. Le délégué du gouvernement[30], promoteur du projet avait certainement perdu de vue que » *les terres urbanisées étant pour la plupart communautaires, l'initiative de la construction revient non à un acteur capitaliste ou à un organisme public, mais à un chef coutumier ou à son mandataire dont les objectifs immédiats ne sont pas inscrits dans une stratégie à court terme mais assortis d'un échéancier et d'un dispositif technico - administratif* » (Le bris 1991).

Le bois des singes (site du projet) continue d'être au centre des querelles juridiques entre la communauté urbaine de Douala (CUD) et le canton Bell parce qu'il s'agit d'une expropriation. S'agissant du patrimoine foncier de l'Etat et particulièrement du domaine portuaire, la communauté urbaine de Douala devait entamer des négociations avec le port autonome de Douala, à l'effet de mettre à disposition et de sécuriser le domaine nécessaire à l'exécution du projet Sawa Beach. L'Association pour le développement de la façade maritime de Douala Sud (A2DS) s'est insurgée contre l'occupation "sans concertation" par la communauté urbaine d'un terrain dont il se considère comme le propriétaire. D'autres soutiennent que la ville ne peut pas se développer aux dépens des minorités autochtones. Selon les responsables coutumiers le projet d'occupation du Bois des singes se fait sans leur accord dans la mesure où il n'y a jamais eu d'acte de rétrocession des terres concernées à la communauté urbaine. Ces dignitaires coutumiers entendent y aménager un village urbain, deux zones résidentielles de moyen et haut standings et une zone de loisir et d'activité nautique. D'autres par contre y voient un site classé d'utilité publique. Le terrain n'appartient ni à la CUD ni à l'Etat.

Si avec le projet Sawa Beach, un centre urbain futuriste devait se dresser sur les berges du Wouri, la création de ce nouveau pôle urbain aurait été une "ville trop moderne" à côté d'une autre ville dépourvue d'infrastructures viables. Sans l'avoir prémédité, la communauté urbaine de Douala aurait plongé la ville dans un apartheid urbain. Sur une façade, des immeubles de l'opulence ; sur un autre versant, des bidonvilles éparpillés dans un tissu urbain désintégré. Faute d'avoir pu harmoniser le Plan directeur d'aménagement urbain de Douala. Le projet Sawa Beach dort dans les tiroirs.

[30] Edouard Ekotto-Etondé, prédécesseur de Toné Toné Fritz, l'actuel délégué du gouvernement auprès de la communauté urbaine de Douala en poste depuis2005.

La ville du compromis de la grande trame foncière de Mbanga-Japoma

La grande trame foncière de Mbanga-Japoma est une opération conçue en 1993 avec l'appui technico-financier de la coopération française[31]. Le Roy, (1991) présente la trame foncière comme un outil d'analyse. Au sein de la matrice spatio-temporelle, chaque trame spatiale peut entraîner son propre régime d'affectation de l'espace et, dans la mesure où plusieurs trames cohabitent, divers régimes fonciers peuvent rivaliser. Le foncier est défini ici comme l'expression contradictoire des pratiques sociales s'inscrivant dans l'espace en vue de l'affecter à des usages, de se l'approprier, et de dominer l'espace de certains acteurs sociaux. Dans ce contexte, la notion de trame propose d'identifier les instances d'autorité et de décision pertinentes au niveau local ; qu'elle relève de l'administration, de la coutume ou des structures économiques. Outil de diagnostic, elle n'a pas pour objectif d'imposer des solutions. Elle ne fait que constater en indiquant les espaces géographiques convoités par les différents acteurs.

La trame traduit la volonté de l'Etat de maîtriser l'extension spatiale de la ville malgré l'ampleur de l'habitat spontané avec pour vocation de corriger les défaillances de Nylon. La réorientation de la politique d'aménagement urbain mise en place dans le cadre de la réalisation de la grande trame foncière de Mbanga-Japoma s'inscrit dans une logique de gestion concertée de terroir. Elle concerne une superficie de 168 ha dont 140 ha aménagés pour 100 ha commercialisables et 20 ha réservés pour les équipements publics. A terme, la zone devait comprendre 2 200 parcelles pour 15 000 habitants. Sur le plan juridique, il s'agit d'une opération d'aménagement concerté impliquant la puissance publique et la collectivité coutumière du canton Bakoko dans l'arrondissement de Douala IIIe. Détentrice initiale des droits, cette structure a cédé 55% de la superficie du terrain à l'Etat pour compenser les coûts d'aménagement. La gestion et la commercialisation des parcelles aménagées sont confiées à la Société d'aménagement de Douala (SAD), société d'économie mixte dont les principaux actionnaires sont : La Communauté Urbaine de Douala, le Crédit foncier du Cameroun, l'Agence française de développement, le ministère du Développement urbain et de l'Habitat, le ministère des Domaines et des Affaires foncières, les collectivités coutumières de Douala. La SAD a signé des conventions de partenariat avec les institutions publiques comme la Société nationale des eaux et la Société nationale d'électricité pour assurer l'approvisionnement en eau et en électricité tandis qu'une entreprise de gardiennage en assure la sécurité.

La SAD a pour mission de structurer l'espace urbain en créant ou en redimensionnant les voiries et les réseaux primaires et secondaires afin de

[31] Convention Fac n° 920024 du 4 mars 1993.

déterminer les espaces destinés à l'aménagement de détail. Les mailles pourront être utilisées pour des lotissements individuels et sociaux, les activités commerciales et industrielles compatibles avec l'habitat ou les opérations immobilières de toute nature (logements, écoles, bureaux, équipements de loisirs, etc.).

III- LES NON-DITS DES « VILLES NOUVELLES » ET DE LA PLANIFICATION URBAINE A DOUALA

Par l'attractivité qu'elles suscitent, tant auprès des populations que des entreprises, par les réseaux qu'elles créent, les villes nouvelles sont devenues un enjeu prioritaire des stratégies de développement des villes et des régions métropolitaines. Le projet Douala -nord, la grande trame foncière de Mbanga-Japoma comme d'autres projets d'extension en cours de réalisation à Douala, de même que les nombreuses initiatives audacieuses qui ont échoué comme le projet Sawa Beach se situent dans cette perspective. La politique des villes nouvelles a certes été mise en œuvre pour absorber une part significative de la croissance urbaine, et créer des zones d'activités économiques, mais la ville nouvelle devait être aussi un cadre de vie harmonieux, attractif. L'ambition des villes nouvelles peut aussi être d'ordre économique. Elles constituent des bassins de recrutement, et créent des noyaux d'emplois aux profils économiques diversifiés. Il en est ainsi dans la périphérie du Caire avec la création, dans les années 80, des villes nouvelles qui visaient à « décongestionner » une capitale totalement asphyxiée. Mais aujourd'hui, la « ghettoïsation » s'accélère avec des quartiers formés de zones résidentielles fermées (Mena Town) et réservés à une élite, et des quartiers constitués par un habitat dénué de tout confort réservé aux classes plus populaires (quartiers du Plateau du Muquattam). Répondre à la demande de logements et à la saturation du centre historique était aussi l'objectif de l'ensemble Ali Mendjeli construit en périphérie de Constantine, en Algérie. Cette ville nouvelle avait l'ambition de créer un « pôle urbain doté d'un centre fort, structuré, attractif et créateur d'emplois, un cadre de vie décent ». Mais la réalité s'est vite écartée du projet initial : Ali Mendjeli n'est devenue qu'une simple extension de la ville mère.

Dans le cas de Douala, c'est le nombre de structures para étatiques créées pour gérer l'aménagement des zones périphériques et les nouveaux quartiers qui donne la réelle mesure des enjeux politiques, économiques, financiers des villes nouvelles. On se serait contenté d'une seule et unique agence ou mission d'aménagement urbain comme l'autorité de renouvellement urbain ou la "Urban Redevelopment Authority" de la ville Etat de Singapour. Mais à côté de la Mission d'aménagement et d'équipement des terrains urbains et ruraux (**MAETUR**), on compte plusieurs autres structures concurrentes dont la création correspond souvent à l'avènement d'une nouvelle équipe municipale. Il en est ainsi de l'Agence de réhabilitation et d'aménagement de la zone Nylon (l'ARAN) et davantage de la Société d'aménagement de Douala (SAD) ou de la Mission aménagement et de gestion des zones industrielles **MAGZI.** Pour sa part, la société anonyme du consortium **Sawa Beach** a été créée sur la base des dispositions de l'arrêté n°100/Y144/minuh/D300 du 11 mars 2003 du ministère de l'Urbanisme et de l'Habitat et la déclaration n°058/2004/cud du 08 avril 2004. Il s'agit d'une société de patrimoine destinée à accueillir et à gérer l'assiette foncière avec un capital de 40 millions de F CFA divisé en 4000 actions de 10000 FCFA chacune dont la CUD détiendrait 90% des parts et la communauté Njoh Njoh du canton Bell 10%. Son objet est de réaliser pour le compte de la CUD des études, des travaux d'aménagement et de restructuration de terrains et d'assurer la police de l'urbanisation en milieu rural et urbain, des missions étrangement identiques à celles de la MAETUR !!!

C'est que, les périphéries urbaines représentent un enjeu crucial qui donne lieu à des stratégies diversifiées d'appropriation, à des rivalités, des conflits et des affrontements entre les protagonistes qui revendiquent des droits sur la gestion de la ville. Il en est ainsi des autorités municipales qui ont la responsabilité de la gestion de l'extension urbaine, des autochtones et des allogènes, de l'administration et des entreprises. Les zones périphériques apparaissent ainsi comme l'enjeu de stratégies complexes ayant une dimension défensive (la sauvegarde des droits notamment par les autochtones) et positive (assurer les conditions de reproduction pour tous ceux qui aspirent à l'acquisition des droits sur le sol urbain). Il fait alors l'objet de demandes diverses et concurrentes quant aux fonctions, utilisations et formes d'appropriation. Les citadins, les entreprises et tous les autres acteurs qui expriment ces demandes se différencient d'après leur provenance, leurs moyens, leurs dispositions d'esprit, leurs logiques et les objectifs qu'ils poursuivent.

La logique rentière des lotisseurs coutumiers Akwa et Bell aurait peut-être servi l'urbanisation de la ville portuaire de Douala. La « catastrophe » urbaine de New Bell, le mythique « quartier des étrangers » et le développement anarchique de la zone de Boko-village ou Nyala n'a d'autre origine que l'impossibilité de concilier la logique rentière des Bell et des Akwa et la logique affairiste des Bamiléké commerçants. Haeringer (1973 :33) propose de prendre en compte « *la disposition d'esprit particulière des Doualais. Cette animation surgie des quartiers pourrait être l'occasion de l'organisation d'un contrat entre une population à qui serait laissé le soin d'exprimer et de réaliser ses besoins d'espace et une administration qui se contenterait d'apporter sa contribution –en échange d'un minimum de contrôle – à l'effort d'équipement d'organisation engagé par les intéressés. Dans cette hypothèse, l'administration serait amenée à trouver des solutions de compromis, entre une dynamique hors la loi et une règle qu'elle n'a pas pu ou qu'elle n'a pas su faire vivre et qui serait devenue inapplicable en raison d'une jurisprudence trop marquée par les particularismes locaux* ». Une telle politique ne peut être efficace que dans le cadre d'une logique de compromis entre tous les protagonistes.

CONCLUSION

Comme on l'a vu avec Douala-nord, la trame foncière Mbanga-Japoma et malgré l'échec du projet Sawa Beach, la puissance publique essaie sinon de maîtriser, du moins d'orienter l'extension spatiale et le processus d'urbanisation de la ville de Douala à travers l'aménagement des zones périphériques. La question n'est pas de savoir qui des bailleurs de fonds internationaux, des pouvoirs publics ou des collectivités locales produit et construit la ville, mais quelle est la part de chacun de ces acteurs dans la planification et l'aménagement à Douala. Le compromis qui est en définitive le gage de la viabilité et de la durabilité de la ville suppose la collaboration et la concertation entre les acteurs de la ville. Il est l'aboutissement des négociations qui associent tous les protagonistes au processus de prise de décision. La collaboration est une tendance prépondérante et plutôt fondamentale dans la planification des villes viables. Elle comprend trois éléments reliés et complémentaires : les partenariats et les alliances stratégiques ; la participation et la consultation. On voit des arrangements semblables se produire entre les organisations des secteurs public et privé, et sans but lucratif se coalisant autour d'une question d'intérêt commun. Les chances de succès sont élevées, à condition qu'il y ait des avantages communs en jeu, et que le pouvoir et les ressources, autant que les bénéfices, soient partagés équitablement entre les partenaires. La participation est une composante fondamentale du processus de prise de décision en matière de durabilité. La prise de décision en matière de planification doit respecter et faire participer, de façon significative, ces intervenants. Il existe tout un éventail de modèles ou de styles de participation, à partir des processus qui ne sont en fait que des séances d'information ne comportant qu'une faible possibilité de vraie participation, jusqu'aux processus complets et significatifs de participation publique. La durabilité encourage plutôt cette dernière forme de consultation ; elle assume qu'un dialogue franc et enrichissant avec de nombreux intervenants améliorera la compréhension des questions urbaines complexes, fournira des indices vers des solutions possibles et entraînera l'accord général avec les décisions de mise en œuvre.

L'aménagement durable du territoire urbain doit veiller à une plus grande justice sociale en associant les citoyens protagonistes de la durabilité par l'éco-gestion des ressources naturelles, la planification spatiale, la régénération urbaine, les activités touristiques et récréatives. Il s'agit d'adopter des stratégies pour améliorer l'environnement urbain afin d'aider les collectivités locales dans l'élaboration de leurs propres plans en concertation avec l'ensemble des acteurs (Etat, région, partenaires locaux). Les élus doualais feraient preuve de responsabilité sociale à travers les investissements et l'instauration d'un nouveau mode de gouvernance. Si la municipalité doit assouplir sa procédure de gestion et veiller à ce que les décisions se prennent en négociant, pour la population, il convient « d'adopter des attitudes moins conflictuelles, tandis que les entreprises du secteur privé seront amenées à sacrifier certains objectifs économiques sur l'autel du développement durable.

Bibliographie

CANEL (P) **Delis** (PH) **Girad** (Ch), 1990. *Construire la ville africaine : chroniques du citadin promoteur,* Paris, Karthala. ACCT. Collection économie et développement. 197 p.

Le BRIS E, 1991 ». Le foncier urbain : le primat du sol constructible » in Le Bris, Le Roy (E), Mathieu (P), *L'appropriation de la terre en Afrique noire*, Paris, Karthala, pp.143-150.

HAERINGER (P.), 1973. « Propriété foncière et politiques urbaines à Douala » in *Cahiers d'étude africaines* 51, volume. XIII, 3é cahier. Ecoles pratiques des hautes études, Sixième section : sciences économiques, tiré à part, 36 P.

HATCHEU TCHAWE (E), 2005. « Gestion des Marchés et gestion de la ville à Douala. Les enjeux et les défis de la décentralisation au Cameroun » in *Urbanisation gouvernance et développement Durable*, *Les Cahiers Préludes,* n° 7- 2005, **Nancy, pp. 143-156.**

HATCHEU TCHAWE (E), 2006. *Marchés et Marchands des vivres à Douala***,** Paris, L'Harmattan, 190p.

LE ROY E, 1991. « La trame Foncière » in Le Bris (E), Etienne Le Roy, Paul Mathieu, *L'appropriation de la terre en Afrique Noire,* pp.313-317.

MAINET (G.) 1986. *Douala, Croissance et servitude,* Paris, L'Harmattan, 610 p.

OSMONT A, 1991. « Régulariser pour réhabiliter : Une nouvelle politique de l'habitat » in Le Bris (E), Etienne Le Roy, Paul Mathieu, *L'appropriation de la terre en Afrique Noire*, pp.238-244.

SADOS TOUNSI, 1996. « Urbanisation et crise de transport urbain à Douala : le cas de la zone Nylon », Mémoire de Maîtrise de géographie, université de Yaoundé 1, 160p. multigr.

SIMEU KAMDEM, 2004. *Produire la ville dans l'Afrique des savanes*, Ed Demos, 409p.

TRIBILLON (J.F), 1997. « Aménager les villes africaines pour développer leurs SADA,. Nouvelles méthodes d'aménagement du front d'urbanisation », Rome FAO, *Revue aliment dans les villes*.

Chapitre 8

LA GOUVERNANCE DU PATRIMOINE FONCIER TRADITIONNEL A L'EPREUVE DE L'ETALEMENT URBAIN A BAFOUSSAM

Aristide YEMMAFOUO et Richard SUFO KANKEU

Introduction :

La ville de Bafoussam, avec près de 500 000 habitants d'après les estimations actuelles de la mairie, est incontestablement la métropole régionale de l'Ouest-Cameroun. Son essor, ces deux dernières décennies, est marqué par la mise en place d'un tissu agro-industriel et commercial d'échelle régionale capable de substituer à la faillite de l'UCCAO, principale pourvoyeuse d'emplois des années 1960 à1980. Le taux de croissance s'est maintenu au-dessus de 5,6 % connu depuis le dernier recensement (1987). Cette croissance s'opère dans un contexte de quasi saturation foncière qui embarrasse les pouvoirs publics. Dans l'incapacité de légiférer de nouveaux périmètres urbains, l'Etat laisse jouer le jeu de l'offre et de la demande informelles. Il se rend ainsi complice d'une urbanisation par le *« bas »* (A. Yemmafouo 2007) au gré des ventes et des cessions de terrains coutumiers. Le système coutumier qu'on croyait pourtant régir l'occupation des terres rurales se trouve ébranlé par la pression urbaine. Un dualisme de système foncier dilué s'impose à la satisfaction des spéculateurs. Les gestionnaires coutumiers que ce soit à l'échelle du village ou à l'échelle des ménages vendent ou cautionnent la vente de leurs patrimoines fonciers, défiant ainsi toutes les exigences de gestion patrimoniale qui caractérisent les sociétés traditionnelles.

Le concept de gouvernance qui abonde dans les discours relatifs à la gestion des affaires publiques, voire communautaire peut aussi s'appliquer à la gestion coutumière des terres, surtout pour dénoncer la dérive solitaire, voire autoritaire des gestionnaires de patrimoine foncier traditionnel autour des villes. Elle souligne le caractère consensuel ou non des choix de ces derniers face à la pression urbaine et permet de canaliser les efforts d'organisation des espaces périurbains par les sociétés traditionnelles aux prises avec la ville. On sait que la plupart des villes de l'Ouest ont été créées à la limite des chefferies dans le but de limiter les conflits de pouvoir entre l'administration et les chefferies (A. Kayo Sikombé, 2005, A. Yemmafouo 2007). Ces conflits n'ont jamais cessé. Les chefs qui estiment avoir cédé plus de terres à la ville se sont fortement impliqués dans la gestion des affaires urbaines en imposant leurs fils à la tête des conseils municipaux suivant des arrangements sociopolitiques qui se tissent à la veille de chaque élection (A. Kayo Sikombé, 2005). Si donc la société coutumière bamougoum est appelée à contribuer foncièrement à la production urbaine dans le périurbain, comment ses membres s'organisent-ils pour y parvenir ?

La ville de Bafoussam, située au carrefour de trois chefferies traditionnelles, à savoir : Baleng, Bafoussam, Bamougoum, se déploie actuellement sur plus de 5000 ha, dont 1572 ha du territoire du village Bamougoum, soit environ 17% de sa superficie totale. Si l'on ajoute l'espace périurbain actuel, on atteint 4323 ha, soit 46,48% de la superficie totale de Bamougoum. Cette progression urbaine est l'une des plus fortes par rapport à l'ensemble des trois chefferies qui ont accueilli la ville en 1925. Le choix du village Bamougoum se justifie aussi par l'ampleur des implantations industrielles qui soutiennent l'urbanisation, l'implication active des gestionnaires fonciers traditionnels dans l'étalement urbain et la grande facilité dit-on des Bamougoum à vendre la terre.

Partant d'une évaluation du niveau d'avancement de la ville dans le village Bamougoum et du niveau des mutations des structures foncières, les résultats de l'enquête auprès du chef de village, des chefs de quartiers et notables périurbains ainsi que leurs administrés, permettent d'évaluer leur niveau d'implication dans la gestion des grands dossiers relatifs à l'implantation de la ville dans leurs territoires, notamment l'implantation des agro-industries, le projet de ville porté par la mairie ou la vente de terrains aux particuliers.

I- LIRE L'ETALEMENT URBAIN AU PRISME DE LA GOUVERNANCE FONCIERE

Le concept de gouvernance renvoie à la nécessité de partage de pouvoir entre gouvernants et gouvernés. Face à l'impuissance ou à la surpuissance de l'action de l'Etat envers ses administrés, les bailleurs de fonds exigent de plus en plus une décentralisation des pouvoirs et une implication réelle des populations gouvernées dans les processus de décision qui engagent leurs destinées et leurs obligations de vivre ensemble. On s'est trop occupé des relations à l'Etat, oubliant qu'il est souvent absent, par exemple dans le périurbain où il tarde souvent à se manifester. Les sociétés traditionnelles qui le remplacent sont régies par des règles plus contraignantes. L'histoire des peuples africains, que ce soit dans les sociétés traditionnelles ou modernes, montre une absence de concertation étroite entre le peuple et ses dirigeants. On a surestimé la capacité des institutions ou des instances de décision à pouvoir maîtriser leurs domaines de compétence si bien que la question de la gouvernance n'a émergé que sous la surprise des scandales de gestion de toute sorte, que ce soit à l'échelle locale ou à l'échelle globale (B. Jouve, 2008). Tel que le concept prend de la place chez les chercheurs, les pouvoirs publics et les organisations internationales, il n'est plus question de le limiter uniquement à la sphère de gouvernement d'un pays. Le concept doit pouvoir s'imposer à tous les niveaux où des décisions engageant la vie ou la survie des groupes ou des communautés s'imposent. Cela suppose de lourds compromis et surtout des rétrécissements de pouvoir notamment dans les sociétés traditionnelles où l'habitude n'est pas à la négociation.

Dans les villes du Tiers-monde, l'accès au foncier est au centre de la quasi-totalité des formes de désordre urbain. La plupart des plans d'urbanisme datent de l'époque coloniale, et depuis lors, les pouvoirs publics n'ont plus légiféré de nouveaux espaces pour accueillir la ville formelle. Ce sont donc les citadins et les propriétaires fonciers qui doivent produire la ville périphérique. L'étalement urbain qui justifie une offre foncière dispersée et irrégulière dans les espaces périurbains et un desserrement des fonctions urbaines marque bien le paysage. L'enchevêtrement des îlots urbanisés ou semi-urbanisés avec les enclaves de ruralisme dans les espaces mitoyens soulève la question de la gestion foncière traditionnelle devant le manque d'actions décisives et concertées des pouvoirs publics.

Le concept de gouvernance foncière traditionnelle cherche à mettre en cohérence le pouvoir des sociétés coutumières détentrices de droits fonciers avec les enjeux de développement défendus par l'Etat. La nécessité de légitimer des interventions dans le foncier rural paraît plus importante que la nécessité de légalisation. Dans le périurbain, le concept veut prendre en compte et évaluer la capacité des gestionnaires fonciers traditionnels à mieux s'organiser pour tirer le meilleur profit de la proximité de la ville. On constate qu'ils ont une volonté d'organiser l'arrivée de la ville, mais sans concertation avec toutes les parties prenantes de la société traditionnelle. Par exemple, on sait que le principe d'inaliénabilité des terres ne peut plus être respecté, mais au moins, les ventes de terrains peuvent être organisées par la hiérarchie traditionnelle. D'aucuns tiennent des discours protecteurs qui entrent en contradiction avec leurs actions tandis que d'autres avouent clairement leur impuissance. Le concept de gouvernance foncière donne la possibilité aux populations détentrices des droits coutumiers de mieux s'exprimer sur l'utilisation de leurs ressources foncières une fois que celles-ci deviennent objet d'enjeux financiers à des échelles plus grandes. Par exemple, si des contestations persistent sur la propriété des anciennes plantations coloniales ou sur la propriété des terres des plantations industrielles parapubliques (CDC, SODERIM), c'est souvent parce que les populations locales n'ont pas été bien associées aux processus décisionnaires.

Au plan périurbain, le concept de gouvernance foncière tend à mettre en exergue l'ouverture des sociétés traditionnelles à la modernisation. Le chef de la communauté n'est plus le détenteur des droits suprêmes sur les terres du groupe, mais il doit désormais accepter la contestation et même des plaintes auprès des tribunaux sur sa gestion des problèmes fonciers. Les logiques coutumières continuent, certes, de gouverner l'espace périurbain, mais sans que l'Etat n'ait renoncé à son souci d'imposer un *"modèle unitariste de droit"* foncier. *"Le concept de gouvernance permet alors de montrer comment diverses logiques modèlent les territoires [périurbains], les conflits et recherches de compromis au niveau local participant à cette restructuration"* (C. Baron, 2003 : 350). Le moment de la gouvernance foncière traditionnelle est donc celui de la concertation au sein des ménages comme au sein des instances traditionnelles de gestion du foncier pour faire face à la menace ou à l'aubaine urbaine selon les cas. Or, on constate que la pression urbaine et la course au gain facile développent des égoïsmes à l'origine des ventes anarchiques, des conflits fonciers au sein des ménages et au niveau du village tout entier. Le périurbain de Bamougoum se prête bien à cette étude qui veut mettre en exergue les défis de la gouvernance foncière traditionnelle face à la pression urbaine.

II- L'ABSORPTION DE BAMOUGOUM PAR L'ETALEMENT DE LA VILLE DE BAFOUSSAM

L'industrie agroalimentaire à l'avant-garde de l'envahissement urbain

Bamougoum est le village périurbain de Bafoussam qui abrite un grand nombre d'unités agro-industrielles pouvant porter le développement urbain. Le Plan d'urbanisme directeur (PUD) établi en 1980 par la Société centrale d'équipement du territoire (SCET) et le ministère de l'Urbanisme et de l'Habitat (MINUH) prévoit l'implantation de la zone industrielle dans le quartier Tchouwouong du village Bamougoum. La mise en œuvre tardive de ce plan occasionne l'occupation du site par l'habitat résidentiel avant les industries. De fait, le site devient étroit pour accueillir toutes les industries dès la fin des années 80. Seules les entreprises UCCAO, CAPLAMI, SOC, SABC, la station de traitement SNEC, la centrale AES-SONEL s'y installent effectivement. Les autres sont obligées de se déployer dans les quartiers environnants (Kamkop et Kena), cette fois en négociant eux-mêmes les terrains aux propriétaires locaux. Ainsi, la savonnerie SCS s'installe à Kamkop tout près du camp militaire, et suivant un processus d'agglutination, elle arrive à conquérir un espace sur lequel elle vient de réaliser une raffinerie d'huile végétale. Elle propose d'ailleurs de racheter les maisons et les terrains environnants pour agrandir son espace. Au quartier Ngouache, une autre savonnerie (CCO) a aussi réussi à s'installer sous fond de contestations qui durent jusqu'à aujourd'hui. A la sortie de la Nationale n°6 en direction de Bamenda, le paysage industriel se décline avec au moins cinq grandes sociétés qui emploient environ cent personnes chacune (tab.1).

Tableau 1 : Grosses structures urbaines ayant influencé l'étalement de la ville de Bafoussam dans le village Bamougoum

	Structures/ entreprises	**Types de structure**	**Année de création**	**Quartier**
1	CCO/huilerie	Industrie Chimique	1990	Ngouache
2	Lycée de Ngouache	Structure éducative	2003	Ngouache
3	SABC	Agro-industrie	1990	Tchouwong
4	SOC	Industrie chimique	1990	Tchouwong
5	UCCAO	Agro-industrie		Tchouwong
6	Centrale AES-SONEL	Industrie chimique		Tchouwong
7	Station de traitement d'eau de Nlem	Industrie chimique	1957	Tchouwong
8	SONEL poteau bois	Chimique	1985	Kena
9	Lycée de Bafoussam rural (Bamougoum)	Structure éducative	1993	kena
10	Usine à café Vital	Agro-industrie	2001	Kena
11	Séminaire catholique	Structure religieuse	1998	Kena
12	Léproserie	Structure sociale	1970	Ndzié
13	Collège Socrates	Structure éducative	1999	Ndzié
14	Lycée technique	Structure éducative	1991	Toket
15	Provenderie	Agro-alimentaire	1997	Djutcha
16	Station de traitement SNEC de la Métchié	Industrie chimique	1998	Loumgouo
17	Usine à éponges	Agro-alimentaire	2002	Kamkop
18	SCS/huilerie	Industrie chimique	1992	Kamkop
19	Camp militaire	Structure de défense	1970	Kamkop
20	Aéroport	Structure de communication	1987	Houong

Source : Enquêtes de terrain (2008).

On remarque clairement que l'agro-industrie est à la base de l'étalement urbain dans Bamougoum. Sur une vingtaine de structures et d'entreprises créées dans le village, douze ont été réalisées après 1990, ce qui affiche clairement deux phases d'étalement : 1980-1990, 1990-2000. La phase actuelle est la plus active. Les quartiers Kena, Ngouache, Houong, Ndzé, Tchipou, Metoh, Tchu, Toket ont intégré la ville (Fosto M. 2005). Le déploiement des infrastructures socio-administratives accompagne cette dynamique industrielle.

Les infrastructures socio-administratives d'envergure renforcent l'urbanisation périphérique

En dehors des industries qui sont des structures d'attraction urbaine par excellence, les pouvoirs publics, et parfois à la demande des élites locales, installent les infrastructures socio-administratives qui participent à l'encadrement et à l'amélioration des conditions de vie des citadins qui s'installent dans le périurbain. Il s'agit principalement des structures éducatives, des structures de défense et de communication, des structures religieuses, etc.

Le camp militaire de Kamkop construit au début des années 70 a été un véritable catalyseur du développement urbain. Non seulement un quartier militaire s'y est développé, mais aussi des hôtels et des petits pôles de commerce. Les quartiers Kena et Ndzié, aujourd'hui tous urbanisés, constituent des prolongements de l'influence de ce camp militaire.

L'aéroport de Bamougoum achevé en 1987 transforme le paysage rural de Bamougoum, même s'il n'accueille qu'occasionnellement des avions. Les villageois ont été déguerpis et ne seront dédommagés que vingt ans plus tard. Les populations déguerpies se sont agglomérées autour de l'aéroport créant ainsi une zone d'urbanisation qui se poursuit de nos jours et attire de plus en plus de citadins.

Le lycée technique de Bafoussam construit sur une superficie de 12,56 ha par les Canadiens en 1991 après un déguerpissement pour cause d'utilité publique est à n'en point douter l'élément central qui a permis au quartier Toket de s'urbaniser au rythme actuel. La prolifération des logements estudiantins sous la forme de mini-cités et d'appartements qui accueillent enseignants, autres citadins et commerçants, en est une preuve. Le lycée rural de Bafoussam construit depuis 1993 à Kena a joué le même rôle d'attraction de la ville. Le lycée de Ngouache créé en 2003, relance aussi l'envahissement de l'espace rural.

Le centre de santé catholique (Léproserie) créé au début des années 70 dans le quartier Ndzié est un ancien pôle d'extension urbaine qui a vu son influence bloquée par le bas-fond le séparant de Kamkop, mais depuis une dizaine d'années, cet obstacle est franchi et un nouvel axe d'urbanisation se dessine.

Carte 1 : Les infrastructures pôles de l'étalement urbain dans Bamougoum.

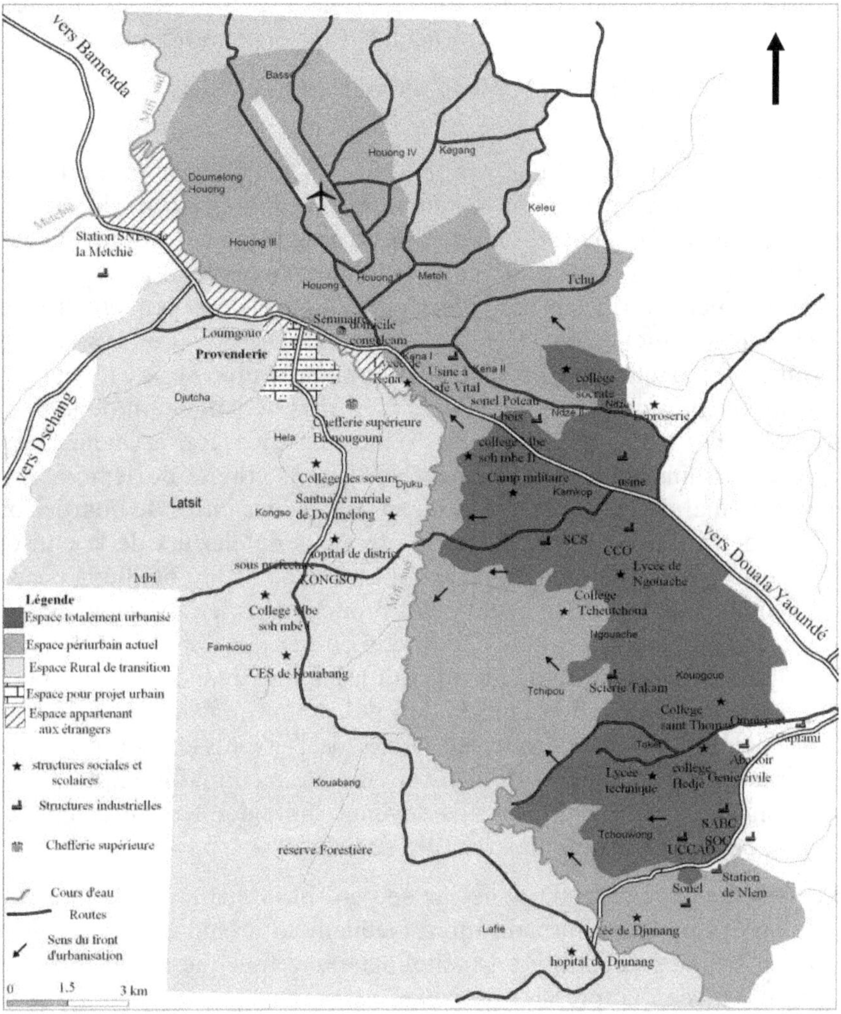

Comme on peut le constater, l'évolution de la ville suit celle des infrastructures. Chaque entreprise qui s'installe oriente le sens de l'étalement urbain jusqu'à un obstacle naturel. Que ce soit les industries ou les structures socio-administratives, les ouvriers ou les employés ont besoin de logement pour s'installer. Le village Bamougoum se trouve alors sous pression. On estime à plus de 2000 le nombre d'ouvriers et de salariés qui travaillent dans les entreprises installées à Bamougoum. D'après nos calculs basés sur une image satellitaire de 2007 de résolution 4m extraite dans Google Earth, la ville de Bafoussam a grignoté 43,23 km², soit 46,48 % de la superficie totale de Bamougoum. Cette surface a été occupée sans véritable projet urbain structuré ;

donc, seuls les propriétaires fonciers locaux ont consenti des efforts pour mettre cet espace à la disposition des citadins, en violant leurs principes culturels et les règles de fonctionnement de leurs structures foncières traditionnelles.

III- L'IMPOSSIBLE GOUVERNANCE FONCIERE TRADITIONNELLE

Le principe d'inaliénabilité de la terre a toujours marqué les sociétés traditionnelles africaines même si aujourd'hui il a presque disparu dans la société bamiléké. Le chef du village détenteur d'un pouvoir divin sur les terres les redistribue à ses sujets suivant l'ordre hiérarchique. La terre est ensuite transmise de père en fils par héritage. Cependant, les dons peuvent être accordés aux étrangers uniquement par le chef du village. Le système foncier traditionnel, bien qu'ayant affiché une certaine souplesse, s'est vite essoufflé avec l'introduction de l'économie de marché et la densification de la population (Lavigne Delville Ph. et al. 1998). Même les plus conservateurs arrivent à vendre les terrains sans véritablement réaliser la gravité de leurs actes sur le plan traditionnel. Il s'agit des chefs, des notables, des chefs de quartier ou chefs de 3ème degré qui étaient jusqu'alors les fervents défenseurs de la conservation des terres du village. Mais, cela ne veut pas dire qu'ils ont oublié la nécessité de conservation. Elle devient un idéal qu'ils prônent dans leurs discours et qui entre en contradiction avec leurs actes au quotidien ; et pour preuve, le sentiment de résignation face à l'avancée de la ville qui les anime quand on leur rappelle leur devoir de conservateur. Pourtant, le défi de gestion foncière dans le périurbain n'est pas celui de protéger les terres rurales de l'envahissement urbain, mais de négocier une entrée avantageuse dans la ville (A. Yemmafouo 2007). Comment les gestionnaires coutumiers sont-ils devenus individuellement complices de la soi-disant braderie à différentes échelles sociales ?

Le système foncier traditionnel ne se perd pas dans la modernité et surtout dans le processus de périurbanisation. L'étalement urbain crée dans un premier temps une attitude d'hostilité à la ville, mais une fois que les infrastructures se mettent en place, la pression foncière s'accentue et les ventes deviennent banales. Les chefs tentent de développer des stratégies protectionnistes en dissuadant leurs sujets de ne pas vendre leurs terrains qui constituent des patrimoines à léguer à leurs enfants. N'ayant plus de terres à redistribuer, ils se réduisent à la résolution des conflits et à un rôle consultatif lors des étapes de l'immatriculation. Ce niveau de responsabilité exploité au maximum est souvent remis en cause par les citadins qui les accusent de partialité et surtout d'être à la solde des plus offrants.

Le chef du village Bamougoum affirme hautement son impuissance quand il reconnaît le droit à chaque sujet de vendre son terrain. Il a même prescrit aux notables et aux chefs de quartier de veiller à ce que les opérations de vente ne soulèvent pas trop de conflits au sein des familles. On constate que lui-même est complice de ce qui peut être considéré comme de la mauvaise gouvernance foncière, car il a vendu le site de l'ancienne réserve forestière de Bamougoum, sis au quartier Kena, même s'il en a proposé une autre à Kouabang. La situation est encore plus préoccupante quand on pose la question aux chefs de quartier. Sur sept chefs interrogés, cinq avouent avoir déjà vendu au moins une parcelle. D'autres n'ont plus d'ailleurs que le site de leurs chefferies et se sont reconvertis en démarcheurs fonciers, incitant les *"résistants"* à *"profiter"* de la ville. Comme l'a si bien remarqué H. Kokou Motcho (2005) pour le cas de la ville de Niamey, ces chefs de quartier sont de véritables agents de développement, obligés de rendre compte à l'administration de la situation de la cohésion sociale dans leur ressort de commandement. D'après la figure 3 ci-dessous, 67% de gestionnaires coutumiers (chefs et notables) accueillent favorablement l'avancée de la ville tandis que 22% affichent leur neutralité. Seuls 11% affichent clairement leur hostilité à la ville. La proximité de la ville justifie l'intensité des ventes de terres. Les quartiers Kamkop et Badzié connaissent les plus forts pourcentages de ventes (fig.2). Les chefs de ces quartiers avouent ne plus avoir de rôle dans les transactions foncières car presque tous les terrains sont immatriculés. Ils ne se souviennent plus que des glorieuses époques où les terrains étaient encore vides. Il est clair que le même processus va toucher les autres quartiers et il est impératif que l'autorité traditionnelle s'organise pour assurer le maximum de bénéfices aux sujets qui vont inévitablement céder leurs parcelles aux citadins.

Graphique1 : Situation des ventes de terres. **Graphique2** : Position des gestionnaires au périurbain de Bamougoum coutumiers par rapport à l'avancée de la ville.

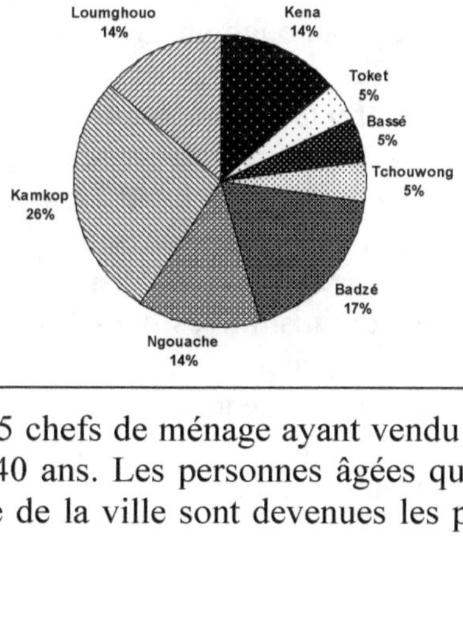

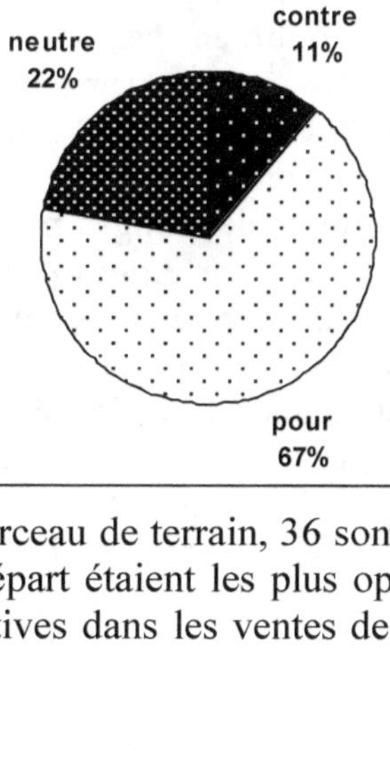

Sur 55 chefs de ménage ayant vendu un morceau de terrain, 36 sont âgés de plus de 40 ans. Les personnes âgées qui au départ étaient les plus opposées à l'avancée de la ville sont devenues les plus actives dans les ventes de terrains.

Le caractère patrimonial du foncier familial qu'elles sont censées protéger est dilué dans la pression urbaine. Il n'y a pas de distinction entre jeunes et vieux chefs de ménage. En tant que gestionnaires des terres, ils vendent pour peu que la raison de vente soit justifiée à leurs yeux. 88% n'ont mis que les membres de leurs familles devant les faits accomplis. Il n'y a donc pas de discussions préalables au sein de la famille pour juger d'autres possibilités de choix.

Tous les gestionnaires du foncier traditionnel interrogés (notables, et chefs de quartier) trouvent plus d'atouts que d'inconvénients à l'avancée de la ville. Leurs principaux soucis par rapport à l'avancée de la ville ne sont pas d'ordre foncier. Ils pensent plus aux agressions et vols, à la pollution, qu'aux problèmes fonciers. Seuls 30% des notables affirment avoir été consultés lors d'opérations foncières depuis 1990. Par contre, les chefs de quartier trouvent plutôt leurs pouvoirs fonciers rehaussés avec l'étalement urbain. En effet, ils sont légalement membres des commissions consultatives qui procèdent, soit aux immatriculations, soit aux règlements de conflits. Dans ces commissions, ils ont pour rôle de fixer l'autorité administrative sur la légitimité traditionnelle de l'occupation du terrain si celui-ci est situé dans une dépendance du domaine national. Ce n'est donc pas forcément un moment pour faire respecter les règles traditionnelles du foncier, mais pour donner un avis motivé sur la propriété traditionnelle d'un morceau du domaine national détenu par une famille avant la mise en application du régime foncier en vigueur (1974). Les autres problèmes fonciers sont directement soumis aux tribunaux administratifs sans passer par les tribunaux coutumiers.

IV- DE LA DISPERSION DES SERVICES ADMINISTRATIFS A UN PROJET URBAIN

Le rapport entre l'évolution administrative et l'évolution spatiale de la ville de Bafoussam témoigne des difficultés des pouvoirs publics à gérer les villes dont ils ne contrôlent pas le développement. En 1993, l'Etat crée la commune rurale de Kongso et l'arrondissement de Bamougoum avec pour ressort territorial le village Bamougoum. Les conflits réguliers de collecte d'impôts dans la zone urbanisée de Bamougoum entre la communauté urbaine et la commune rurale de Kongso pousse l'Etat en 2006 à remplacer la dénomination *"commune rurale de Kongso"* par *"commune de Bafoussam 3"* afin de donner plus de légitimité à la communauté urbaine de Bafoussam d'agir dans l'arrondissement de Bamougoum (Mouafo F. 2002). Ces disputes ont pour conséquence une dispersion des structures administratives dans Bamougoum : la gendarmerie à Kena, la sous-préfecture est située à Kongso, la mairie à Kongso, puis Kena, et enfin à Kamkop. Le manque de terrain est bien au centre de cette dispersion, même si elle devient stratégique pour discuter la collecte des impôts avec la communauté urbaine de Bafoussam.

Le projet urbain et l'épreuve de la gouvernance foncière traditionnelle

Le processus de création des villes au Cameroun obéit à une logique politico-administrative qui donne un rôle prépondérant à l'élite locale (Assako Assako R. Joly, 2001). Puisque c'est celle-ci qui suit souvent le dossier de création de la ville dans les hautes sphères de l'administration centrale, elle se donne aussi le devoir de contribuer à la mise en œuvre des infrastructures qui l'accompagnent. Très souvent, il est recommandé aux élites en concertation avec les autorités traditionnelles de chercher les sites appropriés pour les services de la ville. Dans le contexte de l'Ouest où les espaces sont saturés, la tâche est très difficile pour l'autorité traditionnelle. Les terrains litigieux ou neutres sont alors les sites idéals, car il s'agit de taire les querelles d'appropriation entre les tiers au nom des impératifs de développement de la communauté (Kayo Sikombé A., 2005 ; Fosto M., 2005 ; A. Yemmafouo 2007).

A Bamougoum, le chef de village et les élites s'activent à trouver un site devant regrouper l'ensemble des services dédiés à l'arrondissement et à la commune. Le morcellement est si intense qu'aucun espace contigu de superficie réglementaire ne peut être trouvé à l'échelle des parcelles individuelles. Sauf une ancienne zone d'expérimentation du café existe, mais elle avait été abandonnée pour les uns, bradée pour les autres au profit des non ressortissants bamougoum qui y exercent des droits agraires et possèdent même des titres fonciers. L'enjeu est donc de négocier une partie libre de toute construction d'immeubles pour installer la *"ville de Bamougoum"*. Plusieurs tentatives de récupération de cet espace ont auparavant échoué. Le chef du village a par exemple passé 24h de garde à vue et payé des dommages et intérêts après avoir lâché ses bœufs dans un champ. Ses femmes ont risqué le même sort après avoir récolté les produits dans les champs de la zone litigieuse, acte qui, au regard de la tradition, signifie une sommation de déguerpissement.

Carte2 : site[32] du projet urbain de Bamougoum et autres infrastructures d'attraction de la ville.

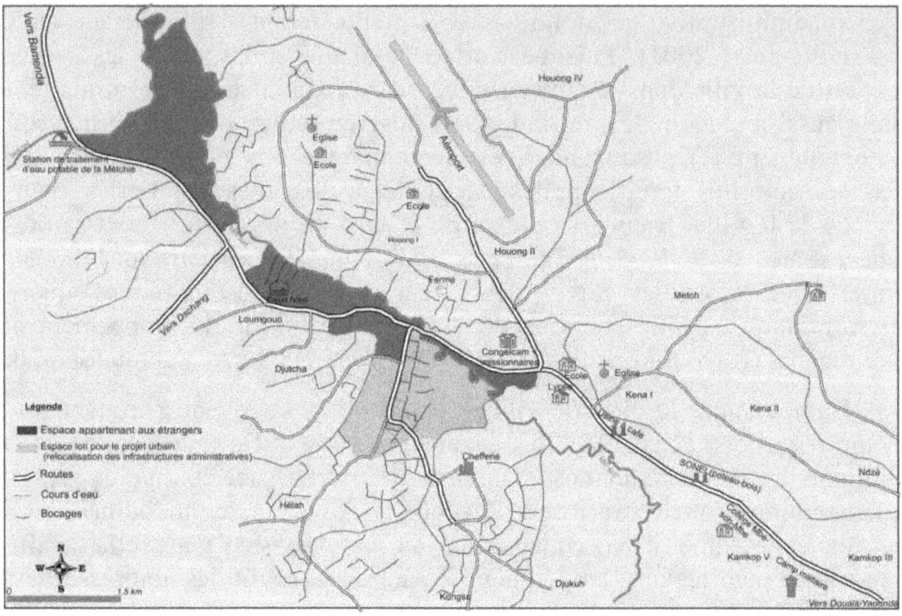

Après l'échec des stratégies de récupération par force, est venu le temps des négociations. Elles impliquent cette fois la mairie, les étrangers et le village représenté par L'ADEBA (Association des élites Bamougoum[33]). Elles aboutissent à la libération d'un espace d'environ 69 ha[34] au lieu-dit *"coopérative"* pour accueillir la *"ville de Bamougoum"*. Les termes de l'accord prévoient un dédommagement global d'une valeur de 70 millions de FCFA pour les mises en valeur, et des parcelles de compensation dans le lotissement final pour les propriétaires disposant d'un titre foncier. Le lotissement est déjà effectué et n'attend plus que l'aval du ministère de tutelle. Les élites en accord avec le chef du village sont prêtes pour contribuer à bâtir la *« ville »*.

Comme on peut le constater, il a fallu une certaine diligence de la part des autorités traditionnelles, notamment le chef et les élites pour que l'on en arrive à des solutions satisfaisantes pour les parties. Les méthodes traditionnelles de déguerpissement forcé ont été inopérantes, les astuces et la ruse du chef non plus, et finalement l'obligation de négocier l'a emporté. La mobilisation

---

[32] Cet espace est reconnu d'utilité publique par l'arrêté n°000132/Y.14.4/MINUH/D220 du 26 mai 2003.

[33] Malgré les dissensions entre les élites bamougoum, cette affaire foncière apparaît comme l'une des rares occasions où le consensus a été trouvé, malgré quelques tentatives de récupération politique menées par quelques-uns.

[34] Il s'agit des superficies obtenues à partir du géoréférencement des images satellitaires.

financière et la capacité de négociation des élites ont été déterminantes. Cependant, il n'est pas évident que l'opération aurait été plus facile si c'étaient les ressortissants bamougoum qui occupaient les lieux. En effet, avec la pression urbaine, les règles traditionnelles sont très vite remises en cause. Seule la négociation peut donner des résultats satisfaisants. Mais tout cela n'a été possible que grâce à la détermination des autorités traditionnelles à trouver un espace pour accueillir les services de la ville qu'elles ont réclamés au pouvoir en place parfois sous forme de chantage ou de récompense politique.

L'impact de la zone de sécurité autour de l'aéroport

L'autre projet urbain contesté unanimement par l'autorité traditionnelle et l'ensemble des villageois est le projet de définition d'une zone de sécurité d'un km autour de l'aéroport de Bamougoum en 2004. Après avoir déguerpi les populations des quartiers Houong, Bassé et Mepeuh sur près de 138 ha pour réaliser l'aéroport de Bamougoum en 1987, l'Etat n'a pas pris soin de dégager une zone de sécurité. C'est 17 ans après qu'il entreprend de déguerpir à nouveau d'autres villageois y compris certains recasements autour de l'aéroport. Le chef du village à la limite soupçonné par les populations de complicité avec les autorités aéroportuaires a été pratiquement humilié par les chants et les danses traditionnels de protestation. Les bornes de délimitation disposées le jour de bornage ont été immédiatement enlevées la nuit suivante malgré le dispositif policier destiné à les intimider.

Même si les besoins de sécurité sont réels, on constate la nécessité d'une bonne gouvernance foncière traditionnelle au périurbain. Le chef de village qui a compris la nécessité de protéger ses sujets d'éventuelles catastrophes aériennes, s'est retrouvé seul dans sa position conciliante. L'Etat, au moment de la construction de cet aéroport, a reporté cet impératif de sécurité qui aujourd'hui met le chef en opposition avec ses sujets. Les discussions se poursuivent et les contraintes foncières, mais aussi les avantages comparatifs de l'étalement urbain, ne font que renforcer la position des propriétaires fonciers qui depuis lors avaient déjà borné tous leurs terrains.

Conclusion

L'étalement urbain de Bafoussam est une épreuve de plus que doivent subir les chefferies traditionnelles qui l'entourent. L'introduction de l'économie de rente et les exigences de la modernité avaient déjà réduit leur influence dans la gestion foncière. L'arrivée de la ville dans leurs territoires est donc l'occasion de mesurer ce qui reste de leur pouvoir sur les terres. A travers le concept de gouvernance foncière traditionnelle, on se rend compte que les situations de pouvoir sur les terres sont différentes suivant les niveaux territoriaux. Au niveau du patrimoine foncier des ménages pris individuellement, aucun processus de gouvernance n'est observé. Chaque propriétaire foncier y compris les garants des traditions (chefs et notables) négocie sa relation à la ville. Quand les enjeux fonciers n'engagent plus seulement les individus, mais l'ensemble du village, c'est à ce moment que les mécanismes de la gouvernance foncière traditionnelle se mettent en place. La concertation s'organise, les élites se mobilisent autour du chef de village pour arrêter la conduite à tenir face au projet à réaliser. Derrière ce souci de gouvernance se cache la nécessité de défense ou de préservation des intérêts du territoire. L'impossibilité de remettre en cause les arrangements fonciers précédant la ville a obligé les autorités traditionnelles bamougoum à une concertation qui a abouti à la libération d'un espace pour leur projet de ville. On s'est aussi rendu compte que les populations sont prêtes à protester et à se désolidariser de leurs dirigeants traditionnels quand ils prennent des positions à l'encontre de leurs intérêts. C'est le cas du projet d'une zone de sécurité autour de l'aéroport qui a été pour l'instant abandonné. Il est donc évident que les processus de périurbanisation puisqu'ils ne peuvent être contrôlés par les pouvoirs publics, doivent au moins être accompagnés auprès des autorités traditionnelles. Aucune action urbaine ne pourra durer si elle n'est pas le résultat d'une négociation franche entre les autorités traditionnelles, les pouvoirs publics et les populations.

Bibliographie

ASSAKO R. J. (2001-B). « Réflexions sur le processus de création et de développement des villes au Cameroun », *col. H&A-Afriques* n°1 L'Harmattan pp. 25-47.

BARON C. (2003). "La gouvernance : débats autour d'un concept polysémique" in *Revue droit et société* n°54, pp329-351

FOSTO M. (2005). « Les dangers de la ville de Bafoussam pour les chefferies traditionnelles d'accueil Bafoussam, Baleng et Bamougoum », Mémoire de Maîtrise en géographie, université de Dschang, 102p.

JOUVE B. « La gouvernance urbaine : nouvelle catégorie d'action des politiques urbaines », chaireunesco.entpe.fr/fichier_PDF/publications/chaire%20gouvernance.pdf, consulté le 14 juillet 2008.

KAYO SIKOMBE A. (2005). "Politique foncière dans les villes à chefferies multiples de l'Ouest cameroun : Bafoussam et Mbouda" in *Gouverner les sociétés africaines : acteurs et institutions*, Karthala, pp. 155-175.

KOKOU MOTCHO H. (2005). « Urbanisation et rôle de la chefferie traditionnelle dans la communauté urbaine de Niamey », *Cahiers d'outre-mer*,

229, Une Afrique de l'Ouest en mutation, [En ligne], URL : http ://com.revues.org/document265.html. Consulté le 06 juillet 2008.

LAVIGNE DELVILLE PH. ET AL., (SOUS DIR.) (1998A), *Quelles politiques foncières pour l'Afrique rurale ?* Karthala, 737p.

MOUAFO F. (2002). « Litiges territoriaux intercommunaux à Bafoussam : historique, situation actuelle et problème de gestion de l'espace urbain », Mémoire de Maîtrise en géographie, université de Dschang, 101p.

YEMMAFOUO A. (2007). « Pratiques foncières et dynamiques des paysages périurbains de Mbouda : une contribution à l'étude des mutations spatiales autour des villes moyennes de l'Ouest-Cameroun », Thèse de Doctorat/Ph.D, université de Dschang, 375p.

Chapitre 9

URBAN EXTENSION GROWTH AND GOVERNANCE IN BAMENDA

FONGEU Jeremiah FOLETIA

HATCHEU Emil TCHAWÉ

INTRODUCTION

An important feature of the current urban trend in Bamenda City (Northwest Cameroon) is the fact that the nature and extent of urban growth depend on the global economy today than ever before. The number of urban dwellers is largely on increase estimated at 500, 000 inhabitants with an equivalent trend of urban sprawl. The causes of the Bamenda urban growth amongst others may be summarised under the demographic, economic and political or administrative reasons. The growth of the city couple with the absence of legal and institutional development plans and governance have seen a mark growth of it urban space with the passing of times. The growth of the urban population and urban sprawl is not associated with basic urban facilities. The study of the urban growth and extension, problems of governance in Bamenda states as problematic the introduction of different urban policies as a cause for diverse effects on it growth. Our research hypothesis considered that the problems of urban governance and management are a result of the rapid population. Considering this problematic and the hypothesis, the objective will be to show how the rapid population growth has hinder influence governance policies and the provision of basic facilities. The urban dwellers today need much more than the existing transport facilities, water distribution facilities, urban safety, housing, land tenure problems.

Our work will on the first place examine the reasons for Bamenda rapid urban growth, secondly, the manifestation of the it urban growth trends from 1950 to 2010, thirdly the challenges for a sustainable urban governance and conclusively the need for an urgent sustainable management of urban areas

I- REASONS FOR RAPID URBAN GROWTH IN BAMENDA CITY

Here we provide an understanding urban change in Bamenda requires consideration of the demographic, economic, and political history of the region to explain the reasons for it growth.

Bamenda emerges as one of the largest urban area in Cameroon since independence in 1960s. The town was founded in 1902 and situated at the edge of an escarpment. It is the biggest Anglophone city of the country. It population growth rate is experienced in it spatial expansion trend. The city has an estimated 446,000 inhabitants and is located 366 km [35]. The city expands covering the villages of Mankon, Nkwen and Mendankwe, engulfing quarters systematically.

It is important to note that the population growth rates of Bamenda have been varying from one year to another. Bamenda in the years 1934 to 1953, had an annual average growth rate estimated at 11.20%, 21.91% between 1964 and 1967. It dropped to 7.82% between 1976 and 1987 before taking a rise at 10% between 1994 and 2002. Today's growth is estimated at 7.1% (National Population Census results, 2010). The population density of the town I estimated at 1218.6 inhabitants per square kilometre (World Encyclopaedia, 2009.
The spectacular increase in Bamenda urban population was between 1965 and 1970s were associated with political turbulence and great social upheavals in French speaking part of Cameroon after independence in 1960s and the Nigerian Civil War (1968 – 1970). A large number of migrants from both regions took refuge in Bamenda (Achio-Chi, 1998, p. 166). Thus we have the Bamileke from the present West Region of Cameroon and the Ibos from Nigeria. Bamenda today is a melting pots of various ethnic groups from with it region, neighbouring regions and the border country, Nigerians.

It is unanimously accepted that Bamenda is one of the most important cities town of the English speaking part of Cameroon and the fourth most important town on Cameroon at large. This is due to it growth rates considered in terms of it population, space occupied and it regional attributions.

The whole of Bamenda first relied on primary activities such as harvesting, hunting, agriculture and forestry. Most of these activities have disappeared and the existing ones have given way to secondary and most especially tertiary activities : commerce, local industries, and quarrying, political and administrative functions. Commercial activities are the second main function after the political and administrative function. It is performed by both formal and informal sectors. Agriculture and distributive trade employ a greater number of Bamenda urban dwellers (Fongeu, 2010). Agriculture is less visible in the city centre and residential zones but takes more amplitude at peripheries especially in quarters resided by low income earners and newly arrived urban populations.

---

[35] Encyclopaedia 2009

The Central Business District (CBD) holds a good number of institutions and tertiary services of both private and public interests. More than fifty percent of banking activities is carried out in the Commercial Avenue and it also bears head offices of various insurances, Non Governmental Organisations (NGOs), Common Initiative Groups (CIG) and Supermarkets.

The impacts of commercial functions are reflected in the morphology structure of the town. There are two aspects of urban functions, namely, the metropolitan role of the city to it region and the inner diversity of functions within the city. It has been noted that most urban areas exhibit marked differences in their internal and external plans. These differences have been caused by it geographical factors (it fairly flat and extensive relief) in which functions play no less important role. The present structure and characteristic of Bamenda town cannot be comprehended without an understanding of the historical background which led to its origin and subsequent growths.

The expansion and improvement of the road network fuelled the popularity of the automobile. The number of motor vehicles has registered an increase in the town. The highways department of the ministry transport advocated the construction of new, modern roads outside of existing downtown area. The enterprising citizens of the Bamenda realised the potential of the vast market opening up in the auto services and began to establish businesses along the new thoroughfares. The new establishments commonly include service stations and auto parts stores, bus stations, eating establishments ; tea rooms, diners, fast-food and various stands and shops to offer diversions. Roadside stands are among the earliest and most prevalent features, as local farmers set up small stands along the side of the road to sell goods to passer-by and neighbours.

No town lives to itself. It serves as area which may be termed as its hinterland or market region. In the words of Weber (1959, p 55) a town acts as a funnel, through which passes the products of many other urban places to increasingly indeterminate tributary areas. Thus, it also acts as a centre for exchange where specialised products brought in from its hinterland and other regions passes through on to other towns for utilisation and distribution in their hinterland and vice versa. Commercial activities are generally associated with the core areas of the Bamenda City. In fact, in every quarter, old and new, large or small, the centre has its own particular appearance. This is known as the nucleus or the commercial hub which generally lies at cross-roads (junctions) and residential areas, far away from the market places.

Commercial activities engaged about 20 percent of the working population Bamenda town as a whole. These activities are generally associated with the Commercial Avenue, the older core of the town but in some places, it also occurs in a ribbon-like fashion along the main arterial roads of the residential and administrative areas live the Hotspot and the Central Hospital roads and the formal market place around the custom post. The nature and pattern of commercial land-use vary from one quarter to another and the shops depend on their economic foundation and the nature of the quarter. Commercial activities in the city can be broadly classified into basic and non-basic activities. The basic activities account for the very existence of the town since they bring income from outside and the non-basic activities service the essential workers and their dependents. These factors determine the value of trade carried by towns. The commercial land-use, however, occupies only a small segment of the urban space. It presents a myriad appearance, depending upon the size of the quarters.

As to the structure of commercial activities in the city of Bamenda, their locations vary with the function nature of quarters. It growth pattern is often a reflection of the origin and development of the town. The regular character of shopping streets is generally the result of the physical dominance of the site attributes. The Old Town is the quarter where the growth of commercial activities initially took close to the residential zone, along the river front. The pattern of commercial activity in Bamenda is both intricate and less schematic. There is an intermingling of commercial activities with other morphological functions, largely due to physical considerations of site and historic growth factors. Though the nature of business activities differ with quarters, it usually has a tendency to cluster at particular locations within the urban area. Hence, the origin, evolution and pattern of commercial structures in Bamenda City have to be considered in relation to urban morphology. Three types of retail structures can be identified in the city.

There is generally a decrease in commercial activities as we move from the central part (Commercial Avenue) of the city to its periphery. The centre part is a fully built-up area, where commercial activities and habitats are mixed up. The shops here are generally congested along the roads. It is worth noting that the degree of congestion in the city depends on it location. In contrast, the land values and shop rentals in isolated shopping nucleation, located in parts of the town, are comparatively low.

The management of large towns and cities on both the formal and informal administrative structures and on how these work in practice (Abiodun, 1997) which maybe governed by informal relationship than the formal procedures. The problem of political control and governance of services delivered manifests themselves during the 1990s with the introduction of multipartism, electoral contestations, persisting effect of economic crises, and salary cuts. Two political parties have their stronghold in this region : Social Democratic Front (SDF), the main opposition party and the Cameroon People Democratic Movement (CPDM), the ruling party.

However, this has since abated, although the formal party political atmosphere remains characterised by some elite-level fission. Bamenda stands out as being at the centre of Cameroon's opposition movement. The developments that have been taking place in Bamenda in recent years ranks among the most striking event. The home of the presidential candidate (Ni John Fru Ndi), it is here that the initial riots leading to multipartism took place after the police opened fire on the inaugural rally of the Social Democratic Front and a town where the Southern Cameroon National Council (SCNC) have greater stronghold.

Political scientists focus on institutional behaviour and distribution of power and influence which dramatically modify many on the function of the city. The physical evolution of town is centred on the nature of it inter-organisational relations between the main agents of changes such as property owners, investors, developers, interest groups and governmental organisations, especially local authority politicians. The government buildings are perched high on the cliff top in a neighbourhood called the Up-station. The town has witness great administrative evolution as it remains the main chief town of the Northwest Region and the Anglophone Regions of the country. The city of Bamenda passed from Bamenda urban council to the Bamenda City Council with three Subdivision Councils namely, the Bamenda I, Bamenda II and the Bamenda III. This splitting is closely linked to the demographic growth of the town. The Urban Council was created by the 1987 law N° 87/015 of 15 July 1987. The phenomenal increase of the number of provincial and now regional delegations well as administrative facilities and building favoured the situation. So only the core town remains unchanged with commercial centre the town spread in all sides. Downtown Bamenda is a vast conglomeration of small business and working neighbourhoods.

The town of Bamenda was created since colonial periods. As the year goes by, the number of inhabitants increases due to natural increase and migration. The people gradually engaged themselves in commerce and administrative services which inevitably led to the creation of the urban centre. Two major administrative structures can be identified in Bamenda ; the traditional authorities assured by the Fons and their kinsmen, and the modern administration emanating from the Central Government. The traditional systems have villages sub divided into quarters. The Fon is the head of a village and he appoints quarter heads to assist him in the daily administration of the village. The town is made up of three main villages : Mankon, Nkwen and Mendankwe. The village that make up the Bamenda City before were well organised and structured but gradually lost their hegemony to the colonial administration and later to the central government now administer every stage of the administration of the national territory since 1961 ; when Cameroon obtained it final political independence.

The city is not only the Divisional headquarter but also the administrative headquarter of the Northwest Region at large. It thus bears all the regional administrative activities coupled with those of the divisional and the Sub Divisional services. These structures are highly dispersed on the urban area. According to Achankeng, 1995, the sizes of the streets and number of houses, network of streets and build up area are signs of positive urban growth. Owning to decree N° 2007/115 of 24th April 2007 outlying the creation of new Sub Division and Councils, the town of Bamenda and the Bamenda Urban Council (BUC) was fragment into three new Sub Divisional Councils : Bamenda I, Bamenda II and the Bamenda III Councils (Fongeu, 2010, p. 65). The up-station, administratively part of Mandankwe village, hosts almost all the administrative services of the city and the region at large. The regional delegations, divisional services, military, judicial and the communication and the national radio house are all located here. The Governor, the SDO and some important officers and the Presidential Loge are all reside in the up-station

II- SPATIAL SPRAWL EVOLUTION AND IT CAUSES IN BAMENDA

Following the history of the Bamenda urban area, it was the Germans who occupied a portion of the upper town (the Up Station). The space they occupied was only six hectares. Between 1918 and to 1958, quarters such as the Government Residential Area (GRA), Old Town and Ntamulung existed with the exception of the Commercial Avenue that was not yet inhabited. The total area cover by these quarters, at the time was estimated at 154 hectares (Beba, 2002). During the reunification in 1961, the inhabited areas doubled to 379 hectares by 1968 with new quarters such as Metta, Azire, Musang, Bayelle, GRA and Nkwen inclusive[36]. Other quarters such as Ngomghan, Ntambesi, Ntarikon, Atuakon, Nitob, New Layout, Mulang and Abangoh developed before 1981. The spaces these quarters occupied tripled the urban space to 1078 hectares. The overall occupation density stood at 54.2 inhabited/hectares with space consumption per inhabitant of 18405m². Today, projections show that the spatial occupation of Bamenda City could stand at 2900 hectares, see map below.

The spatial occupation in the Bamenda urban space is a call for concern and poses a number of problems to urban managers. Most of the activities of the town are structured within the Central Business District (CBD). Here we have the Mankon Main Market, Food Market and number of banking services. The

[36] Information extracted from Beba (2002)

Mankon Main Market comprises the major street of the town (Commercial Avenue), where kiosks and canteens are constructed along the street. This area of the town acts as a pole of urban growth. Another pool of Bamenda urban growth is seen at the level of Nkwen where the density of settlement and secondary services are very high. These development poles and their activities associated with it development hinders the circulation in the town. In this respect, the formal Bamenda Urban Council (BUC) decided to dislocate the people selling along the street and with the newly created Bamenda City Council (BCC), ordered the removal of all motor parks, transport agencies and containers from the Bamenda urban space to the peripheries : Mile 4 Nkwen, Mile 8 (Muwastu) and Mendankwe Food markets and motor parks. New motor parks and markets are today created towards the peripheries of the town.

The developments of roads and streets lead to pattern formation, resulting in the development of various nuclei of human concentration. The road networks constitute the skeletal framework of the city. The city of Bamenda can be considered as a living organism. This is because the development of the built-up area along roads, streets and lanes occurs gradually as in any organic form. The centripetal and centrifugal forces play dominant roles in it growth. Colby (1933) identified three stages of urban growth models : concentric Zone, the sector and the multi nuclei theories. The concentric is one of the early models of urban form arose from observation that the town is developing outwards from Old Town and Ntamulung and more recently from the Commercial Avenue, considered as the central area, more or less consistently in all directions. The sector model of the town considers it as the growth that takes place along particular axis of transportation usually consisting of similar types of land use. The whole town is considered to be growing toward Nkwen and Mankon because of the influence of the Cliff, thus hindering a circular model and the various areas as sectors radiating out from the centre of the town. Map below shows the spatial evolution of the town from 1950 to 2006. The Multi Nuclei model is that which had a fundamental cellular structure focused about growth points. The growth points include those of Up-station which is more of an administrative zone and the Downtown zone occupied by the native population and more recently by migrants.

The spatial extension of Bamenda Town

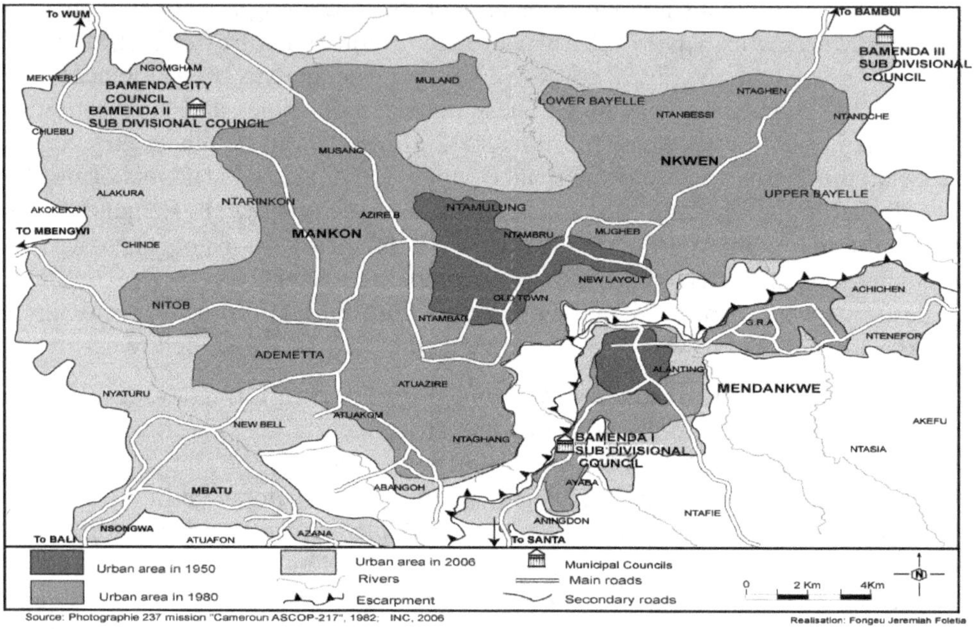

Source: Photographie 237 mission "Cameroun ASCOP-217", 1982; INC, 2006 Realisation: Fongeu Jeremiah Foletia

The rapid development and expansion of Bamenda involves the interaction of many different variables including social, economic, political and physical factors. Urban growth is associated to population increase, the spatial extension of build up areas, land tenure systems and the extension of economic activities like commerce near households. The increase in population size and the spatial expansion of Bamenda is doubtfully related to an increase in the level of infrastructures in the town. The urban sprawl in the town is noted at all directions in the low lying part of the city. The main causes of urban sprawl in Bamenda include : uncontrolled conversion of rural land into urban space ; urban land is unplanned and not laid out ; no systematic programme for urban land development ; informal and unorganised urban land market ; high cost of land in inner and middle areas of the town ; indigenes occupy land and build where they inherit land ; uncontrolled speculation and hoarding of land.

This less masterminded spatial growth trend has enormous effect on the management of it infrastructures and the city itself. The number of markets has rose from three built up markets before 1998 (Mankon, Nkwen and Ntarikon) to seven markets today : with new markets like the Food Market in Bamenda I, the Food and Muwatsu markets in Bamenda II and Mile 4 markets in Bamenda III. The rapid and unplanned spatial growth of the city has enormous repercussions on the urban environment. Bamenda provides a good example of rural-urban exchange. The poor urban migrants find themselves on the slopes because of the cost of high cost of land rents. Given the low cost land on the slow coupled with low legal involvement, these areas are highly solicited.

III- CHALLENGES OF BAMENDA SUSTAINABLE URBAN GOVERNANCE

The rapid urban growth and extension of Bamenda is accompanied by changing space consumption patterns. African cities are growing despite poor macroeconomic performance and without significant direct foreign investment making it next to impossible for urban authorities to provide low-income housing, high-quality urban services, or sufficient employment (Cohen, 2004 pp. 24). The growth and expansion is not associated with by the provision of urban services and equipments. They usually lack by portable water, electricity, waste collection equipment and most importantly roads, the only infrastructures which fashions urban area. Cities and towns are ideal places where the level of provision of basic services : drinking water, sanitation, waste collection and treatments electricity, transport and communications. "Almost half of all people living in cities in developing countries have no access to services. Where these installations exist, the quality is not always guaranteed (power cuts and low pressure)", Biagiotti, 2007, pp 44

The local municipalities have different planning and development documents which are available to them may not meet up with the challenges of urban demographic, environmental and economic demands. Most of these documents in Bamenda as other cities and towns in Cameroon are outdated. The executions of formal development policies become very difficult. There is no surprise that neither the Bamenda Urban Council nor its Sub Divisional Councils possess any map showing the spatial evolution of the city or maps identifying the present location of structures and institutions. Project maps are ordered from the local structures like CAMGIS or done by personal initiatives to meet up with the immediate demands. Policies implemented are under association or projects are executed to satisfy only the immediate demands of the population and to satisfy political promises and interests. The case in hand is the rampant distribution of market places, removal of market containers and rehabilitation of the urban dwellers on the hillsides : the escarpment separating the Up-Station from the Down Town. Planning and sustainable development maps (Master Plans) are issue of the past and the existing one date back to the 80s. But urban sprawl cannot be checked by a prepared plan alone. Efficient guidance, development control and regulation must be ensured for the success. (Golam & al, 2008)

The decentralisation policies and the transfer of financial resources to municipalities seem to be a solution to all misdeeds of the persistent economic crises that struck Cameroon and other African countries of mid 1985. Presently no real zoning is made for future establishments, networks and operations. The fragmentation of Bamenda, following the 2007 decentralisation policies, the city was fragmented into three new structures : Bamenda I, Bamenda II and Bamenda III. Each of this structures are headed by a Mayor elected by it population. The challenge is that no clear demarcation is made amongst the council. The Mayors all fear trespassing the administrative boundary in order to avoid tensions. Thus some areas of the city are not equally equipped by urban amenities.

In the city, the construction of houses either does not respect any legislative or regulatory framework. This is because it does not fit urban planning or "because it has been built on somebody else's property, often in public land", Biagiotti, 2007, pp. 38. Landownership : use of land, full and duly registered ownership is controlled the traditional rulers (Fons) and is highly recognised by the population.

The present state of urban development in Bamenda could best be understood with recur to land administration practices that transcend to colonial days. Most urban lands in the peripheries and hillsides have no registration of who owns it or has rights to use it. New initiatives are underway to address landownership, in the belief that land registration and titling can promote investment, reduce poverty and encourage better natural-resource management. Human settlement and poor landuse is a call for concern when considering the fragility of it ecosystems. The urban areas have grown at the detriment of farmland. Three types of agricultural activities are noted in Bamenda : crop based farming, pure pasturalism and mixed crop-livestock (Acho-Chi, 1998, p. 167). There is also a high demand for feulwood, charcoal bush meat and roads have resulted to the degradation of escarpment and urban land. The rapid and unplanned growth of the Bamenda urban space is having huge repercussions on the environment and resource processes in the rural hinterland and on the regional economy in general. Bamenda region provides a good illustration of the impact that urbanisation can have on the rural landscape and economy.

Natural hazards, in the form of floods in the planes and landslips on the extended escarpment are very common within Bamenda. The rate at which surfaces are being paved, new roads, the construction new houses have distorted stream channels and reduced in width span. Floods has taken away scores of souls, damaged roads and buildings and above all other properties of economic value have been reduced within the twinkle of an eye. Quarters like Ntamulung, Bayelle, part Ntambang, Mulang, lower Ngomham and Ntatru are at high flood risks as Achi-Cho (1998) says the floods in Bamenda is as old as the history of the city.

These areas are built along and across the confluence of a centripetal drainage network that drains all the flood waters generated over the entire city of Bamenda. According to Nyambod, (2010) more than 90% of those living within flood affected area attest of always afraid of heavy rains and are very willing to quit their present residence for a new one if the state can assist them in relocate. As way of coping with floods within these flood areas urban dwellers of such regions fill sand full bags and outline them along the rivers courses to prevent the flow of water in their houses during heavy down pour. Others in habitants use buckets to send out water from homes during flooding while others raise their foundations to an appreciable height that to curb flood levels.

In order ameliorate the flood problems, plans by the city authorities to rehabilitate and raise the height of bridges along major roads axis that are prone to flooding after heavy rains. As if to make things worse, bridges constructed are just a miniature and are still unable handle huge volumes of water after heavy rains. The reasons to this dilemma could be twofold : misappropriation of funds allocated for engineering projects by unscrupulous contractors or an increase tendency of the population to deposit waste into river courses resulting in heavy river load after rains.

Providing urban dwellers with safe cities and towns to live and work is a common objective of the municipality. The fight against insecurity has been welcomed by the local authorities who do not have enough financial and human resources to cover the 366 km² area of Bamenda urban space. The city have police station in each of the Sub Divisional Councils but the presence if Bataillon d'Intervention Rapide (BIR) is becoming increasingly important in maintaining urban security. Although poverty often maintains insecurity, sustainable economic development may also coincide with high crime levels (Biagiotti, 2007, p.56). The insecurity of the given area influences and discourages investments. Lack of an efficient lighting system poses circulation difficulties in some part of the city and it peripheries at night. In less than three months, (September, October, and November 2007) nine people were killed and more than 100 others attacked by armed men in Bamenda, especially at night when the town becomes a jungle as men of the underworld take over control. The urban dwellers are gripped by a new phenomenon fear and terror.

Inhabitants of Bamenda resolved in 2010 to curb or eliminate insecurity in the town and beyond. This resolution was arrived at in a conference on insecurity in the North West Province (NWP) under the theme, "Insecurity : Our Collective Concern," behest of civil society leaders spearheaded by Mr. Simon Nkwenti. The conference brought together peoples of civil society including the clergy, parliamentarians, traditional rulers and school administrators. The forces of Law and Order through the Legion Commander of the NWP Gendarmerie and the Provincial Delegate of National Security were called to put in more efforts in tracking down criminals. The population are often berated these authorities for laxity and intervention only after acts of criminality have already been perpetrated.

The Bamenda city authorities have no urban transportation plan. Most parts of the city especially in peripheries are not served by public roads. There are either not previewed or implemented by the local initiatives. In adequate land in most areas are not previewed for road network. Thus, most houses cannot be served by motorable roads. Nowadays, the number of secondary roads have been increased or simply upgraded thanks to the celebration of the 50th Anniversary Celebration of Arm Forces in Bamenda, which saw the presence of the Head of State, President Paul Biya, in November 2010. Road constructions do not bear any long term uses except for the main street linking quarters. Roads are constructed without sidewalks or parkings. Cars are either temporally parked on pavement of abandoned. Though it is considered that there are more than 48.8km of tarred primary and secondary roads in Bamenda (Nyambod, 2010 pp. 19), there are largely insufficient. The transport and urban problems of traffic control, discipline and observation laws and regulation remain poorly implemented. There is low standard traffic discipline on the parts of motorists and traffic safety measures are poor on the parts of cyclist and pedestrians ; especially those of school ages. The economic situation in Cameroon and Bamenda has discouraged the use of personal cars. This is especially the case with the constant increase in the cost of fuel and roads user's fees have turned marginal car owners into public transport. Urban dwellers, irrespective of their income levels depend on public transport facilities for mobility (Abiodun, 1997). Congestion has greatly been reduced with the increase in the number of practicable street and permanent transport circulation within the city. Amongst other problems pledging urban transport in Bamenda, we can list out : traffic congestion, parking difficulties, public transport inadequacy, difficulties for pedestrians, loss of public space, accidents and safety and land consumption.

As other urban problems water is not left out. Inhabitants of Bamenda I, II and III began buying water from Public taps. Vincent Nji Ndumu, Government Delegate to the Bamenda City Council. In May, 2010 the Bamenda City Council announced the privatisation of public taps. This is aimed at wading away with expensive bills which it ensures from ensuring this taps. Bamenda City with it three main villages and more than sixty has just fifty-five public stand taps to serve it increasing poor population, which have less than one dollar a day. The decision was justified on grounds that the cost of running them was too high. Bills he inherited stood at FCFA 1.5 millions, while between January 2009 and December 2009 the outstanding debt was FCFA 400.000. Before the middle of the year, more than thirty-five of these tap were already privatised. The population henceforth is obliged to pay 20 FCFA to get a 20 Litres of water. In the city very few household in suburbs can afford for individual. They thus depend on the public stand taps or rely on the nearby and far off springs for their sources of water. The quality, quantity and flow of the water source are not of interest. It is in such quarters that water related diseases are common.

CONCLUSION

The management of cities in Cameroon is a complex issue which needs the intervention of different stakeholders like the state, the city council, the local authorities, the civil societies and donor countries or institutions. All these stakeholders have an inevitable role to play in the management of urban centres, but these actions are much uncoordinated. It gives rise to urban disorder. Urban sprawl in Bamenda City is cased by the absence of updated master plans ; uncoordinated spatial urban growth ; decay of inner cities ; land speculation and rapidly growing urban population. As consequences we have the depletion of green areas and open spaces resulting in the loss of biodiversity, air pollution and traffic congestion due to increasing use of private automobiles.

In order to deal with the chaotic conditions of unplanned development of the urban sprawl in Bamenda there is need for new techniques of urban planning and management which required to be applied for effective measures to do away with urban sprawl the metropolitan cities. Another important technique which may be helpful to efficient urban planning, governance and management of the areas under urban sprawl is the Geographical Information Systems (GIS) information gathering and feed back system. Utilisation of one such system for landuse, land cover mapping and change detection in the rural urban fringe area of city. Management and planning of urban space requires spatially accurate and timely information on land use and changing pattern. Monitoring provide the planners and the decision-makers with required information about the current state of development and the nature of changes that have occurred. The system provides detailed spatial changes regularly which may assist the planner to effectively regulate and guide development in the urban management process. This is indespensible for fringe zones like those of Nkwen-Bambui-Bambili, Mankon-Bafut-Mbengwi and those of Mendankwe-Tuba-Santa which are all satellites town in relations to their population and functions to that of Bamenda city.

BIBLIOGRAPHY

ACHO-CHI (1998). *Human interference and environmental instability : Addressing the environmental consequences of rapid urban growth in Bamenda, Cameroon.* In Journal of Environment and Urbanization, Vol. 10, pp. 161–174.

ACHANKENG, Eric (1995). *Memfe : Changing urban growth in a Cameroon border town : Dependency or independence ?* In Revue de Géographie du Cameroun, Vol. XII N° 1. p 47-61.

BERTRAND, Monique (1997). *Gestion Urbaine ; Developpment Communaux, collectivités et pouvoir locaux.* In, les villes Secondares d'Afrique Noire. CEAN, pages 83-98

BIAGIOTTI, Isabelle (2007). Emerging Cities : A key to understanding and acting. ISTED, DGCID, AFD. Montpellier, www.villesendevenir.org. 79 pages

CHEKA, C. (2007). *The State of the Process of Decentralisation in Cameroon.* In Africa Development, Vol. XXXII, No. 2, 2007, pp. 181–196. Council for the Development of Social Science Research in Africa, (CODESRIA).

COHEN, BARNEY (2004) *Urban Growth in Developing Countries : A Review of Current Trends and a Caution Regarding Existing Forecasts* In World Development, Elsevier Ltd Vol. 32, No. 1, pp. 23–51

DIESTELHORST, S. (2004). Law on decentralisation in Cameroon 2004. Summarised for Municipal Councils. Halvestas Cameroon. 25 pages.

DORIER-APPRIL, E. & Jaglin, S. Ed (2002). Gérer la Ville ; entre global et Local. Autrepart, L'aube, IRD. N° 21. 198 pages.

FOLETIA, Jeremiah F. (2010). The Management of urban infrastructures in the context of Decentralisation in Cameroon : the case of market management in Bamenda, Northwest Region (Cameroon). University of Dschang, Master Thesis (Undefended), 165 pages.

GOLAM Rahman, DEANNA Alam and SIRAJUL Islam, (2008) City Growth with urban Sprawl and Problems of Management, 44th ISOCARP Congress, 11 pages.

HATCHEU, Emil. T. (2007). Plaidoyer pour la gestion durable de villes en Afrique Centrale et si le monde venait de Douala ?

KETU, jacob (2010). Bamenda : The local people will soon buy water from Public taps.

http/ : www.mboablog.com/.../10319,bamenda-inhabitants-will-soon-buy-water-from public-taps.html ; 18/03-2011

NYAMBOD, Emmanuel M. (2010). *Environmental Consequences of Rapid Urbanisation : Bamenda City, Cameroon.* In Journal of Environmental Protection, 2010, 1, 15-23 (http ://www.SciRP.org/journal/jep)

Chapitre 10

LA CONSOMMATION DE L'ESPACE URBAIN A YAOUNDE : CONFLITS DES CAPITAUX ECONOMIQUE ET CULTUREL

Nathan ONANA NOAH

INTRODUCTION

La consommation de l'espace urbain au Cameroun, loin d'être considérée comme un hasard de circonstance est pensée par les acteurs sociaux. C'est un fait social qui dépasse la simple logique des individus qui y résident. Un espace occupé par les résidents renferme une histoire, il a toujours été l'œuvre des populations dites autochtones qui baptisent des espaces selon le modèle ancestral. Il se trouve donc que des nouveaux habitants mus par des ambitions démesurées s'approprient l'espace et se le réapproprient en débaptisant le lieu occupé à l'aune de leur volonté, des ambitions et des représentations qui sont les leurs. Un conflit latent naît, en raison de la frustration qu'ont les anciens habitants par rapport au nouveau nom de leur lieu de résidence, celui auquel ils ne se reconnaissent pas, mais qui est imposé par de nouveaux résidents. Dans l'imaginaire collectif et symbolique, un conflit latent reste le mode de sociabilité de ces deux types de résidents. En raison de la diversité des capitaux dans les quartiers résidentiels, il se trouve que le capital culturel et le capital économique s'affrontent régulièrement, donnant lieu à une interaction condescendante, ce qui obstrue l'émergence des projets collectifs qui visent à faire émerger le quartier. Dans ce travail, il est question de mettre en lumière les différentes interactions qui structurent le modèle de sociabilité de ces espaces à travers les dires des acteurs sociaux qui y résident.

I- ESPACE RESIDENTIEL ET REPRESENTATIONS SOCIALES

La mobilité spatiale en zone urbaine reste un phénomène digne de pertinence sociologique, car les habitants d'un espace social donné ne l'occupent pas par hasard. Ils y sont, soit parce qu'ils jouissent d'un droit successoral, soit en raison des logiques marchandes. C'est-à-dire que l'espace résidentiel tient ses fruits des prouesses pécuniaires des propriétaires. Dans la mobilité urbaine, le plus souvent, l'espace qu'on occupe n'est pas très différent de celui qui se rapproche de l'univers ancestral des résidents, nous voulons par là signifier que, dans une grande majorité, les acteurs sociaux occupent des espaces situés, soit à l'entrée de la ville, soit à la sortie de la ville. Cette logique d'occupation de l'espace peut être cernée sous le prisme de la rationalité située de **R. Boudon**, renvoyant à l'idée selon laquelle l'individu n'agit pas dans un vide social, il exprime plutôt ses actions dans un cadre plus au moins coercitif. C'est ainsi que l'action de l'individu sera dite rationnelle lorsque celui qui la pose avait de bonnes raisons lorsqu'il décidait de l'exprimer. Cette rationalité qui tire sa source dans les valeurs qui peuvent se définir comme des idéaux collectifs et symboliques, qui dans une société donnée définissent les critères du désirable, c'est-à-dire du vrai, par opposition au faux et du laid par opposition au beau. Ce sont ces valeurs qui permettent aux individus de se situer dans un espace déterminé. Une observation menée auprès des populations qui résident dans les différentes entrées de la ville de Yaoundé révèle la mobilité spatiale que nous décrivons. Il faudrait noter que lorsque nous parlons de l'entrée de la ville, il faut intégrer la voie ferroviaire à travers la gare voyageur qui débouche sur un quartier comme Mvog-Ada qui regroupe en son sein une population significative de Bassa qui, à l'arrivée dans la capitale politique du Cameroun, ont décidé, pas peut-être librement, mais rationnellement d'occuper le quartier que nous avons relevé plus haut. Il en est de même du quartier Etoa-Meki voisin du quartier Mvog-Ada d'après la voie ferroviaire. La réalité que nous décrivons peut être vérifiée dans les quartiers Nkolbisson, Oyom-Abang, Messa-Assi, Etoudi, pour les Eton, les quartiers Nkomo, Ekounou pour les Ewondo, les quartiers Odza, Mvan pour les populations de la région du Sud-Cameroun. Lorsque nous interrogeons le capital symbolique des résidents de ces quartiers, et pour l'évaluation de leur représentation, ce que nous pourrions retenir s'inscrit dans la perspective selon laquelle la posture d'un étranger qui vient en ville doit être celle de la défiance, car la peur de l'inconnu doit toujours conduire les personnes nouvellement arrivées en ville de s'installer à des lieux qui se situent à proximité de leur lieu d'appartenance. Car les relations sociales étant structurées par des conflits, et en cas de difficulté, le meilleur moyen de s'en échapper serait de faire un retour vers la terre de ses ancêtres avec la plus grande facilité au lieu de traverser toute la ville avec le risque de se faire rattraper par son ennemi. L'espace qu'on occupe en ville a donc une double signification, celle de défiance par rapport à l'inconnu et celle de s'échapper avec le plus de facilité à son adversaire en cas d'attaque. Il va donc se trouver qu'avec l'évolution des mentalités et l'introduction permanente dans le psychique des individus de la culture irénique, plusieurs habitants du type d'espace que nous avons mobilisé vont se départir des habitudes reçues et acquises au cours de leur socialisation primaire et s'inscrire dans le champ des représentations collectives. La mobilité spatiale gagne l'estime des populations issues de ces zones, ce qui va les conduire à rompre d'avec une tradition qui se définit des relations organiques en zone urbaine pour s'inscrire dans ce que nous pouvons nommer l'occupation l'espace des représentations. Cela signifie que l'individu qui a été socialisé dans les conditions décrites plus haut aura tendance à créer d'autres modèles, une autre manière de voir le monde, d'abord celui de ses rêves et aussi se départir de certains autrui invisibles qui étaient à même de constituer un poids dans la conscience de manière à freiner toutes velléités de changement. Nous avons ici en présence l'idée d'un consommateur snob et celui d'un consommateur chauve-souris pour emprunter une terminologie de **N. Onana Noah** (2009). Pour le premier, il s'agit de cet acteur qui a pour référentiel les personnes idéalisées. Ce type de consommateur est plus proche de la prévarication lorsqu'il en a l'occasion, dans la logique du détachement de ses groupes de pairs. C'est celui dont les possessions ne reflètent aucunement son appartenance, celui qui bricole son identité en permanence, un acteur à partir duquel on ne peut établir une trajectoire objective en matière de consommation de l'espace sur le plan des richesses, nous pouvons dire avec les juristes qu'il jouit d'un enrichissement sans cause. Par rapport au consommateur chauve-souris, nous pouvons dire que ce type d'acteur est celui qui a perdu sa culture, car il est ballotté entre les modèles de consommation des dynamiques du dedans et des dynamiques du dehors. Celui qui est enclin à recevoir toute innovation sans le moindre souci de créer une rupture, pour s'intéresser aux questions de comment et de pourquoi, par sa capacité à intégrer la nouveauté, nous pouvons associer ce type de consommateur spatial à cette pensée de **J. Baudrillard** (1970 :18) « *Les innovations sont source de fertilité et enferment des masses à l'intérieur de fonctions de plus en plus totalisantes dans une organisation technico-sémiotique aussi efficace qu'artificielle* ».

Le consommateur chauve-souris s'inscrit dans cette description puisqu'il est médié par la facilité et n'avance pas.

L'occupation d'un espace urbain obéit à une logique classificatoire qui dépasse la valeur fonctionnelle et s'inscrit dans une valeur connotative. L'étude menée par **A. Bopda** (1997) qui présente les représentations et l'imaginaire citadin dans la ville de Yaoundé en témoigne à suffisance. Parmi les quartiers les plus attrayants de cette époque, figurent les quartiers tels que le Centre urbain et Bastos. A ce moment là, aucun acteur social ne reconnaît en certains quartiers un coefficient d'attrait excellent, c'est le cas d'odza, Ngousso, Simbok, Nkomo – Okoui qui sont devenus de véritables pôles d'attrait en raison du plan architectural qu'on y trouve. Cela a pour conséquence une déstructuration psychologique et entraîne un complexe d'infériorité non seulement de la part des observateurs, notamment les classes impécunieuses mais encore pour les propriétaires desdits logements. Le complexe d'infériorité se manifeste à travers la construction des valeurs futuristes parce que les propriétaires de ces logements se situent dans la perspective d'un changement social évolutif, bien que se situant dans un pays pauvre très endetté. Dans le processus d'intériorisation de la consommation, on pourrait dire qu'il existe un lien étroit entre la consommation et le besoin, car ce dernier est lié à un système de valeurs, à une culture. Ce qui revient ou incline à penser que l'intégration d'une consommation fait suite à la connaissance préalable de celle-ci. Et ce n'est qu'à ce moment-là que peut naître son ophélimité. A ce propos **G. Rist** 1996 :279) à partir de la pyramide des besoins de **Maslow,** rend compte de ce que « *Certaines exigences fondamentales de l'existence doivent être satisfaites pour que d'autres, plus élevées, puissent l'être à leur tour* ». Nous pouvons dire que le complexe d'infériorité alimente les représentations sur l'occupation de l'espace urbain. Par conséquent, les psychologues entendent un ensemble de tendances et de traits personnels souvent acquis, dans l'enfance, inconscients et souvent refoulés dans le subconscient et qui perturbent le sujet concerné. A l'examen de cette définition, nous sommes tenté de dire que l'esprit d'un acteur social à l'acceptation de certains besoins qui sont dictés par des modèles sociaux depuis la prime enfance. Certaines valeurs seront mises en complexe d'infériorité. Ce type de comportement est ainsi décrié par **F. Fanon** cité par **CL. Mbom** (1985 : 65) « *Le comportement de la femme de couleur à l'égard de l'homme blanc est un comportement malsain. Elle s'efforce de les éloigner de sa condition, mais intervient au niveau de sa couleur, de sa peau. Elle va utiliser toutes les lotions, tous les produits de beauté pour se transformer, pour se blanchir. Bien plus, ...de la honte de sa couleur à telle enseigne qu'elle dénigre tous ses efforts pour rechercher un partenaire blanc et refuse systématiquement d'entretenir une relation avec un Noir* ».

Ce complexe d'infériorité décrit par cet auteur pourrait aussi se manifester dans l'appropriation de l'habitat dans la ville de Yaoundé, du moins pour ce qui est de l'attrait des résidences futuristes retrouvées dans cette ville. C'est ainsi que l'étude qu'a pu mener **A. Bopda** (1997 : 134) dans la ville de Yaoundé dont un volet traitant de l'attrait des quartiers de cette ville, vaut tout son pesant d'or. Nous pouvons cerner cette réalité à partir du tableau ci-dessous.

TABLEAU I : Attrait des quartiers de Yaoundé selon les citadins.

Quartiers (51 unités	Code	Très peu ou non attrayant	Passablement ou assez attrayant	Bien ou très bien attrayant	Ne sais pas ou non indiqué
Centre-ville	1	25	30	33	15
Djoungolo III	2	37	32	4	13
Mvolyé	3	52	32	4	13
Mokolo	4	33	31	23	12
Briqueterie	5	39	34	16	11
Awae	6	46	19	14	21
Nlonkak	7	27	36	10	20
Nkoldongo	8	42	29	20	9
Djoungolo II	9	0	38	0	13
Messa	10	43	32	11	14
Olezoa	12	19	55	4	14

Ndamvouth	13	50	50	0	0
Madagascar	14	47	26	11	17
Melen	15	24	45	20	11
Etoa-Meki	16	27	57	6	10
Ngoa-Ekellé	17	41	36	16	15
Djoungolo I	18	17	57	15	11
Bastos	19	15	9	58	18
Ntougou	20	31	33	25	10
Ekounou	21	36	45	3	17
Mballa	22	45	24	13	18
Oyom-Abang	23	30	41	15	15
Mfandena	24	36	33	19	13
Essos	25	28	36	22	13
Mimboman	26	39	41	6	14
Fébé	27	26	67	2	14
Etoug-Ebé	30	47	20	10	24
Nsimeyong	31	26	24	35	15
Nkolmesseng	33	12	66	0	2
Ngousso	34	53	11	6	31
Emana	35	33	36	7	24
Nkolbisson	36	42	42	3	14
Ekié	38	0	75	0	25
Biteng	40	14	14	14	57
Odza	41	0	50	0	50
Mendong	42	30	30	26	14
Simbok	43	10	90	0	0
Ahala	44	58	15	4	23
Ngoulmekong	47	29	57	0	14
Nkol-Odom	48	44	15	12	26
Nkolkoumou	50	25	50	0	25

N.B : Certains des 51 quartiers sont absents de ce tableau, car ils ont été cités par moins de quatre personnes.

II- LA CONFLICTUALITE DANS LES MODES DE SOCIABILITE

Les interactions observées à travers les quartiers de notre site d'étude tournent autour du conflit comme mode de sociabilité dans l'espace résidentiel. Cette conflictualité peut être cernée sous le prisme des rapports de domination symbolique, d'exclusion sociale et de la culture narcissique qui pourront être développés dans les prochaines argumentations.

Les rapports de domination symbolique

La pertinence de la domination symbolique dans ce travail revient à identifier les différents rapports, les nouvelles formes d'extension de soi par la consommation de l'espace dans la ville de Yaoundé. L'architecture qui est produite dans les différents lotissements de ces quartiers témoigne sans conteste d'un rapport de domination symbolique, et ce qu'on peut affirmer, c'est que cette architecture radicalise l'esprit de la civilisation de l'avoir, on pourrait aussi dire que ceux qui disposent de biens exercent sur ceux qui n'en disposent pas à égale valeur une domination qui souvent ne se réduit pas seulement au domaine symbolique. En exerçant une pression un attrait évident et en leur miroitant des choses auxquelles ils ne peuvent aisément accéder, cette élite du quartier qui se caractérise par sa construction verticale qui est le propre de la ville des géographes, emploie sur les autres couches urbaines une force d'asservissement. Dans un monde caractérisé par la globalisation, le capitalisme à outrance, où la société ne considère plus les individus comme des objets, des sujets mais comme des agents qui construisent la réalité sociale. Ainsi, dans cette construction, chaque individu apporte, pour employer le vocabulaire de **P. Bourdieu,** son capital qui peut être économique, culturel ou social. S'agissant du premier type de capital, à savoir le capital économique, l'on a la nette impression que c'est lui qui prédomine au Cameroun. Pour se prévaloir d'un certain droit, pour jouir d'une certaine considération dans la société camerounaise, il ne faut forcément pas disposer d'un capital culturel, être un grand intellectuel, un esprit supérieur, un homme d'une grande éthique morale, il suffit d'être un acteur social bien nanti, fortuné. Cette fortune, dans le cas spécifique, se manifeste à travers des villas superposées, signes extérieurs de richesse. Lorsque l'acteur social dispose de ce capital économique, peu importe sa valeur éthique d'une irréfutable culpabilité, il suscite l'admiration. Par là, il assoit sa domination auprès des classes impécunieuses.

A travers ce type de domination, on n'est pas surpris d'observer que lors des joutes électorales au Cameroun, les masses d'électeurs mettent leurs suffrages à l'encan, c'est-à-dire aux enchères publiques. Cela se vérifie aussi à travers les différents comités de développement de ces quartiers que nous décrivons où les postes stratégiques, dont la présidence et la trésorerie, sont occupées par les propriétaires des résidences verticales, laissant le secrétariat aux détenteurs du capital culturel dont le rôle n'est pas assez influent socialement. Avec le temps, la manière dont se passe la gestion des structures que nous venons d'évoquer, le rôle du secrétaire n'apparaît plus important dans la mesure où c'est la valeur pécuniaire qui dicte la loi sur la valeur didactique. Dans un univers où seuls les riches sont pris en considération au sens du capital économique, où le capital culturel semble à la traîne du capital économique, où les valeurs morales sont mises sous le boisseau, l'acquisition des biens de façon ostentatoire est un facteur d'asservissement voulu et entretenu. Puisque cela procure le respect de l'individu et lui confère de l'ascendant sur ses semblables, lui conférant par là même un pouvoir de manipulation sur ses égaux. En effet, cette possession des biens est une forme de domination symbolique qui peut aussi bien résulter de la clause sociale qui semble représenter cette forme d'asservissement entretenue, particulièrement efficace. Les apports issus de cette forme de représentation qui augurent de cette domination symbolique d'après **P. BOURDIEU** (1979 :368) qui consiste en « *une production idéologique est d'autant plus réussie qu'elle est plus capable de mettre dans son tort quiconque tente de la réduire à sa vérité objective : le propre de l'idéologie sous l'accusation d'idéologie. L'énonciation de la vérité cachée du discours fait scandale parce qu'elle dit ce qui était « la dernière chose à dire »* ».

La consommation de l'espace dans certains quartiers de Yaoundé participe bel et bien de cet effet, car elle renforce la persuasion selon laquelle, tout ce qui est accepté par l'élite urbaine est affecté d'un coefficient de supériorité qui garantit au sujet un statut privilégié par rapport à ceux qui résistent encore à initier le mouvement de cette idéologie de la consommation de l'espace quelque impécunieux soient-ils.

Comme rupture du lien social, l'exclusion sociale semble la chose la mieux partagée dans les sociétés en développement qui sont façonnés à la consommation spatiale. Ces sociétés, par le fossé qui existe entre les classes dites aisées et les classes impécunieuses, la dernière classe qui subit cette posture apparaît comme une forme de disqualification sociale mieux une désaffliction, voire une ''déprivation'' sociale ou relégation sociale. L'isolement dont les individus atomisés sont victimes dans les quartiers résidentiels constitue une des pires formes d'exclusion sociale. A partir du regard concupiscent des moins nantis sur les couches favorisées, nous pouvons affirmer que les premiers sont affectés d'un coefficient de vulnérabilité. Cette situation incline à une menace de la cohésion sociale. La réalité que nous décrivons est consignée dans le journal *Le Messager* du 1er avril 2008 parlant des châteaux qui envahissent Yaoundé, occultant le fait que cette réalité est identique à celle de Douala.

« Des constructions de rêve s'étendent à perte de vue. Ce ne sont pas de simples villas que l'on a connues au début des années 80, et qui constituaient la grande majorité des habitations des quartiers résidentiels tels que BASTOS, CAMP-SONEL, CITE VERTE et autres ESSOS et TSINGA. Il s'agit plutôt des Duplex et Triplex avec plusieurs étages et plusieurs sous-sols. Avec des clôtures de plus (SIC) de trois mètres de hauteur. En fait, on dirait des châteaux de mille et une nuits. Tellement leurs architectures font penser aux demeures de rêve, que l'on rencontre à BEVERLY HILLS aux Etats-Unis ou dans les alentours de la principauté de MONACO. Même scénario au quartier GOLF vers les abords

du Mont Fébé. Il y a exactement 10 ans, c'était le grand vide ici. Depuis que les Américains ont décidé d'y construire leur superbe ambassade, les bâtisses imposantes ont commencé à pousser dans les environs ».

La réalité décrite dans ce quotidien de la presse privée au Cameroun disqualifie les populations qui ne sont pas à même de s'arrimer à une telle architecture. Cette vision de la ville est congruence avec la ville des architectes ; c'est l'espace de rêve qui est ainsi mis en exergue. Cette ville des architectes rompt avec celle des sociologues pour reprendre les propos de **H. Reichert** et **J.D Remond** 1998 :63), qui apparaît comme « *L'image des valeurs de la société, l'effet et ses forces vives aussi (...) Le reflet de leurs contradictions (...) la ville est ce théâtre permanent où se représente la société globale* ».

L'analyse qui sied aux représentations de la société camerounaise peut se comprendre à travers l'exclusion des classes impécunieuses à proximité des lieux privilégiés d'expression et d'exercice du pouvoir. Sans être excessif, nous sommes porté à dire que les menaces proférées par l'autorité administrative à Yaoundé à l'endroit des consommateurs d'espace qui ont bâti des résidences aux alentours du palais présidentiel, en faisant valoir l'argument selon lequel ces populations ont illégalement occupé le terrain de l'Etat, alors qu'à l'inverse, ces consommateurs de l'espace urbain disposent d'un titre foncier immatriculé à ces espaces. Pour nous, sans faire montre de notre subjectivisme lié peut-être à la posture sociologique qui nous établit à nous ranger du côté des vaincus, des faibles, nous pourrions dire que le type de logement construit à ces endroits dont la seule fonction n'est que celle de l'habitat, semble constituer la motivation évidente et plausible qui sous-tend la fermeté des autorités administratives à détruire ces logements. Cet engagement à détruire de tels logements s'inscrit dans ce qu'il est convenu d'appeler la destruction de la ville historique ; en perdant un jalon de l'histoire. Par contre, des quartiers résidentiels tel Bastos restent encore côtoyés par des bidonvilles. Cela retrace quand même l'histoire de la ville de Yaoundé qui établit les rapports sociaux originels, les pauvres côtoyant les riches, cela entretenant des rapports sociaux verticaux.

La culture narcissique

Dans la consommation de l'espace des quartiers étudiés, on peut déceler une culture du narcissisme qui, d'après **Ritzer** (1998), est la capacité qu'un groupe ou une personne a à se mettre en valeur à travers sa consommation, et vit ce que **CH. Losch** (2000) nomme complexe de Narcisse, lequel procède de la monstration de la consommation, car au-delà de la valeur d'usage, le consommateur montre une nouvelle figure qui présente de manière ostentatoire les biens dont ils disposent. La consommation de l'espace, à travers le luxe insolent des détenteurs de la valeur pécuniaire et à travers un gaspillage renversant qui révèle cet esprit narcissique. Depuis les années 90 au Cameroun, malgré la crise économique qui s'est établie dans ce pays pendant plusieurs années, on note depuis ces années une croissance immobilière indescriptible qui n'a, non seulement aucun lien avec les conditions historiques des consommateurs de ces espaces, mais encore aucun rapport avec le degré de développement de ce pays. Nous en avons pour preuve l'éligibilité du Cameroun comme pays pauvre très endetté (PPTE). D'où vient-il donc que, malgré les difficultés énormes que le Cameroun traverse en raison, peut-être, du mauvais management de ses dirigeants, que certains consommateurs de l'espace procèdent du narcissisme à travers leurs avoirs ? Il est évident que le Cameroun n'est pas dans sa globalité une société de consommation, mais il reste néanmoins avéré qu'une couche de sa population fait partie de cette société si l'on se réfère à ses modes de consommation de l'espace sans cesse grandissantes. Les quartiers résidentiels étudiés, par l'observation directe, nous remarquons les résidences qui présentent une architecture hors du commun et recherchée qui singe les constructions rencontrées dans les univers de la bourgeoisie. La mutation architecturale en vigueur dans ces quartiers participe à merveille de la culture narcissique car d'après **G. Lipovetsky** (1987-121), « *La mode n'est qu'une chaîne ininterrompue et homogène des variations, marquée à intervalles plus ou moins réguliers d'innovations de plus en plus de grande portée* ».

Cette chaîne sans fin qui, aux yeux des consommateurs, apparaît comme l'oméga des plaisirs, c'est-à-dire qu'il faut s'investir à l'objet qui est produit sur l'espace, car selon un lieu commun de la société dans laquelle nous menons cette recherche, « le temps est court ». En d'autres termes, les pertes de temps ne sont pas favorables à la culture narcissique puisqu'il faut consommer pour le montrer. Il y a par conséquent une opposition entre la valeur d'échange d'usage et la valeur d'échange. Les multiples constructions et déconstructions des formes architecturales dans les espaces étudiés témoignent de cette culture narcissique, qui peut aussi être une forme d'asservissement de l'individu par les usages de la société, mieux pour convoquer **H. Marcuse** (1968 : 16-21) qui estime que *« La domination de la société sur l'individu est infiniment plus grande que jamais (...). Il n'y a plus d'opposition entre la vie privée et la vie publique, entre les besoins sociaux et les besoins individuels ».*

A partir de cette affirmation, on pourrait dire que l'existence de l'acteur social est ainsi déterminée par la volonté de rendre extérieures toutes les actions entreprises dans la société. L'une des exigences de la sociologie aujourd'hui, c'est de cerner, à partir du futile, la profondeur de certains comportements, c'est ainsi que de nombreuses plaintes dont les détenteurs de richesses sont l'objet vont dans le sens de faire comprendre à l'entourage, des hautes responsabilités familiales auxquelles ils font face. Nous n'avons qu'à observer de longues files d'attente construites socialement, organisées devant les domiciles des *« Pseudo bourgeois »*, pendant les fins de semaines. Quand bien même une aide existerait, elle se fait publiquement au mépris des nécessiteux qui sont astreints à recevoir ce dont ils ont besoin quelle que soit la manière.

III- LES EFFETS INDUITS DES DIFFERENTES INTERACTIONS

Les interactions dans la société constituent des éléments de compréhension de celle-ci. Les données collectées dans nos différents sites d'étude ont permis de cerner la réalité sociale à partir des différents conflits sociaux qui existent, lesquels bloquent le processus de changement social dans les quartiers. Comme nous l'avons relevé dans les développements précédents, les comités de développement qu'on trouve dans les espaces étudiés ne connaissent pas une éclosion parce qu'ils sont strangulés par deux types de capitaux économique et culturel.

Le capital économique

La création des nouveaux quartiers au Cameroun en général et la ville de Yaoundé en particulier à n'en pas douter est l'œuvre des acteurs sociaux disposant d'un capital économique, bien que par le fruit du hasard. On y retrouve une minorité de personnes qui font usage d'autres types de capitaux. Avant de procéder au déroulement de notre pensée, faisons d'abord un détour sur ce que **M. (de) Certeau** (1984- : 4) appelle quartier qui, au sens fort du terme *« est donc un objet de consommation que s'approprie l'usager sous le mode de la privation de l'espace public »*. Cela revient par conséquent à dire que le quartier est un espace public transformé par l'acteur social en espace privé, avec lequel il fait subir les mutations internes. Au même rang que les développeurs qui modifient les zones enclavées, l'acteur social va transformer son espace par rapport à ses propres trajectoires en débaptisant parfois le nom qui est propre au quartier, qui a une charge symbolique aux yeux des populations dites autochtones. L'espace public dont il est question, commué en espace privé, traduit même les désirs d'une minorité d'habitants extravertis à combler mentalement leurs insuffisances ou alors à dissiper les complexes d'infériorité jusque-là nourris. Le nouveau nom donné au quartier peut bien signifier que les possesseurs de résidences, à travers leur choix de consommation présentent des mirages occidentaux. Dans le même contexte d'analyse, une idée rangée dans une obédience similaire, d'après l'auteur auquel nous venons de faire référence (1994- : 25), montre que *« Le quartier se définit comme une organisation collective de trajectoires individuelles ; il est la mise à disposition, pour ses usagers, de lieux « à proximité » dans lesquels ceux-ci se rencontrent nécessairement pour subvenir à leurs besoins quotidiens »*.

A la lumière de cet extrait, nous pouvons penser que les quartiers n'existent que si les lieux de rencontre permettent à leurs habitants de résoudre un ensemble de difficultés afin de combler tous les déficits qui entravent l'existence des populations qui résident dans ce quartier. Les contacts issus de ces lieux peuvent créer une différenciation qui peut susciter des rapports verticaux entre membres ou résidents.

Dans un contexte où les lieux de rencontre sont inexistants, il se trouve que les populations du quartier sont souvent prises en otage par les détenteurs du capital économique, ce qui entrave l'engouement de ceux qui sont dépositaires d'un autre type de capital, entraînant ainsi des conflits. A la question de savoir quels sont les différents conflits que vous connaissez dans votre quartier, fruit de notre entretien semi-directif, voici les réponses : « *Dans notre quartier, c'est le conflit d'autorité qui pose problème, les Feymen qui ont construit ici pensent qu'ils peuvent décider des affaires du quartier par un coup de tête* ».

« *Le principal conflit ici est le mépris de certaines personnes à l'endroit des autres, je voudrais par là dire que les gens qui ont de grosses maisons dans ce quartier pensent qu'ils ont déjà atteint le paradis. Nous n'avons plus de vie privée ; vous voyez quelqu'un qui élève un immeuble à côté de vous, voit tout ce qui se passe dans votre logement, alors que l'inverse n'est pas possible* ».

« *Comme conflit ici au quartier, c'est lorsqu'il faut choisir les membres du comité de développement, on remarque que certains couples occupent des postes stratégiques au sein de ces communautés, par exemple la femme est présidente et son époux secrétaire général, un autre cas c'est que l'époux est vice-président et l'épouse trésorière. Cette situation est frustrante et ne permet pas que tout le monde adhère à la vie collective du quartier* ».

A la lecture des récurrences significatives à la question posée aux habitants desdits quartiers, nous pourrions dire que ces lieux constituent des terreaux de la conflictualité et ne permettent pas une mobilité sociale ascendante du quartier. La solution proposée par les résidents pour obvier à ces dérapages serait qu'une action concertée soit définie en vue d'une répartition équitable des postes en fonction de toutes les couches sociales détentrices, soit du capital économique, soit du capital culturel.

Le capital culturel

Qu'un quartier soit majoritairement occupé par les détenteurs d'un certain type de capital à connotation influente, il n'en demeure pas moins que certains acteurs sociaux, détenteurs du capital culturel, occupent des espaces que nous décrivons. Ces personnes, conscientes de leur ascendant psychologique sur les autres, vont essayer d'engager des actions qui soient en leur faveur en tentant peu ou prou de démontrer la valeur surfaite de ceux qui détiennent le capital économique. L'orgueil qui caractérise les détenteurs du capital culturel dont le modèle de vie ne reflète aucunement les connaissances acquises, rend parfois les relations tendues. Il peut d'ailleurs se dégager, à la lumière des rapports sociaux qui peuvent résulter de la cohabitation de ces deux types de capitaux, une interaction condescendante c'est-à-dire que chaque type de capital se gosse de valeurs acquises plus ou moins avec un itinéraire fallacieux. L'indifférence réciproque obstrue toutes les initiatives d'un probable changement social mis en œuvre par les organisations non gouvernementales (ONG) en faveur des populations de ces quartiers à travers le boycott des réunions, des blocages issus d'un conflit entre plusieurs leaders de ces quartiers.

CONCLUSION

Le choix porté sur la consommation de l'espace dans la ville de Yaoundé nous a semblé judicieux parce qu'il a permis de montrer dans un sens que la rationalité située des acteurs sociaux incline à choisir un espace donné ; pour construire un logement qui remplit la fonction d'habitat. Cela a permis de comprendre avec **M. (de) Certeau** 1994 :20 que « *Le quartier est une porte d'entrée et de sortie entre les espaces qualifiés et l'espace quantifié(...) il est ce morceau de ville que traverse une limite distinguant l'espace privé et l'espace public* ».

Cela nous a permis de comprendre que les logements urbains sont socialement produits en fonction des acteurs sociaux qui y résident. Habiter tel ou tel quartier est significatif et participe d'une lourde charge symbolique. Dans la consommation de l'espace urbain des quartiers Nkolo Iv, Nkomo-Okoui, Odza, Messamendonggo, il existe comme partout un mode de sociabilité. La spécificité de ces quartiers à travers les résidents dans leurs différentes interactions est qu'il existe une interaction condescendante qui naît du conflit qui existe dans la confrontation de deux types de capitaux : le capital économique et le capital culturel. Il faut déjà préciser que pour chaque type de capital, il existe un handicap social à travers un manque qu'il faut combler. L'indifférence réciproque qui relève du conflit ne permet pas aux résidents de ces quartiers d'élaborer des projets collectifs. Ce qui entrave leur ''vivre-ensemble''. L'intérêt général du quartier se trouvant ainsi manipulé par les conflits de leadership.

BIBLIOGRAPHIE

BAUDRILLARD, J., 1970. *La société de consommation*, Paris, Denoël.

BOPDA, A., 1977. « Yaoundé dans la construction nationale du Cameroun : territoire urbain et intégration », Thèse de Doctorat de géographie humaine, Paris I Sorbonne.

BOURDIEU, P., 1979. *La distinction*, Paris, Minuit.

CERTEAU (de) M., 1994. *L'invention du quotidien, habiter, cuisiner*, Paris, Gallimard.

Le Messager n° 3234 du 1er mars 2008.

LIPOVETSKY, G., 1987. *L'empire de l'éphémère. La mode et son destin dans les sociétés modernes*, Paris, Gallimard.

MARCUSE, H., 1968. *L'homme unidimensionnel*, Paris, Minuit.

MBOM, CL., 1985.- *Frantz Fanon : Aujourd'hui et demain***,** Paris, Nathan.

ONANA NOAH, N., 2009. « La consommation au Cameroun : appropriation et réappropriation des objets en zone urbaine », Thèse de Doctorat/Ph.D en sociologie du développement, Université de Yaoundé

REICHERT, H. et REMOND, J-D., 1980. *Analyse sociale de la ville*, Paris, New York, Milan.

RIST, G., 1996. *Le développement, histoire d'une croyance occidentale*, Paris, Presses de sciences. PO.

RITZER, G., 1998. *The MC Donaldization thesis, explorations and extension,* London, Thounsand cooks.

Troisième partie

L'AIRE METROPOLITAINE SERAIT-ELLE L'ANTIDOTE A LA MEGALOPOLISATION ?

De manière générale, on associe la mégalopolisation à une conjonction de facteurs politiques, économiques et sociaux. La mégalopole assure des fonctions de commandement économique. Par ailleurs, la démographie doit préférablement démontrer une progression. On se situe ici dans le sillage de Haeringer (1996) qui estime que la mégalopolitain résulte du renversement de la tendance entre l'économie et la démographie. Comme ce fut le cas après la révolution industrielle en Europe, l'économie n'est plus induite par la démographie. C'est l'inverse! La démographie induit l'économie. Si Dans, les pays du sud, les différentes étapes de l'évolution urbaine connues en Occident « ont été escamotées », les crises multiformes ont entrainé l'informalisation des économies urbaines plus particulièrement en Afrique.

De même, les difficultés de gestion et la complexité de la gouvernance urbaine liées à la fragmentation territoriale et à l'empilement des niveaux de compétence issus des réformes de la décentralisation ont conjugué leurs effets pour accélérer le processus de mégalopolistaion et complexifié la gestion des grandes métropoles (Lagos au Nigeria constituant l'exemple le plus illustratif). Les mesures de recasement de certaines infrastructures urbaines, comme les gares routières, dans les zones périphériques prises dans certains pays comme le Cameroun contribuent paradoxalement à l'accélération de l'étalement urbain. L'autre tendance qui consiste à inscrire le développement de la ville non pas à l'intérieur de son périmètre initial, mais dans sa zone d'influence (cas des universités) pourrait-elle être un antidote à l'étalement urbain ? La réponse est peut-être à chercher du côté du législateur comme le pense **Sietchoua Djuitchoko Célestin**.

Moungoué Benoit montre que dans son extension spatiale Yaoundé, la capitale politique de la République du Cameroun a conquis de nouveaux espaces à la périphérie et s'étend sur 25 km du nord au sud et 10 km de l'ouest à l'est. Yaoundé incorpore progressivement les villes satellites comme Soa, Mfou ou Mbankomo dans sa zone d'influence immédiate. Par le vaste marché que constitue sa population, cette ville bi-millionnaire est le moteur du développement économique de sa région.... Elle joue un rôle important sur l'échiquier national et international et doit par conséquent s'équiper, moderniser son parc immobilier et adapter son essor économique aux aspirations de la population de son aire d'influence. L'extension démesurée de cette ville capitale de même que sa position centrale génère plusieurs problèmes qui sont des défis à relever à la fois par tous les acteurs en présence.

Le développement des villes au Cameroun s'est déroulé en dehors du contrôle des décideurs. Les activités humaines se sont déployées dans l'ignorance des lois régissant l'urbanisme. L'absence de prévision et l'échec des politiques publiques ont entrainé un ensemble de problèmes liés à la gestion des déchets urbains. **Noupadja et Hatcheu** analysent l'impact de la croissance spatio-démographique et de l'étalement urbain sur cette gestion dans l'agglomération de **Bafang** où le rôle de la municipalité s'est complexifié dans un contexte de décentralisation marqué par une réorganisation territoriale, avec l'implication de nouveaux acteurs dans la gouvernance locale. Les mairies de **Bafang et de Banka** qui cohabitent désormais dans une espèce de continuité territoriale et de contiguïté administrative, se doivent de mutualiser leurs énergies et leurs ressources pour une gestion durable des déchets dans l'agglomération. Des plateformes de discussion devront être mises en œuvre pour favoriser la participation des masses populaires à l'élaboration des stratégies de gestion qui conduiraient véritablement à un développement local durable.

Chapitre 11

YAOUNDE : DE LA METROPOLISATION A LA MEGALOPOLISATION

Benoit MOUGOUE

Introduction

L'urbanisation est l'un des phénomènes les plus marquants des 50 dernières années au Cameroun. En effet, la population urbaine est passée de 28% en 1976 à 37,8% en 1987. Au RGPH de 2005, 46,4% des habitants du pays vivent dans les villes. Dans cette problématique, Yaoundé, capitale politique et Douala, ville portuaire et métropole économique, rassemblent à elles seules 20% de la population totale du pays et 42% de la population urbaine. Cette dynamique urbaine est marquée entre autres par un déséquilibre important entre les 2 métropoles nationales et les autres villes moyennes et secondaires. Ce déséquilibre serait en partie la résultante d'un exode rural massif soutenu et des migrations des villes moyennes et secondaires vers ces 2 métropoles.

A l'instar du pays tout entier, la ville de Yaoundé a connu une croissance accélérée postindépendance. La population doublait tous les 10 ans en raison d'un taux de croissance annuel estimé à 9% dans les années 80. Au fil du temps, ce taux s'est infléchi pour se stabiliser autour de 5,8% à la fin du siècle dernier. Il ressort du 3e RGPH que ce taux est évalué aujourd'hui à 4,7%. En dépit de l'infléchissement observé, la population de la ville continue à croître en valeur absolue. En 2005, Yaoundé comptait 1 643 808 habitants. Elle est ainsi la 2e métropole du pays derrière Douala dont la population est évaluée à 1 706 070 habitants. De 1976 à 2030, cette population sera multipliée par 10 (Cf. tableau 1).

Tableau 1 : Population de Yaoundé à l'horizon 2030

Date	Population
1/04/1976	338 107
1/04/1987	649 252
11/11/2005	1 643 808
01/01/2010	1 945 636
01/01/2015	2 339 635
01/01/2030	3 757 305

Source : RGPH, 2005.

La ville de Yaoundé est une clairière de 22 000 ha ouverte au milieu de la forêt équatoriale. Elle occupe une position centrale dans la sous-région qui met toutes les autres capitales dans un rayon de 4 000 km. A cet atout naturel s'ajoutent, des potentialités anthropiques à l'instar de :

- la construction de l'aéroport international de Yaoundé-Nsimalen qui relie la ville aux autres capitales de la sous-région ;

- la construction des routes reliant Yaoundé à la République centrafricaine, au Gabon et à la Guinée équatoriale. Cette ouverture marque une volonté de concrétisation des aspirations de la Communauté économique et monétaire de l'Afrique centrale (CEMAC) qui préconise une plus grande liberté de circulation des biens et des personnes dans sa sphère ;

- l'amélioration des communications, particulièrement le réseau internet ;

- la construction de grands édifices publics et autres structures moyennes.

La politique des grands travaux de rénovation et de modernisation de la capitale se matérialise par la réhabilitation progressive de la voirie urbaine, l'élargissement de certaines voies, l'amélioration des conditions de stationnement, etc.

I- MULTIFONCTIONNALITE ET POLARISATION DE LA CITE CAPITALE

Aujourd'hui, Yaoundé est la 2e ville du pays derrière Douala, capitale économique. Au regard des projections démographiques, cette hiérarchie pourra s'inverser avant 2030[37]. La population de cette métropole sera alors de l'ordre de 3,8 millions d'habitants. Cette proéminence de Yaoundé sera renforcée par le maillage des grandes voies de la République. En effet, les grands axes routiers qui desservent la plupart des régions du pays passent par Yaoundé. Il en est ainsi de :

- l'axe nord-sud (Nanga-Eboko, Mbandjock, Obala, Yaoundé, Sangmélima) ;

- l'axe est-ittoral (Batouri, Bertoua, Abong-Mbang, Ayos, Yaoundé, Douala) ;

- l'axe sud-nord-ouest (Sangmélima, Yaoundé, Bafia, Bafoussam, Bamenda) ;

- l'axe Ebolowa-Yaoundé-Bafia.

Dans le même temps, la ville s'équipe. La construction de grands édifices administratifs et le renouvellement du faciès urbain le long des nouveaux axes bitumés participent à l'embellissement et à la modernisation du paysage urbain.

---

[37] On estime que la population de Yaoundé sera de 2 339 635 habitants en 2015 contre 2 284 404 à Douala.

Il en est de même du commerce notamment les supermarchés (NIKI, MAHIMA, RAYON ECONOMIQUE, etc.) qui se multiplient et s'agrandissent pour s'adapter aux aspirations d'une clientèle de plus en plus exigeante.

Chef-lieu de la région du Centre, Yaoundé contrôle et domine 7 départements[38]. A ce titre, elle concentre les services régionaux qui sont des démembrements des différents départements ministériels qui composent l'appareil gouvernemental. Au plan scientifique et éducatif, et malgré la création des institutions universitaires dans les principales régions du pays à la faveur de la réforme de 1993, ou pour satisfaire les revendications politiques (Maroua et Bamenda), le rayonnement de Yaoundé se traduit par la présence de nombreuses institutions étatiques et privées d'enseignement supérieur (EMIA, ESTIC, ENSP, ENAM, ISEA, IRIC, IFORD, ISMAT, INSTITUT SIANTOU, INSTITUT NDI SAMBA SUPERIEUR, INJS, Université de Yaoundé I [39], Université de Yaoundé II à Soa, etc.).

Yaoundé est le siège des institutions républicaines et de ce fait la capitale administrative du Cameroun. Cette position lui confère un rayonnement international qui s'apprécie par le nombre des représentations diplomatiques (une quarantaine d'ambassades et de consulats, autant d'organisations internationales qui emploient prés de 2 500 personnes). Certains organismes internationaux représentés à Yaoundé ont compétence sur les pays voisins (Tchad, Centrafrique, Gabon, Congo, etc.). La ville abrite également les sièges sociaux des plus grandes entreprises multinationales, des institutions bancaires, des assurances, des entreprises du tertiaire supérieur (fiscalité, conseils et publicité), des entreprises de transport et des grands hôtels.

Dans le tertiaire commercial supérieur, la plupart des grandes entreprises ont certes leurs directions générales à Douala, mais les agences principales implantées à Yaoundé permettent à la ville d'offrir dans sa zone d'influence une gamme importante et variée de produits. Les villes secondaires de l'arrière-pays n'abritent que des succursales ou des agences locales qui doivent se référer à Yaoundé pour prendre la moindre décision. L'organisation fréquente de rencontres internationales de haut niveau (diplomatiques et scientifiques) à Yaoundé contribue à renforcer cette fonction métropolitaine de la capitale du Cameroun. Des équipements de renom tels que le centre hospitalier universitaire, l'hôpital général et l'hôpital gynéco-obstétrique offrent des soins de santé de qualité aux malades nationaux et de plus en plus en provenance des pays voisins.

---

[38] Les 7 départements qui forment la région du Centre sont : Mfoundi, Mefou-Afamba, Mefou-Akono, Lékié, Mbam-et-Inoubou, Mbam-et-Kim, Haute Sanaga.

[39] La seule université de Yaoundé I, dans son campus, concentre prés de 35 000 étudiants.

L'intensité des relations que Yaoundé entretient avec toutes les régions du pays se traduit par le caractère cosmopolite de sa population. Dans le domaine des transports, la ville de Yaoundé est relativement bien reliée au reste du territoire national par des voies ferrées (Transcam 1 et 2), aériennes (aéroport international de Yaoundé-Nsimalen) et terrestres (voies bitumées reliant les régions Est, Ouest et Littoral). De nombreuses compagnies de transport inter-urbain empruntant ces voies sont implantées, soit à la gare routière de Mvan (Confort, Kribienne, Buca, Navette, Mvimli, etc.), soit à Tongolo (Binam voyages, Tala voyages, Amour Mezam, Garanti Express, New Generation, Grand Mifi voyages, Central voyages, etc.).

Sur le plan local, la zone d'influence administrative et politique de la capitale de la République du Cameroun s'étend au-delà des unités administratives qui composent la région du Centre (Fig. 1).

Carte. 1 : Rayonnement de Yaoundé dans le Cameroun méridional.

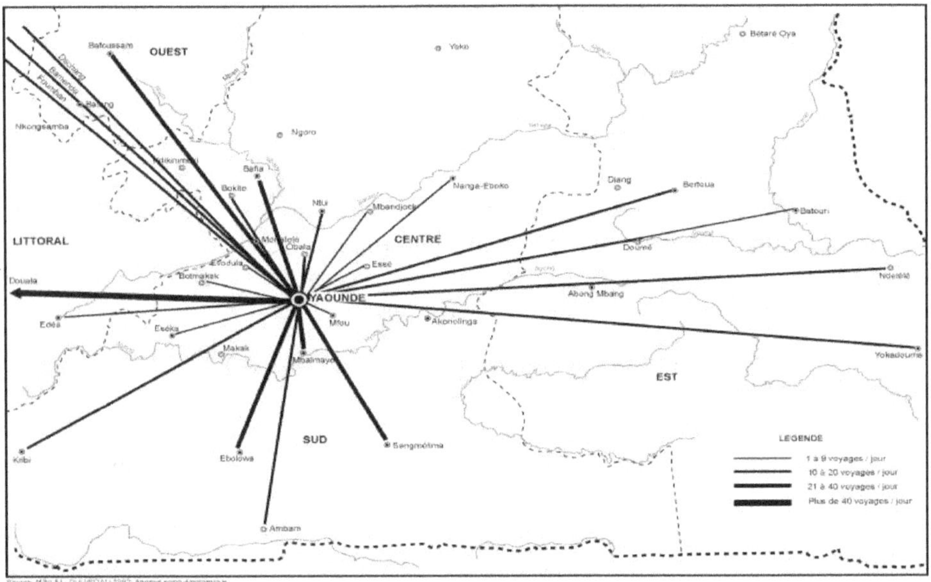

Ce rayonnement national de la capitale est complété par les relations directes et privilégiées qu'entretient le Cameroun avec les pays voisins dans le cadre de la CEMAC (Fig. 2).

Elles sont un reflet direct de l'application de la charte de cet organisme qui prescrit à tous les Etats membres la libre circulation des biens et des personnes dans son espace.

Carte 2 : Polarisation sous-régionale de Yaoundé.

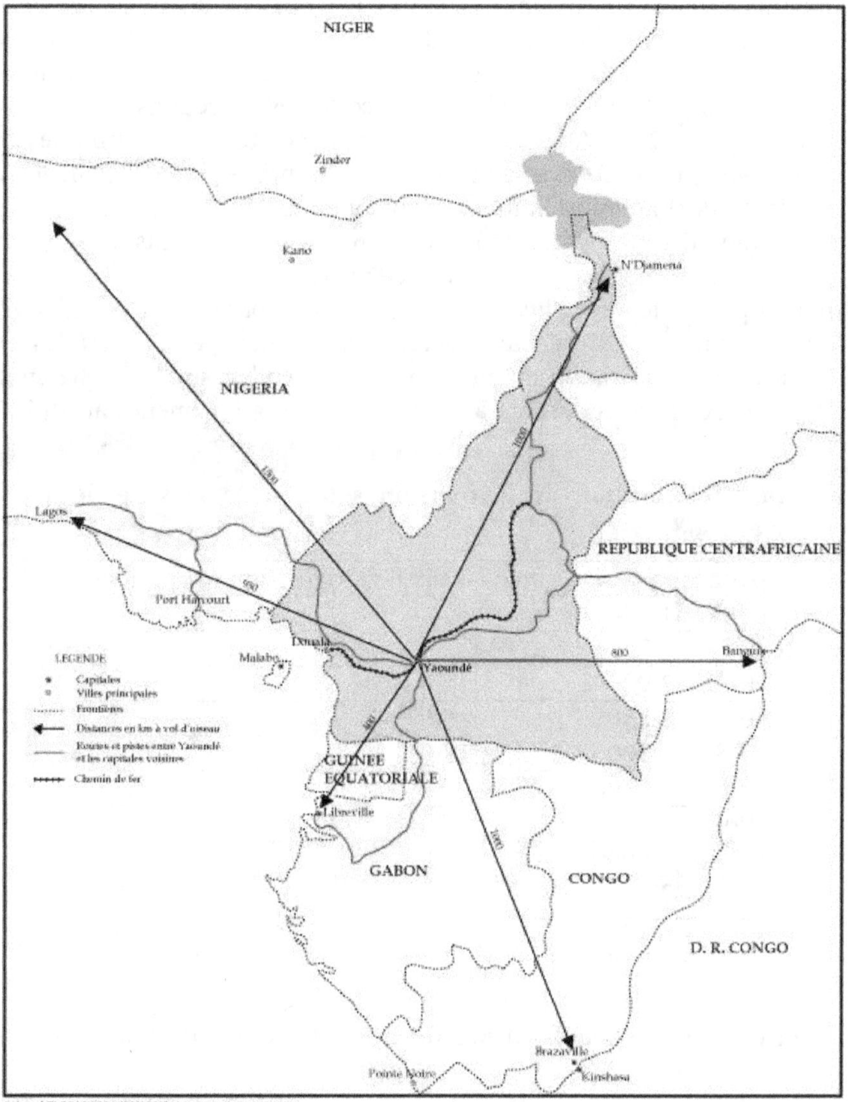

Source: MINUH-DUH/SDAU 1982, Annexe socio-économique

II- UNE EXTENSION SPATIALE NON CONTROLEE

La ville de Yaoundé, dirait-on, s'accroît au quotidien à un rythme accéléré. L'explosion démographique que connaît la ville a des répercussions directes sur son extension. Bâtie sur un site collinaire disséqué par un réseau hydrographique dense, la ville se déploie aujourd'hui sur le bassin versant du

Mfoundi dont l'altitude varie entre 700 et 800 m. Ce site forme un massif creusé de nombreux cirques d'érosion. Les zones privilégiées d'extension se situent dans un vaste secteur qui va du sud-ouest au nord-est de l'agglomération actuelle. L'analyse du processus d'urbanisation met en évidence des contraintes qui bloquent l'extension de la ville dans certaines directions. A l'ouest, les monts Olinga et Nkol-Ondom constituent une barrière naturelle quasi-infranchissable. Au nord-est et au sud-est, les emprises de la Présidence de la République et de l'aéroport militaire font ombrage à l'extension de la ville. Néanmoins, au fil des ans, de nouveaux espaces sont conquis vers l'est et le nord-est. A long terme, l'agglomération débordera largement le bassin versant du Mfoundi pour intégrer celui de la Mefou et une partie de l'Afamba vers le nord-est. Les interfluves ont été progressivement occupés suivant les étapes usuelles jusqu'à la saturation du site. La ville s'étendait sur 5 300 ha en 1979. Entre 1979 et 2011, sa superficie a été multipliée pratiquement par 4 (Tableau n° 2).

Tableau 2 : Evolution de l'extension spatiale de la ville de Yaoundé entre 1956 et 2008.

Année	Superficie en ha	Taux de progression par période
1956	1 740	
1964	2 250	1.29
1968	2 920	1.29
1974	3 830	1.30
1981	5 300	1.38
1990	12 300	2.32
1992	13 500	1.09
2004	20 000	1.48
2008	22 000	1,1

Source : Mougoué, in Martin Elouga et al, *Dynamiques urbaines en Afrique noire*.

Fig. 3 : Les étapes usuelles d'urbanisation de la ville de Yaoundé.

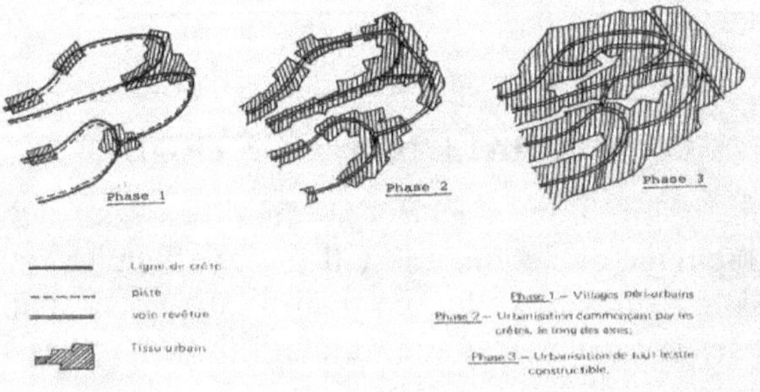

Par leurs comportements, les nombreux migrants qui s'installent chaque jour dans la ville contribuent à son étalement. Yaoundé s'étend aujourd'hui sur prés de 22 000 hectares, soit une densité moyenne assez faible de 75 habitants au km^2. L'application de la législation sur la copropriété apparaît comme une mesure pouvant favoriser la densification du tissu existant et limiter l'extension démesurée de la ville. Elle permet aussi de relever le taux d'accès aux services urbains (eau, électricité, téléphone et assainissement). Généralement, les secteurs d'extension sont des quartiers à habitat spontané où les voies d'accès sont rares et les équipements urbains quasi inexistants.

Au rythme de son expansion actuelle, Yaoundé, dans les prochaines années, sera un monstre urbain ingérable avec une périphérie sous-équipée et sous-intégrée au reste de la ville.

Fig. 4 : Evolution de l'occupation de l'espace à Yaoundé (1979-2011).

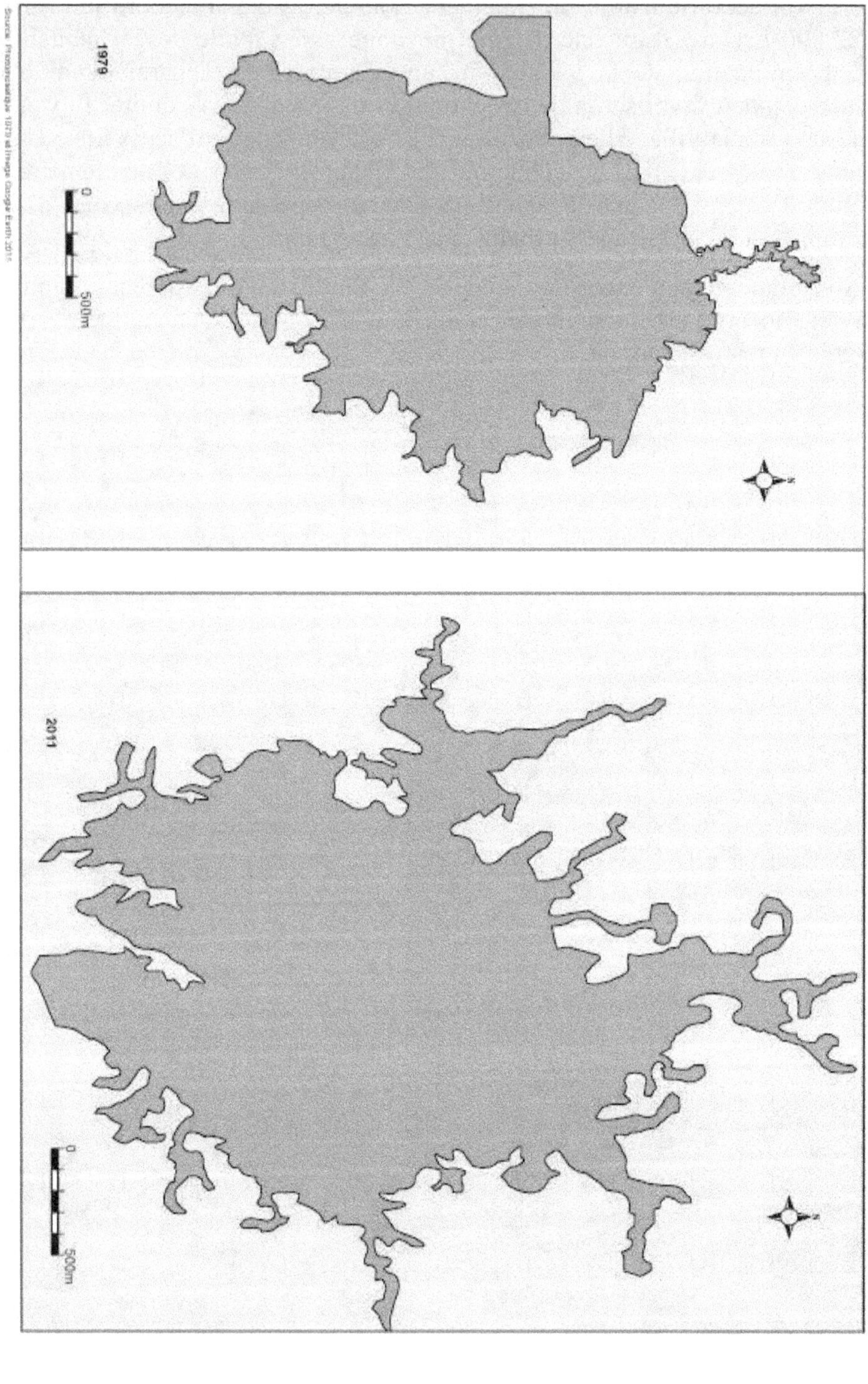

Cette extension est la résultante d'une immigration massive qui se poursuit et se traduit par la phagocytose progressive des terrains agricoles des campagnes proches. La pression ainsi exercée sur la périphérie de Yaoundé est entretenue par la croissance économique soutenue des années post-indépendance dont le mythe est brisé dès 1986. En effet, dans les années 80, Yaoundé, à l'instar du pays tout entier, vit une période de prospérité, d'euphorie et de frénésie sans précédent. Le secteur BTP qui emploie une importante main-d'œuvre est florissant. La ville se structure et les fonctions des collines se renforcent. Yaoundé devient un véritable chantier. Un deuxième centre administratif s'amorce à la porte septentrionale de la ville avec la construction du palais de l'Unité qui devient non seulement un point de repère et un symbole, mais également un élément de lecture de la ville. On note une densification et une prolifération des quartiers à habitat spontané qui couvrent désormais les espaces urbains centraux considérés jusque-là comme inconstructibles. Il s'agit des fonds de vallée, des zones hydromorphes et de fortes pentes. De plus, cet habitat se développe en cordon le long de toutes les voies de pénétration comme l'illustre aujourd'hui l'extension du quartier Olembé.

Dans le même temps, la municipalité accroît les travaux d'aménagement de nouveaux lotissements pour le recasement des populations déguerpies lors de la réalisation des grands travaux comme la construction du palais des congrès, de l'hôtel de ville, la création de grandes infrastructures dans la vallée de l'ancienne gare appelée à devenir le futur centre de la ville et qui a accueilli les immeubles ministériels n°1 et 2, l'hôtel Hilton, l'immeuble INTELCAM, l'immeuble BEAC nationale, le siège du CFC, etc. A tout ce bourgeonnement, il faut ajouter le lancement des opérations de la MAETUR qui ont abouti à la création de la Cité verte, des cités SIC Biyem-Assi, Mendong, et plus récemment Nkomo, Messamendongo, Nyom 1 et 2.

De nouvelles opérations d'envergure envisagées à Ekombitié contribueront à l'accroissement de la superficie construite de la ville. Ces lotissements municipaux et étatiques sont des leviers à la fixation d'un habitat à la fois populeux, de moyen et même de haut standings.

Aujourd'hui, Yaoundé s'étend sur une douzaine de collines. En effet, la croissance exponentielle de la capitale crée une extension démesurée de la ville qui a un grand axe de 25 km du nord au sud et 10 km de l'ouest à l'est (Kengne Fodouop & al., 2000). Ce mouvement de conquête spatiale n'est pas achevé. Nul doute que le périmètre du département de Mfoundi nécessitera bientôt un réaménagement juridique pour que sa population n'affronte pas des problèmes de citoyenneté et de territorialité. Pour administrer ce territoire, la ville a été érigée en communauté urbaine divisée en 7 communes d'arrondissement dirigées par des maires élus qui agissent sous le couperet d'un délégué du gouvernement nommé par décret présidentiel qui trône à l'hôtel de ville.

Ces arrondissements ont des poids démographiques différents.

Tableau n° 3 : Répartition de la population de Yaoundé par arrondissement en 2005.

Nomenclature	Population totale	Masculin	Féminin	Rapport de masculinité
Yaoundé 1	252 355	125 565	126 790	99,0
Yaoundé 2	297 005	152 991	144 014	106,2
Yaoundé 3	215 431	109 609	105 822	103,6
Yaoundé 4	413 720	207 659	206 061	100,8
Yaoundé 5	242 774	121 349	121 425	99,9
Yaoundé 6	222 523	111 991	110 532	101,3
Mfoundi	1 643 808	829 164	814 644	101,8

Source : RGPH, 2005.

La Commune d'arrondissement de Yaoundé 4 est la plus peuplée avec 413 720 au RGPH de 2005.

Cartes 5 : Organisation administrative de Yaoundé.

Source : Communauté urbaine de Yaoundé.

III- LES DEFIS DE LA MEGALOPOLISATION DE LA CAPITALE CAMEROUNAISE

Au cours des 50 dernières années, la forte croissance démographique et la rapide extension spatiale ont conjugué leurs effets pour faire de Yaoundé une mégalopole dont la gestion est davantage complexe. En effet, les gestionnaires de la capitale camerounaise doivent faire face quotidiennement à une panoplie importante de problèmes aigus dont les solutions ne sont pas toujours évidentes. Les défis à relever sont nombreux : offre des services urbains et sociaux tels que l'eau, l'électricité, les soins de santé, l'éducation, la sécurité, la mobilité, etc.

Malgré l'importance des travaux de modernisation réalisés aussi bien par le gouvernement camerounais, ses partenaires internationaux, les autorités municipales que les investisseurs privés, Yaoundé de cette première décade du 21é siècle est une ville en crise. A l'image des autres villes des pays en développement d'Afrique au sud du Sahara ou d'Amérique du Sud, la capitale de la République du Cameroun porte encore les séquelles de la récession économique et les effets pervers des politiques d'ajustement structurel des années 90. Son économie, dominée par le secteur informel, est davantage le fait de l'afflux des populations venues des zones rurales proches et de plus en plus des villes secondaires de toutes les autres régions du pays que d'une croissance planifiée et maîtrisée. A tort, plus qu'à raison, Yaoundé apparaît aux yeux des Camerounais (toutes origines ethniques et toutes catégories sociales confondues), comme la ville où il faut absolument avoir une résidence à défaut d'y vivre et d'y travailler. Aujourd'hui, la plupart des habitants se débrouillent dans ce qui est convenu d'appeler le secteur informel qui traduit une paupérisation inquiétante de la population (Lautier, Kengne Fodouop, 2002). Il en résulte la multiplication d'occupations illégales des sols allant jusqu'à la *squattérisation* des espaces déclarés non *aedificandi.*

Faute de moyens adéquats, la Communauté Urbaine de Yaoundé avec la bénédiction de l'Etat, a littéralement abdiqué de ses missions de service public. La tendance actuelle est à la remise en cause de la fourniture des services urbains aux populations. La privatisation des entreprises en charge de la distribution de l'énergie électrique (SONEL) et de l'eau (SNEC) n'a pas donné les résultats escomptés. Dans les quartiers périphériques, l'électricité est marquée par une forte piraterie et la sous-location. Ce qui explique l'importance des « toiles d'araignée » tissées par des câbles électriques suspendus sur des poteaux de fortune au-dessus des maisons d'habitation (Photo 1). L'éclairage public est quasi inexistant, ce qui accroît les risques d'insécurité. Les concessionnaires sont plus attentifs à la rentabilité des investissements et très peu soucieux du bien-être social des populations. De manière générale, le taux de raccordement aux réseaux de distribution d'eau de la CDE et de d'électricité d'AES-SONEL est encore insuffisant (respectivement 30 et 60 %). Une proportion importante de la population (42 %) est obligée de s'approvisionner aux sources, rivières, puits (Photo 2*)*, etc.

Dans certains quartiers périphériques tels qu'Etoug-Ebé village, 87% des habitants n'ont pas accès à l'eau potable. La situation est plus critique à Nkomnkana plateau et Eba'a où seuls quelques privilégiés fortunés disposent de l'eau courante à domicile. Elle n'est guère reluisante dans les quartiers anciens non structurés, à habitat spontané, où 70% des habitants ont encore recours aux différentes sources précaires pour s'approvisionner en eau de qualité douteuse. Il s'ensuit une prévalence inquiétante des maladies hydriques aux conséquences incalculables.

Le sentiment d'insécurité est une hantise permanente pour tous les habitants de Yaoundé. Ce sentiment est accru par l'absence d'éclairage public à la tombée de la nuit (Mougoué B. 2009). Dans la plupart des quartiers chic (Bastos, Mfandena, Santa Barbara, etc.), les habitants se blottissent derrière des barrières hautes ou s'offrent les services de gardiens privés, de chiens de race, etc. Avec la multiplication des crimes macabres jamais élucidés, Yaoundé a cessé de jouer son rôle d'intégrateur social pour apparaître davantage comme une enclave de tribus à l'instar de Lagos. Les exclus et les marginaux des quartiers à habitat spontané et/ou périphériques essaient tant bien que mal de se défendre en se regroupant en comités d'autodéfense. Quand ils le peuvent, ils édifient eux aussi leurs clôtures en utilisant des matériaux de récupération, notamment des vieilles tôles ou des planches (photo 3).

L'insécurité apparaît ainsi comme une plaie de l'urbanisation accélérée de la ville de Yaoundé. Ce fléau interpelle non seulement les autorités municipales, traditionnelles et gouvernementales, mais aussi toutes les couches des populations.

La situation du service de l'assainissement est à la fois inquiétante et préoccupante. Des quartiers entiers de la ville ne sont pas couverts par HYSACAM, entreprise agréée à qui la communauté urbaine a confié le service de collecte, de transport et d'évacuation des ordures ménagères pour enfouissement à Nkol-Foulou.

L'accès à l'éducation et à la santé par les populations démunies est un autre défi que les gestionnaires de la ville de Yaoundé peinent à relever. Les ratios élèves/salle de classe, élèves/enseignant, élèves/distance école, malades/lit d'hospitalisation, hbts/médecin restent faibles. Ces variables indiquent une inadéquation entre la demande et les services offerts. Certes, la ville de Yaoundé est divisée en 4 districts de santé, mais le niveau des soins n'est pas homogène. Ce qui explique les migrations des malades d'une aire de santé à une autre, d'un centre de santé à un échelon supérieur sans référence. La mise en place d'un système de sécurité sociale locale reste un impératif et une demande forte malgré la multiplication des formations sanitaires privées et/ou communautaires.

En dépit du regain de vitalité des structures étatiques d'aménagement urbain (MAETUR, SIC, CFC, MAGZI), les propriétaires terriens et les lotisseurs coutumiers sont, par la mise en vente des parcelles faisant fi du respect des règles élémentaires d'urbanisme, les véritables producteurs de la ville et les principaux acteurs de l'étalement urbain à Yaoundé. En raison de l'importance de la rente foncière, les notables éwondo constituent désormais des acteurs à prendre en compte dans la gestion de la ville de Yaoundé, dans la maîtrise de son extension spatiale et de son étalement. Ils s'appuient sur le système foncier coutumier et tirent avantage de l'imbroglio foncier pour créer de vastes quartiers anarchiques à habitat spontané, véritables cancers de l'urbanisation contemporaine de la capitale.

Les déplacements à l'intérieur de la ville de Yaoundé posent le triple problème des infrastructures, des moyens de locomotion et de l'organisation du secteur transport. La faiblesse du maillage des voies et la structuration de la voirie qui font de la place Ahmadou Ahidjo (plus connue sous la désignation de « poste centrale » dans l'imagerie populaire) apparaît à plusieurs égards comme la caractéristique du fonctionnement de la ville de Yaoundé. S'il existe quelques pénétrantes qui éventrent la ville dans le sens nord-sud, les voies radiales font cruellement défaut. Le passage d'une colline à une autre et donc d'une périphérie à l'autre, exige des contournements et des détours souvent coûteux en temps, en énergie et en argent (Sagné Moumbé, 2011). Cette situation est régulièrement à l'origine des bouchons sur certains axes et points chauds tels que les carrefours Mvog-Mbi, Emana-Messassi, Ngousso transformateur, Emombo, marché Ekounou, Madagascar, Biyem-Assi, Warda, poste centrale, etc.

Par ailleurs, la concentration des activités dans le centre-ville crée la circulation à sens unique aux heures de pointe. Le transport collectif est insuffisant. Bus et taxis sont bondés d'usagers transportés dans des conditions peu confortables. De longues files d'attente se créent à plusieurs carrefours. Les marches à pied s'intensifient dans les quartiers périphériques. Ces conditions difficiles de mobilité interpellent les gestionnaires pour l'ouverture de nouvelles voies, l'élaboration d'un plan de transport urbain, l'organisation plus rationnelle de la circulation urbaine, la restructuration des quartiers anciens et la mise en place d'un urbanisme participatif et prospectif.

En dépit de l'existence de ces problèmes, la ville aujourd'hui en effervescence, veut offrir au touriste un nouveau visage plein. Les ambitions à cet effet ne manquent pas. La volonté affichée des gestionnaires en est un témoin éloquent. Pour matérialiser leurs aspirations, les autorités compétentes ont adopté en 2008, un nouveau plan d'urbanisme de la ville conformément à la loi n° 2004/003 du 21 avril 2004 qui régit désormais l'urbanisme au Cameroun.

Ce document d'orientation de l'aménagement et de la construction de la ville touche tous les domaines clés du cadre de vie. Les prévisions font de Yaoundé une mégalopole où il fera bon vivre.

Photo 1 : *Les câbles qui surplombent les toitures permettent aux ménages situés en retrait de s'approvisionner en électricité,* © Mougoué.

Photo 2 ***:*** *Cette source, fortement polluée par une latrine traditionnelle cachée par la barrière en bois, assure le ravitaillement de la population dans un rayon de 2 km dans ce quartier,* © Mougoué.

Photo 3 : *La barrière en vieilles tôles à Mbilono, un quartier du nord de la ville de Yaoundé, joue un rôle dissuasif et protège contre l'insécurité, © Mougoué.*

Conclusion

Plus de 70% de la population de Yaoundé vivent dans des quartiers à habitat spontané. Il s'agit là d'un phénomène d'autant plus préoccupant que les autorités gestionnaires de la ville ont été rattrapées et dépassées par l'étalement de la ville capitale qui s'étend démesurément et envahit de nouvelles collines au gré des migrants, traduisant un laxisme des gestionnaires et constituant une source d'enrichissement inestimable pour les propriétaires terriens coutumiers.

Les répercussions de l'urbanisation sur le développement de la cité capitale et ses habitants sont des défis connus. La croissance périphérique de la ville de Yaoundé n'est pas maîtrisée. Les services urbains y font cruellement défaut. A la frange urbaine, les habitants éprouvent le sentiment d'être des exclus de la ville. Ils le sont socialement.

Le développement prodigieux de la capitale incite à inventer de nouveaux modes de gestion. Si des efforts louables ne sont pas consentis dans ce sens, Yaoundé, qui s'étale anarchiquement, sera dans les prochaines décennies un monstre urbain ingérable.

Au Cameroun, la mégalopolisation des principales métropoles (Yaoundé et Douala) est le résultat de l'évolution démographique et économique qui remonte à l'époque coloniale. A travers plusieurs documents de planification, les autorités compétentes ont tenté depuis l'indépendance d'organiser le développement de Yaoundé, mais elles ont buté contre l'inadéquation entre la modicité des moyens et l'ampleur des travaux d'aménagement. La capitale politique du Cameroun, chef-lieu de la région du Centre et du département du Mfoundi, présente des caractéristiques qui l'individualisent. Si le centre-ville qui a jusqu'ici concentré le gros des investissements apparaît comme la vitrine de la capitale camerounaise, tout autour de ce noyau se développe un habitat mixte aux faciès variés. Des quartiers cossus (Bastos, Mfandena, Koweit City, Santa Barbara, etc.) côtoient sans limites réelles des quartiers déshérités (Melen, Nkomnkana, Mokolo, Nkolndongo, Nkol-Eton, Mvog-Mbi, etc.).

La présence des supermarchés n'étouffe pas la profusion des étalages ou des claies qui compliquent davantage la gouvernance de cette ville, siège des institutions républicaines, des représentations diplomatiques et des organisations internationales.

Le processus de décentralisation, en cours en Afrique et plus singulièrement au Cameroun, offre une chance pour faire face aux problèmes d'urbanisation accélérée de la cité capitale. La ville de Yaoundé est une communauté urbaine divisée en 7 communes d'arrondissement. Ce dernier maillon est plus proche de la population. C'est dans les communes périphériques que s'installent les nouveaux venus. Malheureusement, ces communes n'ont pas assez de moyens pour faire face à l'ampleur des tâches qui les attendent. Les taxes et les impôts collectés sont loin d'assurer le développement local.

Au regard de ce qui précède, la communauté urbaine et l'Etat doivent accorder une attention particulière aux communes d'arrondissement chargées de l'encadrement effectif des populations. En 2030, soit dans 20 ans, Yaoundé comptera approximativement 3,8 millions d'habitants. Les défis de la mégalopolisation et de l'étalement de la capitale politique et administrative du Cameroun seront plus nombreux et plus coûteux à résoudre si on ne passe pas du gouvernement de la ville à la gouvernance urbaine.

Bibliographie

CHALINE C., 1980. *La dynamique urbaine*, Paris, PUF, 216p.

COTEN A.M., MARGUERAT Y. 1976 et 1977. « Deux réseaux urbains africains : Cameroun et Côte d'Ivoire », in L*es Cahiers d'Outre-mer*, n°116, pp. 348-385 et n°120, pp.348-383.

FRANQUEVILLE A, 1984. *Yaoundé : Construire une capitale*, Paris, Editions de l'ORSTOM, 102p.

KENGNE FODOUOP ET MOUGOUE B., 1997. « Acteurs locaux et gestion politique de l'environnement à Yaoundé » in *Pratique de gestion de l'environnement dans les pays tropicaux*, Talence, Dymcet-GRET, éd. Espaces tropicaux, n° 15, pp.320-335.

KENGNE FODOUOP et BOPDA A., 2000. *Un demi-siècle de recherche urbaine au Cameroun*, Yaoundé, Presses universitaires de Yaoundé, 170p.

Kom Tchuente B. ? 1996. *Développement communal et gestion urbaine au Cameroun*, Yaoundé, Ed. Clé, 219p.

LASSERRE G., 1981. U*rbanisation et développement dans les pays tropicaux*, Bordeaux-Talence, CEGET-Cesurb, 14p.

MOUGOUE B., 2009. Insécurité dans les quartiers déshérités de Yaoundé et la justice populaire face à l'inertie des forces de l'ordre, Communication au séminaire d'Abuja sur la plate-forme d'une police africaine 8-10 septembre.

MOUGOUE B., 2007. « Croissance spatio-démographique de Yaoundé et ses Conséquences au cours de la 2e moitié du 20e siècle » in Martin Elouga, Valentin Nga Ndongo et Luc Mebenga, *Dynamiques urbaines en Afrique noire*.

MOUGOUE B., 2006. « Yaoundé : Qui Coordonne l'aménagement de la ville ? » in *Revue de Géographie du Cameroun ?* Volume XXI, n°1, 2006 ? Yaoundé, pp.66-69.

MOUGOUE B., 2001. « Yaoundé : une ville gérée à l'emporte-pièce » in Samuel Eno Belinga et Jean Paul Vicat, Y*aoundé, une grande métropole africaine au seuil du 3e millénaire, Yaoundé,* Les classiques africaines, pp.149-185.

MOUGOUE B., 1984. Explosion Urbaine : Chaos ou Maîtrise, cas du Cameroun, communication au séminaire international sur l'explosion urbaine organisée par l'UNITAR/Genève, pp.79-84.

PELLETIER J., DELFANTE Ch., 1989. *Villes et urbanisme dans le monde*, Paris, Masson, 196p.

RGPH, 2005. Rapport de présentation des résultats définitifs, 67p.

RGPH, 2005. Etat et structures de la population : indicateurs démographiques, 45p.

VENNETIER P., 1976. *Les villes d'Afrique tropicale*, Paris, Masson, Coll. Géographie, 192p.

Chapitre 12

ÉTALEMENT URBAIN ET GESTION DES DÉCHETS DANS LE CONTEXTE DE LA DÉCENTRALISATION À BAFANG

Hugues Noupadja et Hatcheu Emil Tchawé

INTRODUCTION

La production des déchets est une conséquence directe de la croissance démographique qui, elle-même, induit le développement des activités urbaines génératrices de déchets. Cette situation est tout aussi vraie pour les villes d'Europe que pour celles des pays en voie de développement. À Bafang, la croissance démographique et l'extension continuelle de l'espace occupé entraînent d'énormes difficultés dans la gestion de l'environnement. L'urbanisation et le développement des activités économiques qui s'ensuivent ont provoqué dans cette métropole l'augmentation de la consommation et de la production des déchets. Dans le contexte actuel de la décentralisation marqué ici par la fragmentation du territoire et la juxtaposition de deux communes désormais rivales suite à la création de la commune de Banka, la gestion des déchets est devenue un critère de performance et d'évaluation de l' action municipale. Dans le cadre de cette contribution nous essayons de comprendre l'impact de la croissance démographique et de l'extension spatiale sur la production et la gestion des déchets dans un centre urbain tourné vers le développement des activités économiques producteurs de déchets.

I- CROISSANCE DEMOGRAPHIQUE ET EXTENSION URBAINE A BAFANG

L'extension rapide de la ville de Bafang est fondamentalement la conséquence du développement des activités consommatrices d'espaces et génératrices de déchets, qui elles-mêmes résultent de la croissance démographique. Du premier recensement effectué dans cette localité en 1949, il ressort qu'elle compte 2797 habitants. A partir de 1958, la population va plus que doubler pour atteindre 6200 habitants. Elle connaîtra ensuite une évolution très rapide au cours des 1960, passant de 11 600 âmes en 1962 à 23 000 en 1970 et à 31174 et à 38 008 habitants en 1993. D'après les résultats du dernier recensement général de la population du Cameroun (2005), cette population est de 55111 habitants. La répartition de cette population sur le territoire urbain permet d'en suivre l'évolution de la trame et de dresser la typologie des quartiers et d'orienter le sens l'urbanisation.

Le relief montagneux et vallonné de la ville a orienté l'occupation de l'espace urbain Banka[40] où se construit peu à peu un nouveau pôle urbain. A ses origines, Bafang n'était qu'un petit village de quelques hectares. Au moment des indépendances, la trame urbaine couvrait une superficie de 78 hectares. Son périmètre a sans cesse été modifié à l'initiative des autorités municipales. Le Plan d'urbanisme directeur (PUD) élaboré par le BCEOM en 1984 projetait deux visions de l'évolution de l'espace urbain dont une à court terme (1989) et une autre à long terme (2004). Ce plan prévoyait le développement futur de la ville sur 3 km linéairement à l'est, c'est-à-dire vers Banka. Il s'agit de Newtown situé au nord-est et de Badoumga à l'est. Ces quartiers représentent la frange urbaine la plus dynamique de Bafang. Le relief y est plus doux, les altitudes variant entre 1207 m à la mission catholique, 1186 m à Patchi et 1190 m vers le marché de Banka.

Tableau I : Évolution de la population par quartier à Bafang.***Erreur ! Signet non défini.***

Localisation	**Désignation du Quartier**	**Effectif de la population**			**Taux de croissance (%)**
		1976	**1987**	**2005**	
QUARTIERS CENTRAUX	Tomchi	1621	1672	2004	0,1
	Lieuchi	711	220	319	1,5
	Lieuchi-Mouankeu	3062	3857	6287	2,5
	Lossack	2965	3758	6126	2,5
	Centre administratif	1529	/	/	/
	Mouankeu	2063	4457	11356	7,6
	Sous total	11951	13964	26092	2,2
QUARTIERS PERIPHERIQUES	Newtown	550	1614	2892	3,4
	Badoumga	5431	7998	21243	8,2
	Ndokovi	1733	1955	2553	0,7
	Nguenack	3394	3773	5267	1,2
	Bonabéri (Poango)	1730	1771	2122	0,1

[40] Banka est une petite ville situé à l'est de Bafang, qui réclamait depuis quelques décennies une autonomie territoriale vis-à-vis de Bafang. L'indisponibilité des terres à Bafang, accentuée par un relief accidenté, a favorisé une demande accrue des parcelles à Banka depuis le début de la décennie 2000, permettant ainsi une occupation rapide des terres.

	Bafang village (Tchouno)	944	1666	1156	2,3
	Sous-total	**13782**	**18777**	**35233**	**2,6**
	Total	**25733**	**32741**	**61325**	**2,4**

Sources : RGPH, 1976, 1987 et 2005.

Légende : **Tx** : taux ; **S** : superficie ; **E.P** : effectif des parcelles ; **T.P** : titre de propriété.

Graphique 1 : Composition des déchets produits dans les ménages à Bafang.

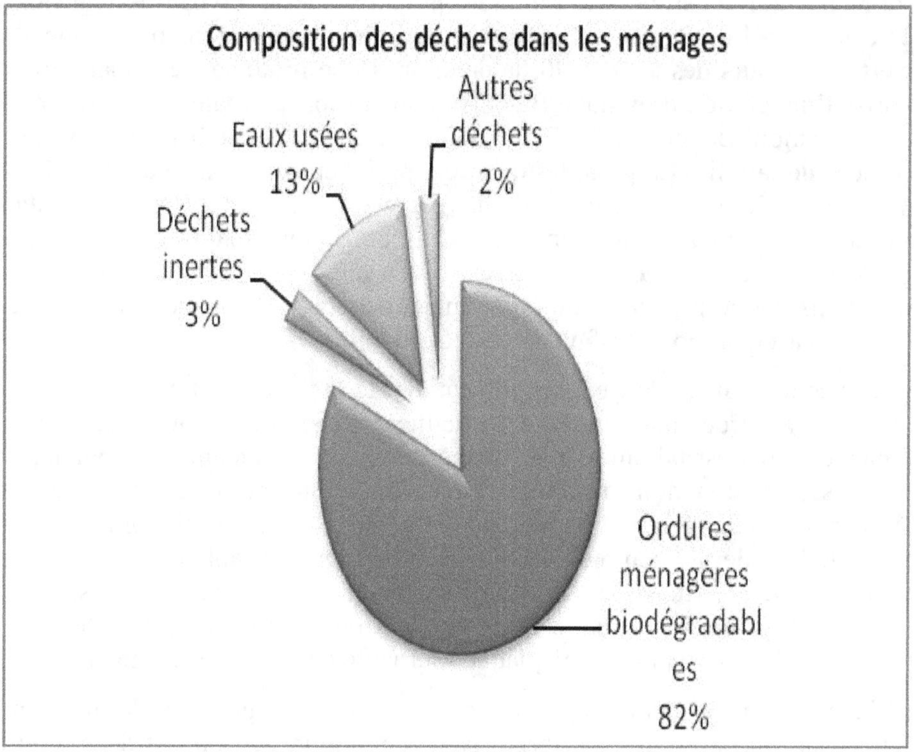

Globalement, l'agglomération de Bafang compte deux types de quartiers. Les quartiers du vieux tissu urbain (Tomchi, Lieuchi-Mouankeu, Lieuchi, Lossack, Mouankeu et le Centre administratif) sont d'occupation très ancienne. 57,66% des parcelles y sont occupées depuis plus de 20 ans. La densification du tissu urbain se renforce au niveau de ces quartiers où 6,9% des parcelles ont été occupées il y a moins de 10 ans. Un peu plus du tiers de la population de Bafang réside dans ces quartiers centraux. Les quartiers périphériques par contre, offrent encore des possibilités d'extension, mais d'ampleur inégale. Les 2/3 de la population urbaine de Bafang habitent ces quartiers périphériques. C'est le domaine par excellence de l'habitat spontané très diffus. La municipalité a exproprié plus de 10 hectares de terrain dans le quartier Bavi, pour aménagement. Cependant, le recasement des populations joue en faveur de l'étalement de la ville. Ceci explique la rapide évolution de la ville vers cette direction ouest où Bafang village ou Tchouno (premier quartier à l'entrée de la ville à l'ouest) connaît un regain d'urbanisation depuis la transformation du CES en 2004, en lycée de Bafang rural.

L'extension de Ndokovi et de Nguenack au nord est bloquée par la vallée du Nshi-Ngalli qui constitue une rupture topographique au niveau de Nguenack ; même si vers l'ouest elle offre une possibilité d'extension, parce que plus ouverte. Au cours des années 90, la création d'une route sur le versant ouest a favorisé l'intégration du village Batchieu dans l'espace urbain. Toutefois, à 200 m de là, le mont Baboutcha (1477 m) constitue une véritable barrière physique à l'avancée de la ville. En gros, les quartiers périphériques concentrent les 2/3 de la population de Bafang. C'est le domaine par excellence de l'habitat spontané. Soucieuse de limiter la croissance anarchique, la municipalité a dû exproprier plus de 10 hectares de terrain à Bavi. Et bien que la gestion du recasement de populations déguerpies reste un enjeu majeur de la gouvernance urbaine, cette zone de recasement joue en faveur de l'étalement de la ville.

Pour cette analyse de l'extension spatiale de la ville de Bafang, il convient peut-être d'accorder une attention particulière à la mise en place des espaces marchands qui s'est fait au même rythme que l'accroissement de la population, mais aussi en fonction de la position dominante de cette métropole du départemental. Le centre commercial situé près du quartier administratif à l'ouest de la ville, ne compte que quelques boutiques et auberges à la création de ville en 1925. Cette zone s'est progressivement développée vers l'est avec la construction de nouveaux bâtiments, mais surtout la mise en place de la gare routière qui devient très vite une plaque tournante des activités commerçantes.

L'analyse spatio-démographique pose un certain nombre de problèmes relatifs à la fourniture des services urbains comme la gestion des déchets et de l'assainissement. Aujourd'hui, les acteurs de la ville se retrouvent dans une posture dans laquelle ils devraient gérer non seulement leurs antagonismes, mais aussi le chevauchement des compétences survenu dans le cadre de la mise en œuvre de la décentralisation.

Source : NOUPADJA, juillet 2010.

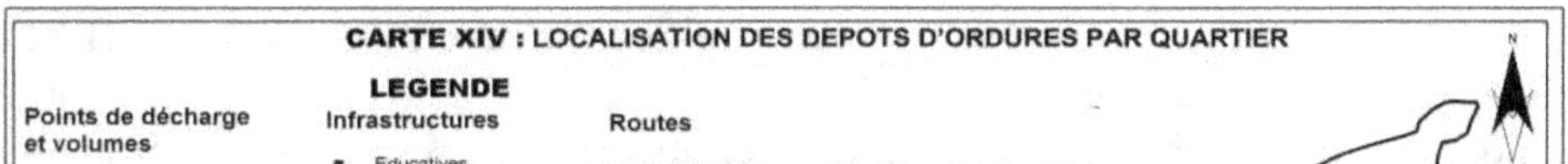

II- LES ACTEURS ET LES ESPACES DE PRODUCTION DES DÉCHETS A BAFANG

Les acteurs qui produisent les déchets à Bafang sont aussi diversifiés et hétéroclites que la nature même de ces déchets. La nature des déchets dépend du niveau de vie des populations et de leurs activités. Si les ménages et les entreprises commerciales apparaissent comme les principaux producteurs des déchets dans la ville, on peut identifier d'autres espaces comme les établissements scolaires et administratifs et d'autres activités comme l'alimentation de rue et le petit commerce. Le graphique ci-dessous donne un aperçu de la nature et de la proportion des déchets produits dans les ménages à Bafang.

En raison de la faiblesse du pouvoir d'achat de ses populations, Bafang produit quotidiennement environ 1193 m^3 de déchets, constitués majoritairement des ordures ménagères biodégradables. Dans la zone centrale à l'instar du quartier Mouankeu, la quantité des déchets produits est d'environ 0,026m' contre approximativement 0,016m^3 par jour et par ménage dans les quartiers périphériques.

Les deux hôpitaux de l'agglomération (hôpital central de Bafang ou l'hôpital Ad-Lucem de Banka) et les structures sanitaires secondaires comme la Clinique Kwé à Banka ou la clinique privée de Djanga, produisent des déchets qui ne subissent pas de traitement spécifique, malgré leur hyper-dangerosité. Pour les établissements scolaires et les administrations, les papiers et le matériel de bureau hors d'usage constituent l'essentiel des déchets. Avec un effectif d'environ 18 500 élèves, la population scolaire produit une quantité considérable de déchets. La ville compte en effet cinq écoles maternelles, sept écoles primaires, deux collèges d'enseignement secondaire et quatre lycées publics et six établissements d'enseignement privé. Bien plus, comme métropole départementale, Bafang abrite la quasi-totalité des services publics du Haut-Nkam, lesquels rejettent une quantité non négligeable de déchets papier qui sont déversés dans la nature. Ces détritus qui auraient pu bénéficier d'un recyclage, sont la plupart du temps incinérés en plein air ou laissés dans des dépotoirs improvisés.

Parmi les entreprises commerciales implantées dans la ville, les centres de distribution des sociétés brassicoles (les Brasseries du Cameroun et l'Union camerounaise des brasseries, Guinness) sont les principaux producteurs des débris de verre, du plastique et de papiers carbone. Ces sociétés occupent une position sensible cœur de la ville commerciale et ne disposent paradoxalement pas de moyens adéquats pour la gestion de leurs déchets. Les tessons de bouteilles que ces entreprises produisent sont abandonnés dans des dépotoirs sauvages. Les tessons de bouteilles, papiers carton et des sacs plastique constituent également l'essentiel des déchets produits par le petit commerce tout au long de la Nationale n°5 composée, etc. Ces résidus de la consommation ne subissent pas de traitement particulier et terminent presque toujours leurs cycles de vie soit dans les caniveaux, soit dans les décharges non contrôlées. Même si l'effectif d'acteurs impliqués dans l'alimentation de rue varie suivant les saisons, les déchets qui en résultent sont à plus de 90% des déchets biodégradables tels que les peaux de banane, les épluchures de maïs et les noyaux de fruits. Ces déchets sont très souvent directement déversés dans les caniveaux ou terminent leur course sur le trottoir ou la chaussée.

Les marchés, les gares routières et les agences de voyages, sont également des espaces de production des déchets par excellence. L'agglomération de Bafang compte deux marchés : l'un, le marché central de loin le plus important dans la commune de Bafang, et le second plus petit à Banka. Le marché central de Bafang est spécialisé dans la vente des produits vivriers. A défaut d'acquérir des boutiques aménagées par les autorités municipales, les commerçants occupent les principales voies de desserte, et les déchets des produits manufacturés sont très souvent abandonnés dans les caniveaux contigus à leurs commerces.

Ici le système marchand traditionnel se perpétue à Bafang et fait perdurer, comme partout dans la région de l'Ouest, la tenue hebdomadaire d'un "*grand marché*"[41]. Les usagers venant des communes et des campagnes voisines s'installent sur les principales artères du centre commercial en raison de la saturation de l'espace dans l'enceinte du marché. Au soir du *Zingou* l'environnement est complètement dénaturé par une quantité impressionnante de débris qui jonchent la chaussée et se retrouvent plus tard dans les caniveaux parce qu'ils ne font pas l'objet d'une collecte systématique. Les papiers carton, les sacs et bouteilles plastique représentent une proportion assez importante des déchets issus des espaces marchands à Bafang. En effet, les sacs plastique méritent une attention particulière de la part des pouvoirs publics. L'intensification par les commerçants de l'utilisation du papier plastique comme matériel d'emballage s'explique par l'interdiction du recours au papier ciment par les autorités sanitaires.

Les gares routières et les agences de voyages se sont progressivement mises en place dans le centre commercial de l'agglomération, au rythme de la croissance démographique et des besoins de déplacement. Comme les autres équipements urbains, les gares routières et les agences de voyages n'ont pas été créées en conformité avec les prévisions du schéma directeur de l'aménagement de Bafang. La ville compte six agences de voyages (Central voyages, Papa Ngassi voyages, Talla voyages, Charter Express voyages, Lionceau voyages et Stella voyages), et une multitude de gares routières, correspondant à des destinations précises. Elles sont toutes concentrées le long la Nationale n°5 qui traverse l'agglomération d'ouest en est. Le développement des activités de la débrouille (vente des denrées alimentaires, des produits manufacturés et des

[41] C'est l'appellation locale du jour du grand marché qui se tient tous les huit jours, une fois par semaine.

objets d'art) est un phénomène marquant autour des gares routières et dans les agences de voyages. Il génère une quantité impressionnante de déchets. L'inorganisation des vendeurs et le manque d'intérêt sur le plan de la gestion des déchets et de l'assainissement provoquent une insalubrité chronique qui, elle-même, expose les acheteurs et dénature le paysage urbain. Ici comme dans d'autres villes du pays Douala, Yaoundé, Dschang ou Bafoussam, la mairie de Bafang envisage la délocalisation de toutes les gares routières et agences de transport vers la sortie ouest de la ville au lieu-dit « *Foyer municipal* ».

Les garages, les stations d'essence, les ateliers de couture et de coiffure, les laveries, etc., sont depuis quelques années d'importants producteurs de déchets à Bafang. La baisse des prix des engins à deux roues, de fabrication chinoise au cours de la dernière décennie a favorisé l'omniprésence de la ferraille dans le paysage urbain. Cette situation a entrainé le développement de plusieurs petits garages de réparation automobile dans les deux communes d'agglomération de Bafang. Dans les stations-service les huiles de vidange représentent actuellement une menace pour l'environnement à Bafang. Elles sont elles aussi déversées dans la nature sans traitement préalable. Le tableau ci-dessous donne un aperçu global des acteurs et des espaces de production des déchets à Bafang :

Tableau II : Les acteurs et Les espaces de production des déchets à Bafang.

ORIGINE DES DECHETS	NATURE OU COMPOSITION	QUANTITÉS (%)
Ménages	Ordures ménagères biodégradables, eaux usées, déchets inertes	23
Marchés	Cartons, sacs plastique, bouteilles plastique, vivres pourries (tomates, bananes, choux, légumes, condiments, etc.)	32
Hôpitaux et centres de santé	Seringues, lambeaux de chair, sang coagulé, plâtres, flacons de médicaments	3
Administration et écoles	Papier carton, déchets plastiques	1
Alimentations de rue et petits commerces	Sacs plastique, tessons de bouteille, papier carton, épluchures de fruit, noyaux de fruit	8
Sociétés brassicoles	Tessons de bouteilles, emballage de bouteilles, papiers carbone	5
Gares routières et agences de voyage	Sacs plastique, débris alimentaires, papiers carton,	7

Stations d'essence	Huiles de vidange	2
Garages automobiles	Déchets métalliques, huiles de vidange, pneus usés, carcasses automobiles,	10
Laveries, ateliers de couture et boucherie	Boue, déchets d'os, sang coagulé, coupons de tissu	5
Agriculture urbaine	Déchets fermentescibles (tomates, choux, carottes, légumes, épices, salades pourris), déchets végétaux	4
TOTAL		**100**

Source : Noupadja, juillet 2010.

LES PRATIQUES ET LES LOGIQUES CONTRASTÉES

La gestion des déchets à Bafang est peu organisée et n'a pas connu de véritable évolution malgré les dispositions prises et les efforts déployés par les pouvoirs publics. Cette fonction ne relève pas exclusivement des attributions des collectivités territoriales décentralisées. Plusieurs acteurs interviennent dans le processus bien avant l'avènement de la décentralisation. Le système actuel de gestion des déchets à Bafang, tel que conçu par les magistrats municipaux doit relever le défi de la croissance urbaine anarchique.

Jusqu'en 2007, la commune urbaine de Bafang était le principal acteur de la gestion des déchets dans l'agglomération. Mais avec la décentralisation instaurée depuis la révision constitutionnelle de 1996, et la création de la commune de Banka, on note désormais la multiplication des acteurs et la superposition des pôles de pouvoirs. L'existence de plusieurs acteurs n'est pas sans conséquence sur la gestion de l'agglomération. Les politiques locales de gestion des déchets sont largement déficitaires au regard de la situation actuelle. La commune de Bafang a ainsi mis sur pied une stratégie qui vise à collecter les déchets municipaux dans trois des plus importantes décharges non contrôlées du centre urbain qu'elle a désignées. Les ramassages s'effectuent trimestriellement, soit quatre (04) passages par an. La municipalité ne disposant pas encore de ressources fait recours aux concessionnaires privés qui débarrassent des ordures précédemment collectées dans les zones périphériques de la ville.

Chaque remplissage de camion à benne est rémunéré entre 6000 et 8000 FCFA en fonction de son volume. L'enjeu financier engendre une sorte de concurrence entre les potentielles. Cette rivalité conduit au déversement des déchets collectés plus loin dans le centre-ville, dans le quartier Lientchi-Mouankeu[42]. Il s'agit d'un espace situé à proximité de l'abattoir et reliant ce quartier au Rond-point Patchi où la densité d'occupation est plus élevée. Cette situation s'explique par l'absence d'un site bien aménagé pour accueillir ces déchets municipaux d'une part, et d'autre part par les clauses du contrat qui stipulent que ces transporteurs ne devraient pas décharger les déchets dans un domaine situé au-delà d'un périmètre de 5 km. Le contrat par ailleurs donne la possibilité aux différents tâcherons de choisir eux-mêmes les sites dans lesquels ils vont déposer leurs déchets. Quelquefois, la mairie de Bafang loue les services de la commune de Bandja[43], qui possède des pelles chargeuses, des camions à bennes et tous les autres matériels indispensables à la réalisation de cette fonction municipale.

Dans la municipalité de Banka, la mairie a fondé son action sur des principes de fonctionnement qui ne diffèrent pas fondamentalement du modèle mis sur pied dans la commune de Bafang. Ici, malgré sa jeunesse, la municipalité dispose de ses propres engins. En plus, elle a intégré dans sa démarche la dimension « sensibilisation » des populations. Les responsables communaux procèdent très souvent à un ramassage d'OM qui n'obéit pas à une certaine périodicité. Tout comme à Bafang, la mairie de Banka a disposé des bacs à ordures à travers le centre urbain et ces réceptacles sont vidés de temps à autre par le camion affecté à cette tâche. Il se pose malgré tout un problème crucial : celui du traitement de ces déchets ; parce que l'administration municipale ne sait pas toujours comment s'occuper de ces déchets collectés. Le mécanisme actuel consiste à les déverser dans les zones périphériques de l'aire communale.

Pour appuyer les élus du peuple dans cette tâche, le sous-préfet de l'arrondissement de Bafang diffuse des communiqués radiodiffusés pour exhorter les habitants de l'agglomération à s'arrimer aux normes que prescrit la grande « *Campagne nationale d'hygiène et de salubrité* » qui vise l'assainissement du cadre de vie des populations. Tous les jeudis, les services publics, parapublics et privés, ainsi que les commerces n'ouvrent les portes qu'à partir de 10 heures du matin ; exception faite des hôpitaux et des pharmacies de garde. Les parties prenantes sont tenues de faire la propreté dans leurs domaines respectifs. Cette opération qui se veut concertée est

---

[42] Ce quartier situé au sud-ouest de Bafang, est proche du domaine de la chefferie traditionnelle de ladite localité. Il est sous-peuplé et dispose encore de grands espaces inoccupés pouvant accueillir les déchets. Sa proximité au centre-ville raccourcit le trajet des transporteurs qui doivent eux-mêmes trouver des espaces pour y déverser les déchets qu'ils ont transportés. Ce site est d'un grand intérêt pour ces derniers, d'autant plus qu'ils obéissent à une logique mercantiliste.

[43] Petit village qui partage la frontière septentrionale de la commune de Bafang et situé à 12km de là.

supervisée au niveau de l'agglomération par les sous-préfets des deux entités territoriales (Bafang et Banka), qui sont en outre les co-présidents de la commission départementale d'hygiène et de salubrité[44].

Les services déconcentrés de l'État interviennent également dans la gestion des déchets à Bafang. Mais, ils agissent presque uniquement dans le centre-ville. Leurs actions, sporadiques et non concertées, portent essentiellement sur l'assainissement des alentours de l'axe routier principal (route nationale n°5). Ces services étatiques ne mènent aucune action dans les quartiers, où s'impose véritablement la nécessité d'assainir.

Les populations à Bafang prennent progressivement la mesure des enjeux d'une gestion rationnelle et concertée des déchets. C'est ainsi que 74% des enquêtés sont favorables à la participation au nettoyage dans les quartiers de l'agglomération, mais exigent un appui de la part de la commune. Le mode de gestion des déchets diffère en fonction des quartiers et suivant les saisons. Dans certains quartiers de l'agglomération (Lientchi-Mouankeu, Badoumga ou Lossak), les habitants se constituent souvent en groupe de nettoyage pour mettre la propreté dans leur secteur. Ces actions dites d'« *investissement humain*[45] » sont largement tributaires du degré de cohésion sociale dans la zone concernée.

[44] Cette campagne d'hygiène et de salubrité n'a pas suscité l'adhésion massive des populations. La perception au sein des espaces marchands, qui sont la cible principale, a conduit à l'existence de deux catégories de commerçants. D'un côté, on a ceux qui agissent en victimes résignées, et de l'autre, on distingue des personnes qui estiment que le nettoyage du marché et des espaces situés aux alentours des commerces incombe aux municipalités à qui elles paient des taxes. Loin de remettre en cause cette mesure dont les enjeux et les contours ont été mal définis à la base, on note tout de même le préjudice qu'elle porte à l'ensemble de la population ; d'autant plus que les jeudis matins, les activités commerciales sont paralysées et cette situation affecte les ménages.

[45] C'est une opération menée par des groupes de citoyens soucieux du visage de leur quartier, qui n'attendent pas beaucoup des actions communales. Ils se sentent généralement abandonnés par les élus locaux. Ces habitants se constituent en groupe de travail pour la circonstance et assurent la propreté dans leur périmètre. Ils regroupent par exemple des déchets solides en tas et y mettent du feu ou déversent des remblais dans les mares d'eau ou encore les crevasses qui jonchent les pistes qui traversent leur quartier. Il est à déplorer dans ces groupes une absence de coordination et l'irrégularité dans leurs actions.

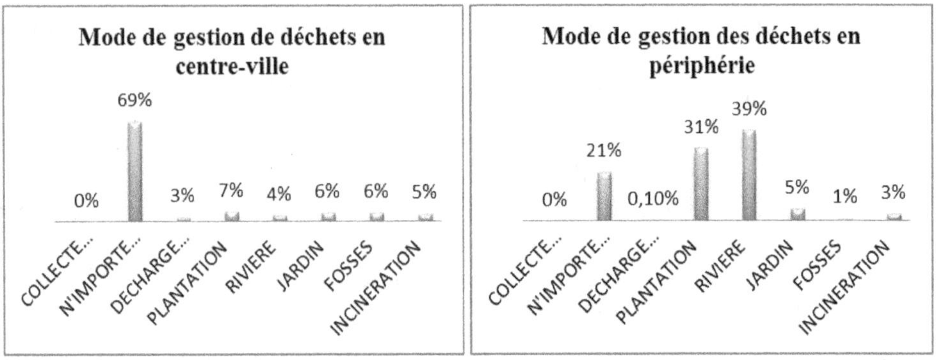

Graphique 2 : Mode de gestion des déchets dans les quartiers à Bafang.

Source : NOUPADJA, septembre 2010.

Dans le centre-ville, les citadins déposent leurs ordures dans la nature (n'importe où) à défaut d'avoir un système de collecte organisé. Par contre, dans les zones périphériques à l'instar de Badoumga, ce sont les rivières qui reçoivent une part importante d'ordures ménagères. Ces déchets remplissent les lits des cours d'eau, causent le paludisme, les maladies diarrhéiques et provoquent des inondations. Les ordures déversées dans les rivières qui serpentent les quartiers Nguenack au nord et Badoumga au sud-est de l'agglomération, sont acheminées par les courants d'eau vers la rivière principale Shi Lieusseu, dont les eaux servent aux populations pour la lessive et la vaisselle. Cette situation est à l'origine des maladies diarrhéiques observées dans plusieurs ménages.

Globalement à échelle de l'agglomération, 66% des habitants ne sont pas satisfaits de la gestion des déchets par les communes. Dans la commune de Bafang, ce taux est de 82% tandis qu'à Banka, il n'est que de 36%. Ce grand écart s'explique par l'importance de la trame urbaine à Bafang et par la concentration de l'activité économique, qui *a contrario,* est embryonnaire à Banka. Cependant, 75% des populations dans les deux communes sont disposées à contribuer à hauteur de 1000 FCFA en moyenne si on le leur demandait, pour la mise sur pied ou l'amélioration du service de collecte des déchets. 73,50% des personnes enquêtées sont plutôt disposées à participer au nettoyage de la ville dans le cadre des associations, des ONG ou des comités de développement.

Ceux qui optent pour l'incinération ignorent les dangers pour la santé humaine et les dommages sur l'environnement. Dans les quartiers centraux, 5% de la population se servent du feu pour se débarrasser de leurs déchets pendant la saison sèche contre 3% seulement dans la zone périphérique. Moins nantis, les habitants de cette partie de l'agglomération produisent majoritairement des déchets biodégradables qu'ils préfèrent employer dans l'agriculture intra ou périurbaine. L'utilisation de ces déchets est accrue pendant la période humide. Les ordures ménagères sont donc plus utilisées comme fumure.

Les habitants des zones accidentées se débarrassent de leurs ordures en les déversant dans les ravins. En réalité, la topographie de l'agglomération favorise cette pratique.

En outre, les populations du troisième âge contribuent à leur manière à la revalorisation des résidus de certains produits manufacturés, en effectuant des tris sélectifs d'objets qu'elles revendent sur le marché local. Ce sont en général des bouteilles et récipients en plastique, le verre et l'argenterie.

La fabrication et la vente des boissons traditionnelles locales contribuent de manière incestueuse à la gestion des déchets, en réemployant des contenants plastiques hors d'usage. En effet, les bouteilles plastique contenant de l'eau minérale, des boissons gazeuses ou du yaourt, arrivées en fin de cycle, font l'objet d'une collecte régulière par les commençants qui les nettoient uniquement à base d'eau et de savon, avant de les réutiliser pour la conservation et la commercialisation des produits tels le jus d'oseille, le vin de palme ou le jus de maïs. Cette forme de recyclage fait certes partie de la gestion des déchets. Mais, la revalorisation de ces bouteilles plastique ne se fait ni dans le respect des normes en matière de recyclage ni dans l'observation des règles d'hygiène ; ce qui hypothèque la santé des éventuels consommateurs.

Du côté de la société civile, il existe une vingtaine d'associations dans les communes de Banka et de Bafang qui œuvrent pour la promotion du développement local. Mais à ce jour, aucun de ces GIC ne mène ses activités dans le domaine de l'assainissement. Le Centre de développement des communautés villageoises (CDCV) est l'unique ONG locale qui s'est essayée à la collecte et au compostage des ordures ménagères. Son action s'est déroulée entre 1995 et 1997. En effet, son rôle véritable fut d'apporter son expertise à la mise sur pied d'une ''compostière'' dans le cadre des projets FSD (Fonds social d'urgence). Cette structure gérait environ 1,5 tonne de déchets par jour.

Les commerçants ont constitué une sorte d'organisation géante[46] pour assurer la propreté au marché central. En effet, leurs interventions se font à différentes échelles. Au niveau individuel, chaque vendeur s'est doté d'une poubelle à l'intérieur de laquelle il conserve tous les détritus qu'il produit. Tous les commerçants se débarrassent de ces déchets grâce à la contribution des « *pousseurs*[47] », qui les collectent quotidiennement, moyennant la somme de

[46] Cette organisation géante est une fédération des différentes associations que l'on retrouve au marché central de Bafang.
[47] Personne disposant d'un porte-tout.

100 Fcfa par vendeur. Cette forme de collecte pose un autre problème en aval, parce que les ordures collectées sont par la suite reversées à quelques encablures du marché faute de dépotoir approprié.

Sur un plan global, les actions de propreté sont menées dans le cadre du nettoyage général tous les jeudis matins entre 7h et 10h. Pour la bonne marche de cette opération, les commerçants disposent d'un ensemble de matériels dont constitué de 5 brouettes, 5 machettes, de plusieurs pelles bêches ainsi que de râteaux. Ce matériel leur avait été offert par le gouverneur de la région de l'Ouest, à l'issue du « *Concours du marché le plus propre* » dont ils avaient été les lauréats.

CARTE XV : PLAN DE COLLECTE DES ORDURES MENAGERES AVANT 2007 A BAFANG

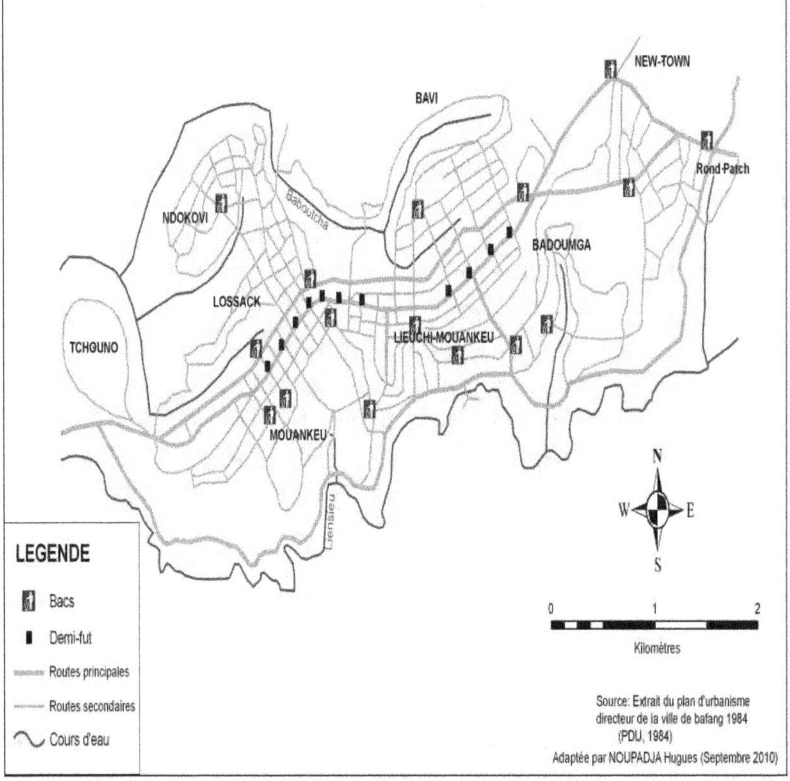

III- INTÉGRER LA GESTION DES DÉCHETS DANS LE CONTEXTE DE DÉCENTRALISATION

Au Cameroun, la décentralisation est prévue par la loi n°96/06 du 18 janvier 1996 portant révision de la constitution du 02 juin 1972. La décentralisation accorde aux entités territoriales et aux populations, le pouvoir de concevoir, de planifier et d'exécuter les programmes de développement local. Cette réforme survient à Bafang, dans un contexte administratif complexe où les autorités traditionnelles sont à la fois d'éminents personnages politiques et d'incontestables acteurs de la gouvernance.

Le rôle des chefferies traditionnelles dans le processus de décentralisation

Il faut relever ici que les chefferies traditionnelles en général jouent un rôle important dans l'administration du territoire au Cameroun. En effet, elles participent à l'organisation et à la structuration de la ville en désignant non seulement les chefs de quartier et les chefs de bloc, mais aussi elles interviennent dans le domaine du foncier.

Depuis la décennie 2000, force est de constater qu'une tendance est à l'implication des chefs traditionnels dans la chose politique.

De nos jours, quasiment toutes les autorités traditionnelles du département du Haut-Nkam sont entrées en politique et sont devenues, soit des maires, soit des conseillers municipaux. C'est dans ce contexte qu'est survenue la décentralisation à Bafang.

La crise des finances publiques au cours des années 90 a mis en évidence les limites de la capacité de l'État à assurer seul l'ensemble des fonctions de services à la population. Comprise comme un processus politique de redistribution et de relocalisation des pouvoirs au sein de la société, la décentralisation exige pour réussir une mutation des modes de gestion des affaires publiques et du rôle de chaque acteur.

Fragmentation du territoire local et multiplication des acteurs de la ville

Le territoire de la commune de Bafang n'a pas ou a très peu évolué au fil du temps. Cependant, celui de la commune de Banka a connu de nombreuses et profondes mutations.

Créé en 1954 par le décret n°805 du 29 novembre comme commune mixte rurale de Bafang, la commune de Banka s'étendait sur l'ensemble actuel du département du Haut-Nkam, hormis la commune de Bafang. En 1977, trois ans après la promulgation de la loi n°74/23 du 05 décembre 1974 portant organisation communale, un nouvel éclatement de la commune mixte rurale eut lieu pour donner naissance aux nouvelles communes rurales de Bafang, Bana, Bakou, Kékem et Bandja.

Cette localité devient « commune de Banka » le 24 avril 2007 par le décret présidentiel n°2007/112 qui, par la même occasion, l'érige en arrondissement. Il est ainsi le 7è arrondissement du département du Haut-Nkam.

Avec ses 16 965 habitants, la commune s'étend sur une superficie de 203 km^2 et est limitée au sud par Bafang, au nord par la commune de Bandja, au nord-est par la commune de Bana et au sud-ouest par la commune de Kékem.

La naissance de la commune de Banka a eu pour principal impact la restriction de l'espace urbain de Bafang. En effet, des quartiers tels Badoumga ou New Town sont désormais des composantes territoriales de la nouvelle commune de Banka.

Cette nouvelle configuration présente au moins un intérêt sur le plan de la gestion des déchets municipaux, dans la mesure où le processus d'assainissement va dorénavant être conduit par plusieurs acteurs et non plus uniquement par le maire de Bafang. Sur le plan financier désormais, les charges sont partagées.

Entre Bafang et Banka, il n'existe manifestement pas de rapport ou de partenariat sur le plan de la gouvernance communale, et moins encore dans le domaine de la gestion des déchets urbains, malgré la proximité géographique. La mutualisation des ressources aurait été l'idéal pour ces deux municipalités qui, ensemble, pourraient élaborer une politique plus efficace de la gestion des déchets à l'échelle de l'agglomération. Il faut pourtant se situer dans un contexte historique pour comprendre les rivalités et les antagonismes entre les deux communes. La création de la commune de Banka est l'aboutissement d'un processus sociopolitique marqué par la volonté manifeste des Banka de s'affirmer et de s'affranchir des Bafang. Il est tout aussi vrai que la création d'une commune dépend du pouvoir discrétionnaire du président de la République, mais nombreuses sont les populations qui pensent que la création de la commune de Banka a été une réponse aux revendications des élites de ce village, cadres du parti au pouvoir au Cameroun.

En accordant aux entités territoriales et aux populations le pouvoir de concevoir, de planifier et d'exécuter, la décentralisation permet la mise en place de programmes réalistes de développement à l'échelle locale. Elle rend plus fluide la circulation des informations, facilite la concertation et crée l'enthousiasme. Pourtant à Bafang, cette réforme survient à un moment où la gestion communale est mise à mal par un ensemble de revendications. Les populations estiment qu'elles ne sont pas prises en compte dans le processus décisionnel tandis que les élus expliquent leur absence d'action par la carence de ressources. Les avantages que la décentralisation confère aux collectivités territoriales décentralisées sont perçus par les élus locaux, comme l'ouverture idéale pour développer leurs actions. Les magistrats municipaux des deux arrondissements de l'agglomération de Bafang sont unanimes à ce sujet. Pour eux, le renforcement du pouvoir des communes permettra enfin d'asseoir leurs politiques de gestion.

Pour le maire de la commune de Bafang, la lutte contre l'insalubrité est une préoccupation fondamentale tandis qu' à Banka, la décentralisation est considérée comme une panacée pour les multiples défis au rang desquels, la gestion de l'assainissement.

CONCLUSION

A l'état actuel de la gouvernance urbaine, l'une des principales difficultés des collectivités territoriales décentralisées des pays en développement est l'absence de maîtrise dans le domaine de la gestion des déchets, et à cet égard, tous les acteurs engagés dans la gestion de l'environnement urbain partagent cette préoccupation. La croissance démographique et le développement des activités économiques dans les villes du Cameroun ont en effet entraîné une forte consommation des produits générateurs de déchets. L'inefficacité des politiques d'assainissement a conduit à une situation d'insalubrité criante dans ces centres urbains. Malgré l'évolution spatio-démographique, les magistrats municipaux qui ont dirigé les communes d'agglomération de Bafang (commune de Bafang et commune de Banka), n'ont pas accordé beaucoup d'importante à la gestion des déchets dans leurs programmes politiques ou dans leurs plans de développement local. Cette situation a favorisé l'émergence des pratiques inadaptées qui ont contribué à la dégradation du paysage urbain. Les logiques et les pratiques des acteurs ne cadrent pas avec les principes du développement durable et ne sont pas en adéquation avec les objectifs visés par le développement local. La décentralisation dans sa mise en œuvre a impliqué la création d'une deuxième entité territoriale à Bafang (commune de Banka). Et cette situation a donné une nouvelle dimension à la gestion des déchets dans cette agglomération.

Au regard des analyses qui précèdent, il convient de souligner que plusieurs facteurs en rapport avec l'offre des services urbains et précisément relatifs à la gestion de l'assainissement, sont communs aux arrondissements de Bafang et de Banka. Ces entités territoriales interconnectées sont de ce fait unies par des projets communs.

Malgré la fragmentation territoriale d'avril 2007, la réalité c'est que l'organisation du service administratif à Banka est étroitement dépendante de celle de Bafang. Certains services départementaux ministériels (Enseignement de base, Enseignements secondaires et Jeunesse et Sports) se retrouvent aujourd'hui sur le territoire de la commune de Banka, mais continuent à fonctionner sans tenir compte des clivages territoriaux. Il en est de même pour les écoles qui, dans leurs cycles maternels, primaires ou secondaires, continuent d'accueillir des élèves venant des deux entités. Elles ont pour la quasi-totalité conservé leurs situations géographiques et leurs dénominations qui restent ancrées dans l'imaginaire populaire.

Le contrôle des activités économiques et financières, à Banka comme à Bafang, est assuré par le service des finances situé à Bafang. Tous les commerçants et les opérateurs économiques des deux municipalités s'acquittent de leurs obligations fiscales auprès de l'hôtel des finances de la ville de Bafang. C'est là que tous paient leurs impôts.

Tout porte à croire que la gestion des déchets comme des autres défis qui se posent à ces deux communes devrait se situer dans le contexte géographique de l'« *agglomération de Bafang* » ; autrement dit, dans une approche plus globalisante et plus structurante. Comme de nombreuses autres villes camerounaises, Bafang souffre de la déstructuration et de l'absence d'une vision globale de la gestion des différents services. Il manque une politique globale qui fixerait des objectifs à atteindre et qui encadrerait les activités dans la fourniture de ces services urbains.

Si à Dschang la création d'une seule entité communale en lieu et place des défuntes communes urbaine et rurale a permis une meilleure visibilité du territoire communal et de sa gestion, la situation de rivalité latente qui prévaut entre les communes de Bafang et de Banka milite, sinon en faveur de la mutualisation dans le cadre de l' intercommunalité, du moins pour la création d'une communauté urbaine en charge de la gestion globale de cette agglomération.

BIBLIOGRAPHIE

BOULLEYS, « Contribution à la maÏtrise de l'hygiène et l'assainissement dans les établissements de Yaoundé », 2ie de Ouagadougou - Master spécialisé.

BUCREP, 2010. Résultats du troisième recensement général de la population et de l'habitat (3èRGPH), 36p.

CHAMPAUD J., 1980. Genèse et typologie des villes du Cameroun de l'ouest, Géographie de l'ORSTOM, sans éd, s.l.

E. DORIER-APPRILL et al, 2002. *Gestion des déchets urbains et aide à la décision municipale : Municipalité de Mopti (Mali) et circonscription urbaine de Porto Novo (Bénin),* Volume III, IRD, 133p

GRET M., 2002. « Développement urbain participatif : avantages et limites » in *Les Cahiers de Préludes,* n° 7.

GUISSOU C. B., 2008. *Décentralisation et gestion des déchets à Fada N'gourma : L'utilisation des associations comme interface entre projet et usagers*, Programme Etat Local, Ouagadougou, Laboratoire Citoyenneté, 58p.

HATCHEU E. T., 2005. « Collectivités locales et gestion de l'agriculture urbaine dans le contexte de la décentralisation au Cameroun », 13p.

HATCHEU E. TCHAWE, 2007. « *Gestion des marchés et gestion de la ville de Douala : Enjeux et défis de la décentralisation au Cameroun* », in Les Cahiers de PRELUDES, n° 7

KABUANGA M. (s.d.). *Gestion des déchets dans les villes tropicales et le développement durable : Cas de Lubumbashi en R.D.C (République Démocratique du Congo)*, Institut Supérieur d'Etude Sociale.

MATEJKA G. ; BOUVET, Y. ; EMMANUEL E. ; KOULIDIATI J. ; NGNIKAM E. ; TANAWA E. et VERMANDE P., 2000, *Gestion maitrisée des déchets solides urbains et de l'assainissement dans les pays en voie de développement : les besoins en études scientifiques et techniques spécifiques, et en outils méthodologiques adaptés.*

NGAMBA TCHAPDA H. (s.d.). « Décentralisation et renforcement de la gestion urbaine au Cameroun : Collecte différenciée des ordures ménagères à Douala » », Université de Douala, Faculté des Sciences Economiques et de Gestion Appliquée.

NGNINKAM E, 2009, *Problématique de la gestion des déchets dans les villes du Cameroun*, sans éd., Yaoundé.

NKENKU LUAKA E., 2006. « La gestion et la gouvernance des déchets dans la ville-province de Kinshasa », gradué en Sciences Economiques et de Gestion, université de Kinshasa.

NOUPADJA KOUEBOU H.W., 2011. « Gestion durable des déchets urbains dans le contexte de la décentralisation au Cameroun : le cas de l' agglomération de Bafang dans le Haut-Nkam », Thèse de Master de géographie à l' université de Dschang 221p.

ONIBOKUN A.G, KUMUYI A.J., 2001. « La gouvernance et la gestion des déchets en Afrique » in *La gestion des déchets urbains : des solutions pour l'Afrique*, Paris, Karthala/CRDI, pp. 5-6.

OUSMANE SYLL, 2005. « La décentralisation en Afrique subsaharienne : Cameroun », Mémoire de Master, université de Franche-Comté.

SANDJACKDINE MEZOUARI FADILA, 2009. *Vers une gestion plus écologique des déchets : rapport Expertise des centres d'enfouissement des déchets urbains*, Ecole Supérieure d'Architecture d'Alger, 13p.

P. SEBAHARA, 2000. *Acteurs et enjeux de la décentralisation et du développement local, expérience d'une commune du Burkina Faso,* 34p.

SOTAMENOU J. ; KAMGNIA Dia B., PARROT L., 2006. « La décentralisation pour une gestion efficace des déchets solides municipaux de la ville de Yaoundé », université de Yaoundé II - Soa, Faculté des Sciences Economiques et de Gestion.

SOTAMENOU J., 2005. « Efficacité de la collecte des déchets ménagers et agriculture urbaine et périurbaine dans la ville de Yaoundé », Mémoire de DEA, université de Yaoundé II.

SOULEYMANE DIABAGATE, 2007. « Assainissement et Gestion des ordures ménagères à Abobo : cas d'Abobo-Baoulé », Institut de Géographie Tropicale / Université d'Abidjan Cocody / RCI, Maîtrise de Géographie, option Gestion de l'Environnement.

SOULEYMANE DIABAGATE, « Analyse de la situation de l'assainissement dans les quartiers défavorisés d'Abidjan : Cas du quartier Sagbé dans la commune d'Abobo », DEA de Géographie, option Environnement université d'Abidjan Cocody.

TANAWA E. ; NGNINKAM E et. B DJEUDA TCHAPNGA H., 2003. *Comment aller plus loin dans le cas du Cameroun ? Programme de gestion durable des déchets et de l'assainissement urbain,* 88p.

TANAWA E. ; NGNIKAM E et TCHOUNGANG C. , 2000. *Compostage des déchets urbains au Cameroun : Une solution pour la réduction des émissions des gaz à effet de serre,* Sud sciences et technologies.

TINI A, 2003. « La gestion des déchets solides ménagers à Niamey au Niger : Essai pour une stratégie de gestion durable », Thèse de doctorat, Institut des Sciences Appliquées de Lyon.

TOUKO J. B., 1997. « Périurbanisation et devenir des terres agricoles dans les hautes terres de l'Ouest Cameroun : Le cas de la région de Bafang », Mémoire de DIPES II, ENS, université de Yaoundé I.

WARREN K et. CHAPAL E, 2007. *Rapport de la mission déchets de la ville de Dschang.*

Loi n° 96/12 du 5 août 1996, portant loi-cadre relative à la gestion de l'environnement au Cameroun.

YOUSSOUPH SANE, 1999. *La gestion des déchets à Abidjan, un problème récurrent et apparemment sans solution.*

CONCLUSION GENERALE

Avec la concentration de plus de la moitié des habitants de notre planète dans les villes et au vu de la rapidité du phénomène urbain dans les pays en développement et plus particulièrement en Afrique, l'avenir de l'humanité se joue désormais dans la ville. La maîtrise de l'étalement des villes est un défi qui dépasse désormais les compétences des seuls gestionnaires urbains. Du fait de la croissance démographique, l'étalement des villes en devenir va accroître chaque jour le retard en capacités (institutionnelles, financières, techniques, humaines et conceptuelles) des gestionnaires urbains face à une question de plus en plus complexe à saisir. L'aménagement urbain, la gouvernance et le développement urbain apparaissent dès lors comme une préoccupation majeure aussi bien pour les collectivités locales que pour les administrations nationales et régionales.

Les contributions réunies dans cet ouvrage analysent les situations aussi complexes et aussi différentes les unes que les autres dans les villes camerounaises et à Brazzaville. Ce faisant, elles fournissent des clés pour comprendre la ville africaine de demain qui, en ce début du 21è siècle, se caractérise par la rénovation et la densification des quartiers centraux datant pour la plupart de l'époque coloniale d'une part et d'autre part, par l'occupation rapide des espaces périphériques. Plus elles s'étendent, plus ces villes concentrent sur leurs marges des populations jeunes et pauvres dans les zones d'habitats précaires mal desservies par les réseaux de transport et de voirie et rarement par les réseaux d'eau et d'assainissement. Cet étalement urbain entraîne une précarisation accrue en termes d'accès au sol et au logement. Cette dramatique insécurité foncière est un premier facteur de tension. Les atteintes environnementales se multiplient dans nos villes. La dégradation de l'environnement urbain en raison du défaut d'assainissement direct comme du traitement des déchets dans les anciennes décharges, favorise la pollution des eaux et de la nappe phréatique.

Les villes très étendues imposent de longs déplacements et le recours sinon à l'automobile, du moins aux deux roues motorisées d' autant plus que cette extension rend difficilement exploitable le transport en commun, moins rentable et moins opérationnel. Il en résulte une croissance exponentielle du transport individuel.

L'extension urbaine constitue une contrainte à la planification dans la mesure où très souvent les données collectées et utilisées dans le cadre du Plan d'occupation du sol ou du profil environnemental sont rapidement dépassées. Le processus généralisé de la décentralisation qui s'accompagne dans les grandes villes par la fragmentation du territoire exposent les communes périphériques aux réalités et contraintes liées à l'étalement. Le phénomène apparaît ici comme la résultante des difficultés à formuler une vision directrice du développement urbain. Le transfert des ressources qui accompagne la délégation des pouvoirs et des attributions de l'Etat aux communes d'arrondissement via la communauté urbaine, permet une meilleure prise en compte des contraintes des zones périphériques nées de l'étalement malgré la faible capacité d'intervention des collectivités territoriales.

Il existe dans les villes africaines une opposition marquée entre la ville légale et la ville réelle avec des conséquences pour les conditions de vie dans les zones périphériques plus que dans la vieille ville des quartiers centraux et péricentraux. Le processus de construction intervient souvent avant celui de l'acquisition de la propriété. Les lotissements irréguliers qui sont le fait des propriétaires coutumiers se caractérisent par des procédures de mutations et d'enregistrement non conformes au règlement d'urbanisme et aux normes d'équipement ou de construction.

L'étalement urbain et l'urbanisation informelle qui s'ensuit provoquent des conséquences négatives à différents niveaux. Précarité et absence d'équipements publics découragent l'investissement dans le logement comme dans les activités génératrices de revenu ; l'équipement des zones périphériques représente un investissement considérable pour la ville alors que la fiscalité locale ne permet pas toujours de mobiliser les ressources nécessaires. L'installation dans les zones périphériques pose ainsi la question de la production foncière.

Le développement des transports publics urbains constitue la composante principale du plan de développement urbain. La condition de développement durable des villes est un élément déterminant dans la recherche de leur compétitivité économique. Développer le transport en commun agit aussi en faveur de la protection de l'environnement et permet de lutter contre la pollution atmosphérique dégagée par le transport individuel et d'inscrire ainsi la croissance urbaine dans l'objectif mondial de réduction de gaz à effet de serre. Face à la réticence des transports collectifs (taxis et bus) les zones périphériques sont surtout desservies par les mototaxis ou par les véhicules déjà trop âgés et juste bons pour la casse.

Les principaux risques environnementaux comme l'effet de serre et la dégradation de la couche d'ozone trouvent leur origine dans le fonctionnement des grandes villes. On estime en effet que les zones urbaines sont responsables de plus de 8% des émissions mondiales de CO2 constituant autant de foyers majeurs de pollution de l'air, d'eau et de sol.

Les périphéries urbaines peu denses faisant la transition avec les zones rurales ont elles-mêmes donné naissance à plus d'étalement. La ressource foncière jadis considérée comme illimitée compte tenu des progrès de la productivité agricole, devient, au même titre que les ressources en eau et en énergie un enjeu déterminant de la stratégie de développement des villes. L'étalement urbain engendre des besoins énergétiques important liés aux activités économiques, au transport, à l'électrification de l'habitat auquel il faut ajouter la vétusté du parc automobile et le déboisement qui engendre une forte pollution atmosphérique.

Le rôle de l'intercommunalité dans la gestion de l'étalement urbain

L'intercommunalité joue un rôle essentiel dans la modernisation de l'action publique locale, notamment dans la protection de l'environnement, du développement économique, des déplacements et des transports collectifs. L'intercommunalité permet de mieux adapter l'action publique aux défis du développement et de répondre à des besoins émergents. Face aux enjeux d'aménagement des territoires urbains, périurbains et ruraux mais aussi à ceux liés aux évolutions et aux mutations des activités économiques, on peut constater que l'intercommunalité joue pleinement son rôle d'aménageur et de développeur. L'intégration de leurs compétences traditionnelles incite progressivement les communes à élargir leurs champs d'action à certains secteurs connexes favorisant l'attractivité des zones périphériques naguère marginales et la cohésion de leur territoire.

La question de l'amélioration des services à la population ne peut dont pas s'affranchir de la recherche du bon périmètre d'intervention et de l'optimisation des moyens techniques, financiers et fiscaux que les communes mobilisent au service des habitants. Il est évident que, isolées, les 374 communes du Cameroun seraient incapables techniquement, financièrement, de faire face aux défis de l'étalement urbain. Les communautés urbaines se positionnent de plus en plus comme les interlocuteurs privilégiés des entreprises locales capables d'une meilleure réactivité, notamment en période de gestion de crise ou de reconversion spatiale. Leur action est également active et innovante dans le domaine des transports collectifs dans les grandes agglomérations. Confronté à l'augmentation du trafic automobile, l'accroissement des difficultés de circulation, la montée des préoccupations environnementales, les communes initient et expérimentent de nouveaux modes de régulation et d'organisation du transport urbain (système d'information, création de nouveaux modes de déplacement, tarification unique). Par ailleurs, la mise en place d'outils d'observation, d'expertise et d'anticipation participe de ces logiques modernes de développement qui peuvent prendre la forme d'une agence d'urbanisme, d'un observatoire de logement, de la mobilité ou encore la mise en place d'un système d'information géographique. La vision globale et structurante de la situation de l'habitat sur le territoire permet la mise en place d'actions ciblées sur la gestion des parcours résidentiels ou en termes de politique foncière. Les territoires communaux sont parfois trop réduits parfois trop vastes. Ils ne correspondent pas toujours aux espaces vécus. Les facilités accordées aux communes pour adapter le contour de leur périmètre d'action doivent permettre progressivement de mieux faire connaître l'action publique locale au bassin de vie, d'emploi et d'habitat. La fusion permet l'achèvement de la carte intercommunale.

L'intercommunalité qui fonde la solidarité entre les communes et les citoyens doit pouvoir dans le cadre de la mutualisation des moyens techniques et de l'ingénierie participer à l'amélioration de la qualité de service aux habitants tout en assurant le partage des coûts. Il faut impérativement organiser un mode de rationalisation des services pour gérer efficacement l'étalement de nos cités et la marginalisation de leurs quartiers périphériques.

Table des matières

Le **JCAD** est une association de recherche pour le développement créée en 1997.

Le **JCAD** est constitué de jeunes chercheurs, universitaires, professionnels et techniciens appartenant à des disciplines scientifiques différentes, originaires des pays du sud et du nord et qui acceptent de travailler ensemble pour promouvoir le développement durable dans les pays du sud et faciliter les échanges entre les pays du sud et ceux du nord.

Le **JCAD** transforme les résultats de ses recherches en actions de développement avec la participation active des populations.

Le **JCAD** contribue à la maîtrise et à la diffusion des nouvelles technologies

Le **JCAD** est un instrument de partenariat à la disposition des décideurs,

des agences internationales de développement et des investisseurs.

Le JCAD sert de catalyseur à l'expansion et au développement rapide du secteur privé en Afrique.

Le **JCAD** œuvre pour le développement durable en milieu rural et dans les centres urbains par :

- l'encadrement des paysans et des jeunes entrepreneurs ;
- L'accroissement du rôle de la femme dans le processus de développement ;
- La protection et la valorisation des ressources naturelles et de la biodiversité.

JCAD-CAMEROUN
BP 394 Dschang
237 77 35 94 71
237 96 52 07 42

JCAD
BP Brazzaville

jcadinternational@yahoo.fr

L'Afrique aux éditions L'Harmattan

Dernières parutions

COOPÉRANTS (LES) FRANÇAIS EN AFRIQUE – Portrait de groupe (années 1950-1990)
Coordonné par Goerg Odile, Raison-Jourde Françoise
La présence d'un grand nombre de Français dans les Etats africains devenus indépendants constitue une des caractéristiques majeures du mode de relations entre la France et son ancien Empire. Quelles sont les motivations concrètes ou idéologiques qui poussèrent à l'expatriation ? Quels rôles jouèrent localement ces coopérants ? Deux générations se distinguent : celle des anciens administrateurs reconvertis, au côté de jeunes venus investir leur énergie au service du tiers-monde.
(Coll. Etudes africaines, 27.00 euros, 262 p.)
ISBN : 978-2-336-00885-1, ISBN EBOOK : 978-2-296-51169-9

VIOLATION (LA) D'UN PAYS ET AUTRES ÉCRITS ANTICOLONIALISTES
Senghor Lamine - Présentation de David Murphy
Après une entrée fracassante sur la scène politique lors du procès Blaise Diagne, l'ancien tirailleur sénégalais Lamine Senghor se lance corps et âme dans le combat anticolonialiste jusqu'à sa mort prématurée en 1927. Ce livre rassemble pour la première fois ses écrits dispersés, dont *La violation d'un pays* (1927), allégorie anticolonialiste d'une violence étonnante.
(Coll. Autrement mêmes, 23.00 euros, 160 p.)
ISBN : 978-2-336-00228-6, ISBN EBOOK : 978-2-296-51045-6

MÉMENTO DES RELATIONS CONSULAIRES
Sidaty Sidi Mohamed
Ce livre est consacré à l'analyse juridique de la convention de Vienne du 24 avril 1963 sur les relations consulaires. Diplomate et juriste, l'auteur est soucieux de mettre en exergue la problématique de l'applicabilité de la convention de Vienne sur les relations consulaires à la lumière de la pratique diplomatique et consulaire.
(Coll. Harmattan Côte-d'Ivoire, 10.00 euros, 60 p.)
ISBN : 978-2-336-00567-6, ISBN EBOOK : 978-2-296-51195-8

DÉFIS (LES) DU DÉVELOPPEMENT DE L'AFRIQUE CONTEMPORAINE
N'Guettia Kouassi René - Préface d'Edem Kodjo
Cet ouvrage tente de décrypter les principaux défis qui caractérisent l'Afrique moderne. Tour à tour, les challenges de la famine et de la malnutrition aiguë, de la sous-industrialisation, de la bonne gouvernance économique et politique, du rattrapage scientifique et technologique, du tribalisme et du confessionnalisme politique, du financement de l'économie sont minutieusement examinés.
(Coll. IREA (Institut de recherche et d'études africaines), 19.00 euros, 190 p.)
ISBN : 978-2-296-96775-5, ISBN EBOOK : 978-2-296-50835-4

ENJEUX DU DÉVELOPPEMENT LOCAL EN AFRIQUE
Ou comment repenser la lutte contre la pauvreté
Matteudi Emmanuel - Préface de Jean-Michel Severino
Ce livre traite de la manière dont la question territoriale est aujourd'hui prise en compte dans les politiques publiques en Afrique, mais aussi les programmes de la coopération internationale. Il en souligne l'intérêt, mais aussi les obstacles, pour proposer une approche du développement local qui soit enfin à la hauteur des besoins et des enjeux de cet indispensable «changement de cap».
(Coll. La Librairie des Humanités, 21.00 euros, 200 p.)
ISBN : 978-2-336-00447-1, ISBN EBOOK : 978-2-296-50904-7

POLITIQUE (LA) MILITAIRE AFRICAINE DE LA FRANCE
Forces sociales et changements récents
Bakong Patrice Emery
La politique militaire africaine de la France est en évolution. Cet ouvrage se propose d'en examiner les causes. Il part des réponses jusqu'ici proposées pour apporter un éclairage nouveau au sujet des forces et dynamiques à la base de cette transformation. Contrairement à la littérature existante qui a beaucoup privilégié les causes matérialistes et utilitaristes, il propose une perspective inspirée des approches cognitives et axée sur le processus d'apprentissage.
(Coll. Points de vue, 28.00 euros, 272 p.)
ISBN : 978-2-336-00476-1, ISBN EBOOK : 978-2-296-50882-8

SYSTÈME BANCAIRE EN AFRIQUE DE L'OUEST
Efficacité et rôle dans le développement financier
Kablan Sandrine
Cet ouvrage se propose de faire le point sur l'évolution du système bancaire en Afrique de l'Ouest et plus précisément dans l'Union Economique et Monétaire Ouest-Africaine (UEMOA). Il présente les différentes réformes qui ont été entreprises et analyse leur pertinence dans le cadre du développement financier. Les banques de l'UEMOA sont comparées à celles d'autres régions d'Afrique subsaharienne et à des banques françaises de taille comparable.
(Coll. Etudes africaines, 25.00 euros, 240 p.)
ISBN : 978-2-336-00681-9, ISBN EBOOK : 978-2-296-50794-4

SPORTS, IDENTITÉS CULTURELLES ET DÉVELOPPEMENT EN AFRIQUE NOIRE FRANCOPHONE
La sociologie des jeux traditionnels et du sport moderne au Congo-Brazzaville
Bouzoungoula Joseph
Galvaudé et parfois mal utilisé, le terme développement reste largement idéologique. L'auteur l'utilise ici comme support analytique pour saisir le poids de la culture traditionnelle et du sport moderne dans le processus du développement et ses interactions avec l'environnement social, à partir de l'observation de la société congolaise en mutation.
(20.00 euros, 200 p.) *ISBN : 978-2-336-00439-6, ISBN EBOOK : 978-2-296-50932-0*

SÉJOUR ÉDUCATIF DE RUPTURE EN AFRIQUE
Résister et se construire en structure d'accueil non traditionnel
Van Hooland Michelle, Sidibé Younes
Ce livre propose le récit du séjour éducatif de rupture réalisé en Afrique par Younes Sidibé lors de son placement dans une structure d'accueil non traditionnel. A partir d'une méthode psycho-éducative, l'objectif est de développer la capacité à donner forme à son expérience à partir d'un principe essentiel : produire le récit du vécu puis transformer ce récit en fiction/autofiction à partir d'un schéma narratif «Histoires de résiliences».
(Coll. Histoires de résiliences, 10.00 euros, 64 p.)
ISBN : 978-2-336-00501-0, ISBN EBOOK : 978-2-296-51013-5

ARCHIVES D'AFRIQUE ET COMMUNICATION POUR LE DÉVELOPPEMENT
Plaidoyer pour une gestion responsable des archives en Afrique subsaharienne
Gansonre Boubakari
Cet ouvrage traite de la communication archivistique au service du développement de l'Afrique. L'auteur préconise la mise en oeuvre par les gouvernements africains, avec l'aide des partenaires au développement, d'un Programme présidentiel de développement des archives (PPDA), ainsi que la création, à l'échelle continentale africaine, d'une Organisation africaine de développement des archives (OADA).
(Coll. Etudes africaines, 35.00 euros, 424 p.)
ISBN : 978-2-336-00625-3, ISBN EBOOK : 978-2-296-51017-3

FRANÇOIS HOLLANDE ET LA FRANÇAFRIQUE – Le défi de la rupture
Wouako Tchaleu Joseph
Depuis de longues décennies, les réseaux occultes et mafieux de la Françafrique ébranlent l'existence du continent africain jusque dans ses fondements. Le socialiste François Hollande

a, pendant sa campagne électorale, affirmé sa ferme volonté de rompre avec la Françafrique. Y réussira-t-il ? Pourra-t-il débarrasser l'espace franco-africain de cette politique funeste tant décriée par les Français et par les Africains de bonne volonté ?
(Coll. Pensée Africaine, 12.00 euros, 102 p.)
ISBN : 978-2-336-00341-2, ISBN EBOOK : 978-2-296-50663-3

COMMUNAUTÉ INTERNATIONALE ET GOUVERNANCE DÉMOCRATIQUE EN AFRIQUE
Pokam Hilaire de Prince
Depuis les années 1990, la communauté internationale se pose en partenaire incontestable de la gouvernance démocratique en Afrique subsaharienne. Cependant, ce partenariat semble parfois subverti par les enjeux de certains de ses acteurs.
(Coll. Affaires stratégiques, 11.50 euros, 80 p.)
ISBN : 978-2-336-00093-0, ISBN EBOOK : 978-2-296-50661-9

FRANC (LE) CFA INSTRUMENT DU SOUS-DÉVELOPPEMENT
Prao Yao Séraphin
Ce livre aborde les causes du sous-développement des pays africains de la zone franc. Il montre que le franc CFA et ses mécanismes agissent comme un virus qui détruit les structures sociales et productives des pays africains de la zone franc. Le franc CFA a conduit au sous-développement des structures financières de la zone franc et au retard économique. L'abandon du franc CFA et la construction d'un cadre théorique alternatif pour une monnaie décolonisée s'imposent.
(Coll. Défense, Stratégie et Relations Internationales, 46.00 euros, 456 p.)
ISBN : 978-2-336-00278-1, ISBN EBOOK : 978-2-296-50561-2

CINQUANTE ANS D'INDÉPENDANCE EN AFRIQUE SUBSAHARIENNE ET AU TOGO
Sous la direction de Gayibor Théodore Nicoué
1960-2010 : l'heure des bilans ou des interrogations pour l'Afrique indépendante ? Doit-on se réjouir d'une Afrique prétendument sur la bonne voie, avec un taux de croissance supérieur à 5 % ? Ou s'offusquer des images misérabilistes montrant la sécheresse, la faim ou les conflits dans bien des régions du continent ? Il faudrait à l'Afrique plus d'un Mandela pour prétendre renouer avec un espoir raisonnable...
(Coll. Études africaines, 30.00 euros, 296 p.)
ISBN : 978-2-336-00073-2, ISBN EBOOK : 978-2-296-50578-0

RATIONALITÉS ET PROBLÉMATIQUE DU DÉVELOPPEMENT EN AFRIQUE
Minyem Charles - Postface de Pius Ondoua
La rationalité africaine semble avoir disparu tel que le présente l'état des lieux et les causes de cette disparition sont historiques, religieuses, politiques et sociales. Toute recherche de solution au problème de la mort de la culture africaine qui n'intègre pas sa complexité est vouée à l'échec. Pourtant, c'est la rationalité africaine qui constitue la seule base véritable du développement de l'Afrique.
(Coll. Pensée Africaine, 14.00 euros, 134 p.)
ISBN : 978-2-336-00140-1, ISBN EBOOK : 978-2-296-50603-9

ARCHITECTURE MILITAIRE TRADITIONNELLE EN AFRIQUE DE L'OUEST du XVIIe à la fin du XIXe siècle
Bah Thierno Mouctar
Cet ouvrage présente un panorama des différents types d'architecture militaire à caractère défensif de l'Afrique de l'Ouest, avec une description minutieuse des techniques de construction et des dispositifs de défense, qui apparaissent d'une grande ingéniosité, notamment les *tata* (fortifications en *banco*).
(Coll. Défense, Stratégie et Relations Internationales, 29.00 euros, 284 p.)
ISBN : 978-2-336-00086-2, ISBN EBOOK : 978-2-296-50610-7

GÉANT (LE) D'AFRIQUE, LE GÉANT D'ASIE – Histoire d'un combat méconnu
Yabili Marcel
Voici le premier regard direct d'un Africain averti sur le phénomène de la *Sinafrique*. Si, en 1885, à Berlin, plusieurs puissances coloniales s'étaient partagé l'Afrique, c'est la première fois de l'Histoire qu'une seule puissance est tentée de s'emparer de l'ensemble du continent et d'en

accaparer des matières premières et des valeurs ajoutées en échange de biens et de services. La tentation coloniale chinoise se pare d'amitié agressive et ne se prive pas de corruption.
(Coll. Points de vue, 24.00 euros, 232 p.)
ISBN : 978-2-296-96783-0, ISBN EBOOK : 978-2-296-50235-2

ÉCOLE (L') EN SITUATION POSTCOLONIALE
Cahiers Afrique n° 27
Sous la direction de Céline Labrune-Badian, Marie-Albane De Suremain, Pascal Bianchini
En situation coloniale, le rôle de l'école fut un instrument de la «mission civilisatrice» autant qu'un outil de domination politique, sociale et culturelle. Paradoxalement, les indépendances africaines ne constituent pas une rupture fondamentale. L'affirmation de nouvelles identités, par l'africanisation des personnels et surtout des contenus des enseignements, constitue un défi majeur. Ces articles montrent les freins, les difficultés mais aussi les efforts consentis par les institutions et les populations.
(Coédition Laboratoire SEDET-CNRS, Coll. Etudes africaines, 25.00 euros, 252 p.)
ISBN : 978-2-296-99289-4, ISBN EBOOK : 978-2-296-50446-2

CULTURE ET DÉVELOPPEMENT EN AFRIQUE
Mbom Clément - Préface d'Abdou Diouf
L'entrée dans les moeurs en Afrique de l'exploitation idoine de la culture comme l'un des facteurs importants du développement assurerait son existence par une socialisation et une historicisation assumées qui deviendraient une seconde nature. En clair, il revient à l'Afrique d'inventer sa méthode de développement en tenant compte de toutes les données qui sont les siennes.
(Coll. IREA (Institut de recherche et d'études africaines), 20.00 euros, 190 p.)
ISBN : 978-2-296-99294-8, ISBN EBOOK : 978-2-296-50447-9

CONCURRENCE (LA) DES ORGANISATIONS RÉGIONALES EN AFRIQUE
Sous la direction de Fau-Nougaret Matthieu
Le phénomène de régionalisation sur le continent africain est un phénomène qui, tout en étant assez ancien, connaît un réel renouveau. Depuis l'adoption de la charte constitutive de l'Union africaine, la relance de l'intégration régionale africaine emprunte plusieurs chemins dont celui de la rationalisation. Si la finalité est connue, quelles sont les voies pour y parvenir ? Quels sont les enjeux et les risques ?
(46.00 euros, 456 p.) *ISBN : 978-2-296-99476-8, ISBN EBOOK : 978-2-296-50328-1*

HISTOIRE DES RELATIONS ENTRE L'AFRIQUE ET SA DIASPORA
Goma-Thethet Joachim
La diaspora, le panafricanisme, l'unité africaine, les États-Unis d'Afrique sont des concepts intimement liés qui n'ont cessé d'évoluer avec le temps. Cet ouvrage consacré aux relations entre l'Afrique noire et sa diaspora, du XIXe au XXe siècle, indique les rapports qui ont été établis entre les Africains du continent et ceux vivant en Amérique et en Europe. Il examine le rôle que pourraient jouer les Africains de la diaspora pour relever les défis africains en ce début du XXIe siècle.
(Coll. Etudes africaines, 18.00 euros, 184 p.)
ISBN : 978-2-296-99467-6, ISBN EBOOK : 978-2-296-50325-0

DISCRIMINATION (LA) AU TRAVAIL EN AFRIQUE – Analyse des procédés de l'OIT
Dehoumon Mathieu
De nombreuses personnes se retrouvent dans la situation de discrimination au travail lorsqu'elles postulent à un emploi, et d'autres se résignent devant le refus, au sein de l'entreprise, d'accéder à des postes de responsabilité malgré leurs compétences. Au coeur du mandat de l'O.I.T. se trouve l'objectif d'éliminer cette différence de traitement. Comment l'O.I.T. contribue-t-elle à améliorer l'accès au travail des femmes, des hommes et des personnes vulnérables en Afrique ?
(Coll. Etudes africaines, 58.00 euros, 700 p.)
ISBN : 978-2-296-96423-5, ISBN EBOOK : 978-2-296-50141-6

L'HARMATTAN, ITALIA
Via Degli Artisti 15; 10124 Torino

L'HARMATTAN HONGRIE
Könyvesbolt ; Kossuth L. u. 14-16
1053 Budapest

ESPACE L'HARMATTAN KINSHASA
Faculté des Sciences sociales,
politiques et administratives
BP243, KIN XI
Université de Kinshasa

L'HARMATTAN CONGO
67, av. E. P. Lumumba
Bât. – Congo Pharmacie (Bib. Nat.)
BP2874 Brazzaville
harmattan.congo@yahoo.fr

L'HARMATTAN GUINÉE
Almamya Rue KA 028, en face du restaurant Le Cèdre
OKB agency BP 3470 Conakry
(00224) 60 20 85 08
harmattanguinee@yahoo.fr

L'HARMATTAN CAMEROUN
BP 11486
Face à la SNI, immeuble Don Bosco
Yaoundé
(00237) 99 76 61 66
harmattancam@yahoo.fr

L'HARMATTAN CÔTE D'IVOIRE
Résidence Karl / cité des arts
Abidjan-Cocody 03 BP 1588 Abidjan 03
(00225) 05 77 87 31
etien_nda@yahoo.fr

L'HARMATTAN MAURITANIE
Espace El Kettab du livre francophone
N° 472 avenue du Palais des Congrès
BP 316 Nouakchott
(00222) 63 25 980

L'HARMATTAN SÉNÉGAL
« Villa Rose », rue de Diourbel X G, Point E
BP 45034 Dakar FANN
(00221) 33 825 98 58 / 77 242 25 08
senharmattan@gmail.com

L'HARMATTAN TOGO
1771, Bd du 13 janvier
BP 414 Lomé
Tél : 00 228 2201792
gerry@taama.net

579080 - Septembre 2014
Achevé d'imprimer par

1livre.com
du rêve à la réalité !

www.ingramcontent.com/pod-product-compliance
Lightning Source LLC
LaVergne TN
LVHW011007061026
849535LV00006B/1758

* 9 7 8 2 3 3 6 0 0 9 2 8 5 *